工业和信息化
精品系列教材

Fundamentals of jQuery Web Effects Design

jQuery 网页特效设计基础教程

慕课版 | 第2版

马静媛 黄栗 夏鹏◎主编
刘刚◎副主编

人民邮电出版社
北京

图书在版编目（CIP）数据

jQuery 网页特效设计基础教程 ： 慕课版 / 马静媛，黄栗，夏鹏主编. -- 2 版. -- 北京 ： 人民邮电出版社，2025. -- （工业和信息化精品系列教材）. -- ISBN 978-7-115-66089-3

Ⅰ. TP312.8；TP393.092.2

中国国家版本馆 CIP 数据核字第 2025VK3286 号

内 容 提 要

本书系统、全面地介绍了 jQuery 开发所涉及的各类知识。全书共 11 个单元，内容包括 JavaScript 基础、初识 jQuery、使用 jQuery 选择器、使用 jQuery 操作 DOM、jQuery 中的事件处理和动画效果、使用 jQuery 操作表单和表格、AJAX 在 jQuery 中的应用、使用 jQuery UI 插件、常用的第三方 jQuery 插件、jQuery 性能优化与技巧、jQuery 在 HTML5 中的应用。本书将理论知识和实例有机结合，满足读者全方位发展的需求。

本书可作为高等院校计算机相关专业的教材，也可供网页开发人员参考使用。

♦ 主　　编　马静媛　黄　栗　夏　鹏
副 主 编　刘　刚
责任编辑　赵　亮
责任印制　王　郁　焦志炜

♦ 人民邮电出版社出版发行　　北京市丰台区成寿寺路 11 号
邮编　100164　　电子邮件　315@ptpress.com.cn
网址　https://www.ptpress.com.cn
三河市君旺印务有限公司印刷

♦ 开本：787×1092　1/16
印张：16.5　　2025 年 5 月第 2 版
字数：477 千字　　2025 年 5 月河北第 1 次印刷

定价：59.80 元

读者服务热线：(010)81055256　印装质量热线：(010)81055316
反盗版热线：(010)81055315

前言

jQuery 是一个轻量级的 JavaScript 脚本库，是目前非常热门的 Web 前端开发技术之一。jQuery 的语法非常简单，它的核心理念是“Write less,do more!”（写更少代码，做更多事情！）。目前，很多开设计算机类专业的高校和培训学校都将 jQuery 作为教学内容之一，这对于培养学生的计算机应用能力具有非常重要的意义。

项目实践教学是学习计算机语言的有效途径。本书全面贯彻立德树人理念，精心规划内容，致力于达成知识、能力与素质提升三重目标。在知识提升层面，紧跟 jQuery 技术发展精选内容，全面、系统地讲解理论知识，为读者构建坚实的知识框架。在能力提升层面，设计典型项目实战切实帮助读者提升实践操作与问题解决能力。在素质提升层面，通过实例分析与理论探讨，潜移默化地培养读者的逻辑思维、创新精神以及严谨的编程职业素养，使其在学习过程中，不仅掌握专业技能，更能塑造良好职业品格。同时，每一单元末尾配备针对性习题，助力读者巩固知识，检验学习效果，促进知识、能力与素质的协同提升。

本书作为教材使用时，课堂学时建议为 30 学时，实践学时建议为 10 学时。本书各单元主要内容和课堂学时、实践学时建议分配如下表所示，教师可以根据实际教学情况对学时进行调整。

<table>
<tr><th>单元</th><th>主要内容</th><th>课堂学时</th><th>实践学时</th></tr>
<tr><td>第 1 单元</td><td>JavaScript 基础，包括 JavaScript 概述、JavaScript 的开发工具、编写和运行第一个 JavaScript 程序、JavaScript 库，以及项目实战：设计简单的倒计时器</td><td>1</td><td rowspan="2">1</td></tr>
<tr><td>第 2 单元</td><td>初识 jQuery，包括 jQuery 概述、jQuery 下载与配置、jQuery 对象和 DOM 对象、解决 jQuery 库和其他库的冲突、jQuery 插件简介，以及项目实战：显示、隐藏下拉菜单效果</td><td>1</td></tr>
<tr><td>第 3 单元</td><td>使用 jQuery 选择器，包括 jQuery 的工厂函数、什么是 jQuery 选择器、jQuery 选择器的优势、基本选择器、层次选择器、过滤选择器、属性选择器、表单选择器、混淆选择器、使用选择器时的注意事项，以及项目实战：表格隔行换色及鼠标指针指向行变色</td><td>4</td><td>1</td></tr>
<tr><td>第 4 单元</td><td>使用 jQuery 操作 DOM，包括 DOM 操作的分类、对元素内容和值进行操作、对 DOM 文档节点进行操作、对元素属性进行操作、对元素的 CSS 样式进行操作，以及项目实战：实现我的开心小农场</td><td>4</td><td>1</td></tr>
<tr><td>第 5 单元</td><td>jQuery 中的事件处理和动画效果，包括 jQuery 中的事件处理、jQuery 中的动画效果，以及项目实战：实现图片传送带</td><td>3</td><td>1</td></tr>
</table>

续表

单元	主要内容	课堂学时	实践学时
第 6 单元	使用 jQuery 操作表单和表格，包括表单概述、使用 jQuery 操作表单元素、使用 jQuery 操作表格，以及项目实战：删除记录时的提示效果与京东登录注册表单	4	1
第 7 单元	AJAX 在 jQuery 中的应用，包括 AJAX 技术简介、安装 Web 运行环境——AppServ、通过 JavaScript 应用 AJAX、jQuery 中的 AJAX 应用、AJAX 的全局事件，以及项目实战：使用 AJAX 实现留言板即时更新	3	1
第 8 单元	使用 jQuery UI 插件，包括初识 jQuery UI 插件、jQuery UI 的常用插件、jQuery UI 的常用特效，以及项目实战：使用 jQuery 实现许愿墙	3	1
第 9 单元	常用的第三方 jQuery 插件，包括第三方 jQuery 插件概述、常用第三方 jQuery 插件的使用，以及项目实战：使用 ColorPicker 插件制作颜色选择器	2	1
第 10 单元	jQuery 性能优化与技巧，包括 jQuery 性能优化、jQuery 常用技巧，以及项目实战：动态搜索过滤	1	1
第 11 单元	jQuery 在 HTML5 中的应用，包括 HTML5 基础、jQuery 与 HTML5 编程，以及项目实战：旅游信息网前台页面设计	4	1

本书由马静媛、黄栗、夏鹏任主编，刘刚任副主编，魏炜也参与了编写。由于编者水平有限，书中难免存在疏漏和不足之处，敬请广大读者批评指正，使本书得以改进和完善。

编者

2024 年 12 月

目录

第 1 单元 JavaScript 基础 ……1

第 2 单元 初识 jQuery ……15

第 3 单元 使用 jQuery 选择器 ……30

第4单元

第5单元

第6单元

第 7 单元

AJAX 在 jQuery 中的应用………… 137

第 8 单元

使用 jQuery UI 插件……… 157

第 9 单元

第 10 单元

第 11 单元

第1单元 JavaScript基础

情景引入

平时我们在百度上搜索内容时，在输入框的下方会根据我们输入的内容展示出相关联的选项，按“Enter”键或者单击“百度一下”按钮，搜索结果会呈现在页面上，这个交互过程就是通过JavaScript来实现的。JavaScript是因特网上最流行的脚本语言之一，它存在于几乎所有Web浏览器中，能够增强用户与Web站点及Web应用程序之间的交互性。本单元将介绍什么是JavaScript、JavaScript的应用及实现等知识。

学习目标

知识目标

1. 了解什么是JavaScript。
2. 了解JavaScript的开发工具及使用。
3. 了解如何编写并运行JavaScript程序。
4. 了解JavaScript程序的出错类型及调试方式。
5. 了解JavaScript常用库。

能力目标

1. 能够搭建JavaScript开发环境及使用开发工具。
2. 能够使用JavaScript的调试方式来进行代码调试。

素质目标

培养对编程语言的兴趣与探索精神，理解JavaScript的基础知识与特点，养成独立配置开发环境和解决编程问题的能力，提升逻辑思维与实践能力。

思维导图

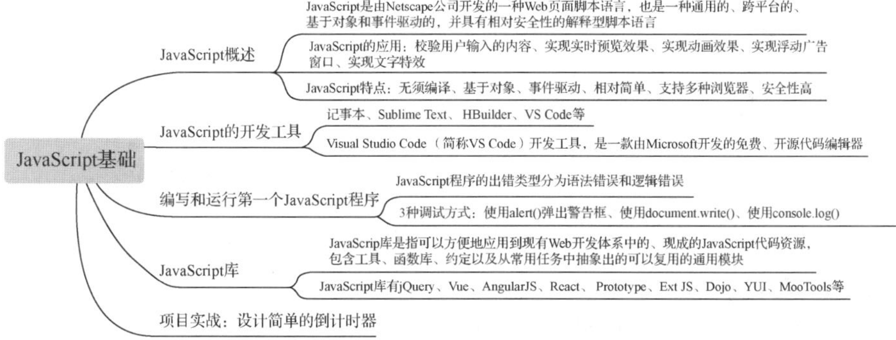

1.1 JavaScript 概述

JavaScript 概述

1.1.1 什么是 JavaScript

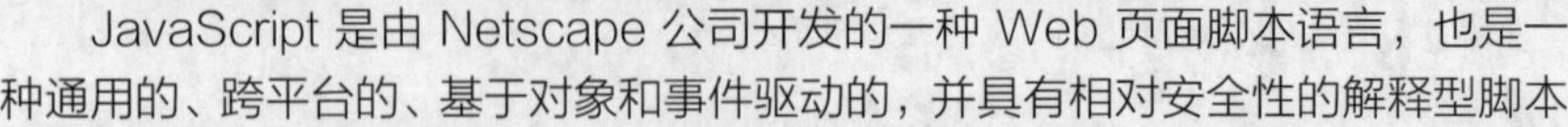

JavaScript 是由 Netscape 公司开发的一种 Web 页面脚本语言，也是一种通用的、跨平台的、基于对象和事件驱动的，并具有相对安全性的解释型脚本语言。它不需要进行编译，而是直接嵌入 HTML（Hypertext Markup Language，超文本标记语言）页面中，把静态页面转变成支持用户交互并响应相应事件的动态页面，在 Web 系统中应用非常广泛。

1.1.2 JavaScript 的应用

如今，用户已经习惯了 App、微信小程序等移动应用的操作模式，兼具良好的互动体验和及时的用户反馈才能让设计出的网页具备竞争力。而我们常见的鼠标指针悬浮变色、显示或隐藏部分内容、注册表单验证提示、手风琴菜单、幻灯片轮播等特效，都可以使用 JavaScript 制作。JavaScript 给网页带来了丰富的交互效果和动态的用户体验，使网页更加生动和富有活力。下面我们介绍 JavaScript 的常见应用。

1. 校验用户输入的内容

在程序开发过程中，对用户输入内容的校验通常分为两种：校验功能和校验格式。

校验功能常常与服务器端的数据库相关联。例如，在开发密码登录页面时，用户要输入正确的登录名和登录密码。如果用户输入了不正确的登录名或登录密码，页面将弹出相应的提示，如图 1-1 所示。这种校验必须在表单提交后，由服务器端的程序进行。

校验格式可以只发生在客户端，即在将表单提交到服务器端之前完成。JavaScript 能及时响应用户的操作，对提交的表单做即时校验。JavaScript 常用于校验用户输入的格式。

图 1-2 所示为典型的新用户注册信息填写页面，它要求对用户输入的格式进行校验，确认用户名不能为空；密码至少需要 6 个字符，且密码和确认密码必须一致；手机号格式正确等。例如，当用户输入不符合指定格式的手机号时，就会在页面输出提示信息“手机号不正确”，如图 1-2 所示。

图 1-1 校验登录名和登录密码是否正确

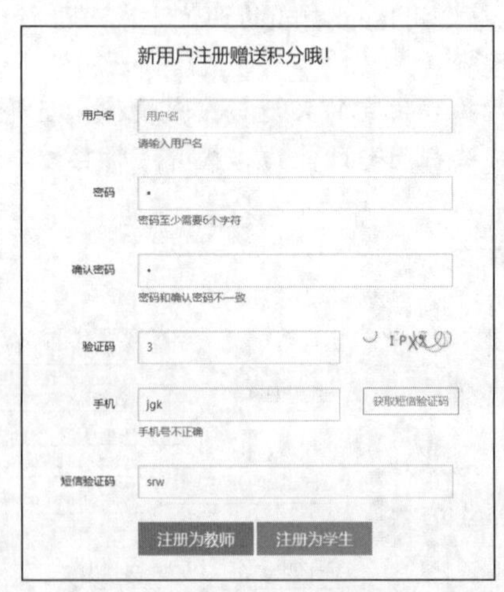

图 1-2 校验用户输入的格式是否正确

2. 实现实时预览效果

在 Web 编程中，多数情况下需要程序与用户进行交互，告诉用户已经发生的情况，或者从用户的输入中获得下一步的数据，程序的运行过程大多数是一步步交互的过程。这种完全不用通过服务器端处理，仅在客户端动态显示网页的功能，不仅可以节省网页与服务器端的通信时间，又可以制作出便于用户使用的友好页面，使网页功能更加人性化。

例如，在实现许愿字条时，为了让用户可以实时看到添加内容后许愿字条的效果，用户每输入一个文字，右侧的字条预览区都会实时显示许愿字条的效果，如图 1-3 所示。

图 1-3　实时预览许愿字条效果

3. 实现动画效果

网页中经常会有一些动画效果，其能使页面显得更加生动。使用 JavaScript 脚本语言也可以实现动画效果，例如在页面中实现一种星星闪烁的动画效果，如图 1-4 所示。

图 1-4　星星闪烁动画效果

4. 实现浮动广告窗口

在打开网页时我们经常会看到一些浮动的广告窗口。这些广告窗口是网站最大的盈利手段之一，它们也可以通过 JavaScript 脚本语言来实现，如图 1-5 所示。

图 1-5　浮动广告窗口的应用

5. 实现文字特效

使用 JavaScript 语言可以实现多种文字特效。例如文字滚动的特效，如图 1-6 所示。

===莫凡魔方科技带你走进JavaScript世界==

图 1-6 文字滚动特效

1.1.3 JavaScript 的特点

JavaScript 是为适应动态网页制作的需要而产生的一种编程语言，它具有以下特点。

1. 无须编译，在浏览器中运行时被解释

JavaScript 不同于一些编译性的编程语言（例如 C、C++等），它是一种解释性的程序语言，它的源代码不需要经过编译，而是直接在浏览器中运行时被解释。

2. 基于对象

JavaScript 是一种基于对象的语言，这意味着它能运用自己已经创建的对象。因此，它的许多功能可以来自脚本环境中对象的方法与脚本的相互作用。

3. 事件驱动

JavaScript 可以直接对用户输入做出响应，无须经过 Web 服务程序。它对用户输入的响应是以事件驱动的方式进行的。所谓事件驱动，就是指在主页中执行了某种操作所产生的动作，此动作称为“事件”。例如按鼠标按键、移动窗口、选择菜单等都可以称为事件。当事件发生后，可能会引起相应的事件响应。

4. 相对简单

JavaScript 是一种基于 Java 基本语句和控制流的简单而紧凑的语言，对于学习 Java 来说是一种非常好的过渡。此外，它的变量类型采用弱类型，并未采用严格的数据类型。

5. 支持多种浏览器

JavaScript 依赖于浏览器本身，与操作环境无关。只要计算机能运行浏览器，并且浏览器支持 JavaScript，就可正确运行 JavaScript。

6. 安全性高

JavaScript 是一种安全性高的语言，不允许将数据存入服务器中和对网络文档进行修改和删除，只能通过浏览器实现信息浏览或动态交互，这样可有效地防止数据丢失。

1.2 JavaScript 的开发工具

随着 JavaScript 的发展，大量优秀的开发工具接踵而来。能够开发现代网页的开发工具非常多，例如记事本、Sublime Text、HBuilder、VS Code 等。找到一个适合自己的开发工具，不仅可以加快学习速度，而且在以后的开发过程中能及时发现问题、少走弯路。下面我们就来介绍两款简单、易用的开发工具。

JavaScript 的开发工具

1.2.1 使用记事本开发

记事本是最原始的 JavaScript 开发工具之一，它最大的优点就是不需要独立安装，只要安装 Windows 操作系统，使用系统自带的记事本，就可以开发 JavaScript 应用程序。对于计算机硬件条件有限的读者来说，记事本是最好的 JavaScript 应用程序开发工具之一。

【例 1-1】下面介绍如何将记事本作为 JavaScript 的编辑器，编写第一个 JavaScript 脚本（实例位置：源码\第 1 单元\1-1）。

（1）打开记事本。

（2）在记事本的工作区域输入以下 HTML 标记符和 JavaScript 代码。

```
<html>
<head>
<title>一段简单的 JavaScript 代码</title>
<script language="javascript">
    window.alert("欢迎光临本网站");
</script>
</head>
<body>
<h3>这是一段简单的 JavaScript 代码。</h3>
</body>
</html>
```

（3）编辑完毕后，选择“文件”/“保存”命令，在弹出的“另存为”对话框中，输入文件名，将其保存为.html 格式或.htm 格式。双击该文件，以上代码的运行结果会在浏览器中显示，如图 1-7 所示。

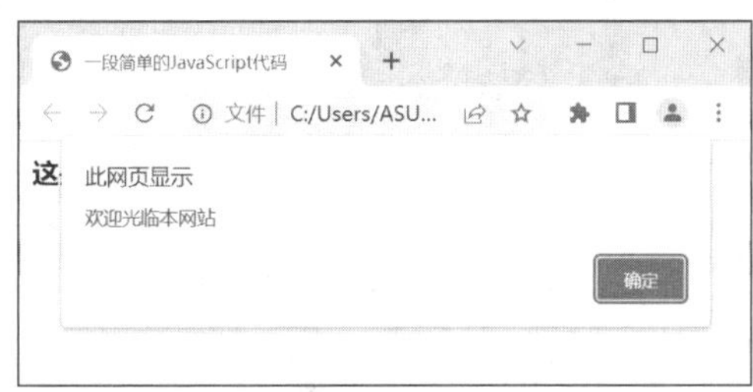

图 1-7　用记事本编写 JavaScript 程序

说明　**使用记事本开发 JavaScript 程序也存在缺点，即整个编程过程中要求开发人员完全手工输入程序代码，这样就会影响程序的开发效率。所以在条件允许的情况下，最好不要只使用记事本开发 JavaScript 程序。**

1.2.2　使用 VS Code 开发

Visual Studio Code（简称 VS Code）开发工具，是一款由 Microsoft 开发的免费、开源代码编辑器。它是一个轻量级的跨平台编辑器，适用于 Windows、macOS 和 Linux 操作系统。它内置对 JavaScript、TypeScript 和 Node.js 的支持，并且拥有丰富的其他语言和运行时扩展生态系统。

访问 VS Code 官网下载安装包，需要选择对应系统的安装包，直接下载即可，如图 1-8 所示。

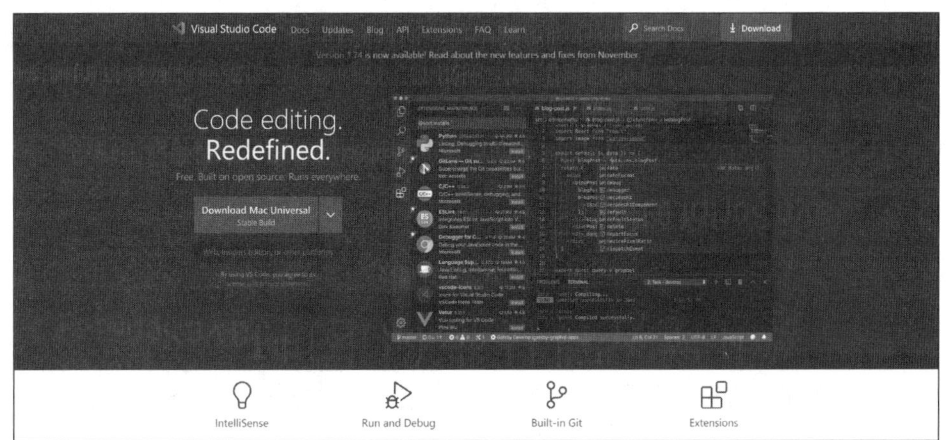

图 1-8　VS Code 官网

【例 1-2】下面通过一个实例了解使用 VS Code 如何进行开发。

（1）在桌面上创建一个名为 sourceCode（在 VS Code 中显示为 SOURCE CODE）的文件夹，然后通过 VS Code 打开（Windows 快捷键：Crtl + K + O。macOS 快捷键：command + O）该文件夹，如图 1-9 所示。

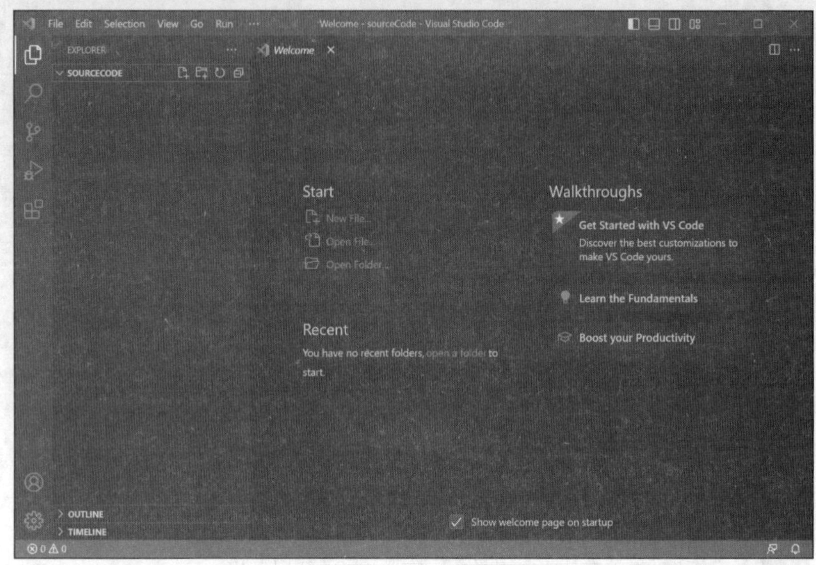

图 1-9　VS Code 界面

（2）在该文件夹下面新建一个 index.html 文件，输入源码内容如下。

```
<!DOCTYPE html>
<html>
<head>
    <title>一段简单的 JavaScript 代码</title>
    <script language="javascript">
        window.alert("欢迎光临本网站");
    </script>
</head>
<body>
    <h3>这是一段简单的 JavaScript 代码。</h3>
</body>
</html>
```

说明　**在编辑器内输入“!”，然后按“Tab”键，VS Code 会自动生成 HTML 模板，这是由于 VS Code 内置的 Emmet 插件拥有针对 HTML 的自动补全功能，使用该功能能极大地提高开发效率。**

（3）双击 index.html 文件，浏览器可以运行该文件，结果如图 1-10 所示。

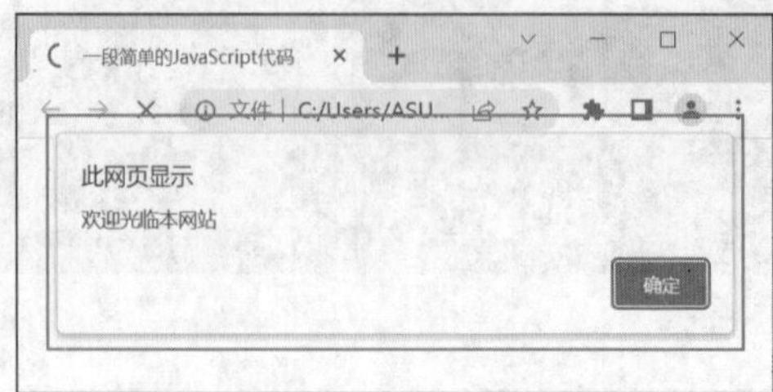

图 1-10　index.html 运行结果

1.3 编写和运行第一个 JavaScript 程序

下面展示一个简单的 JavaScript 程序，通过该程序，读者可对编写和运行 JavaScript 程序的整个过程有一个初步的认识。

1.3.1 编写 JavaScript 程序

【例 1-3】下面使用 VS Code 编辑器编写第一个 JavaScript 程序。

（1）启动 VS Code 编辑器，在之前创建的 sourceCode 文件夹中新建一个文件夹 1-3，如图 1-11 所示。

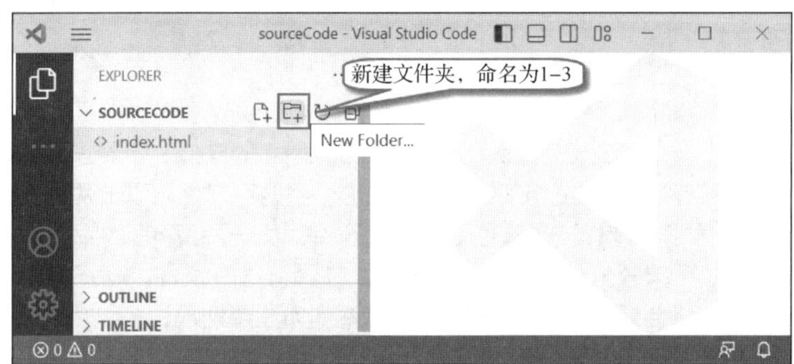

图 1-11　新建文件夹

（2）在 1-3 文件夹中新建一个 index.html 文件，并且输入代码如下（实例位置：源码\第 1 单元\1-2）。

```
<!DOCTYPE html>
<html lang="en">
<head>
    <meta charset="UTF-8">
    <meta http-equiv="X-UA-Compatible" content="IE=edge">
    <meta name="viewport" content="width=device-width, initial-scale=1.0">
    <title>Document</title>
</head>
<body>
    <script language="javascript">
        alert("我要学习 JavaScript")
    </script>
</body>
</html>
```

JavaScript 的程序代码必须置于<script language="javascript">和</script>之间。

JavaScript 脚本在 HTML 文件中的位置有以下 3 种。

① 在 HTML 文件的<body>标记中的任何位置：如果所编写的 JavaScript 程序用于输出网页的内容，那么应该将 JavaScript 程序置于 HTML 文件的<boby>标记中需要显示该内容的位置。

② 在 HTML 文件的<head>标记中：如果所编写的 JavaScript 程序需要在某一个 HTML 文件中多次使用，那么就应该编写 JavaScript 函数（Function），并将函数置于该 HTML 文件的<head>标记中。

```
<script language="javascript">
function check(){
   alert("我被调用了");
}
</script>
```

使用时直接调用该函数就可以了。

```
<input type="submit" value="提交" onClick="check()">
```

上述代码的含义为单击“提交”按钮，调用check()函数。

③ 在单独的.js 文件中：如果所编写的 JavaScript 程序需要在多个 HTML 文件中使用，或者所编写的 JavaScript 程序内容很多，这时就应该将这段 JavaScript 程序置于单独的.js 文件中，然后在所需要的 HTML 文件 a.html 中，使用<script>标记包含该.js 文件。例如：

```
<script src="ch1-1.js"></script>
```

被包含的 ch1-1.js 文件代码如下：

```
document.write('这是外部文件中的 JavaScript 代码!');
```

注意　在外部的 JavaScript 程序文件 ch1-1.js 中不必使用<script>标记。

（3）虽然大多数浏览器都支持 JavaScript，但也有少部分浏览器不支持 JavaScript，还有一些支持 JavaScript 的浏览器由于安全问题关闭了对 JavaScript 的支持。如果遇到不支持 JavaScript 的浏览器，网页会达不到预期效果或出现错误。解决这个问题可以使用以下两种方法。

① HTML 注释符号。HTML 注释符号是以<!--开始、以-->结束的。但是 JavaScript 不能识别 HTML 注释符号的结束部分-->。如果在此 HTML 注释符号内编写 JavaScript 脚本，那么不支持 JavaScript 的浏览器将会把编写的 JavaScript 脚本作为注释处理。

② <noscript>标记。如果当前浏览器支持 JavaScript，那么该浏览器将会忽略<noscript>和</noscript>标记之间的任何内容。如果当前浏览器不支持 JavaScript，那么该浏览器将会把这两个标记之间的内容显示出来。此标记可以提醒浏览者当前使用的浏览器是否支持 JavaScript。

（4）JavaScript 脚本语言区分字母大小写。

1.3.2　运行 JavaScript 程序

运行用 JavaScript 编写的程序需要使用支持 JavaScript 语言的浏览器。现在的浏览器基本上都支持 JavaScript。双击 1-3/index.html 文件，在浏览器中输出运行结果，如图 1-12 所示。

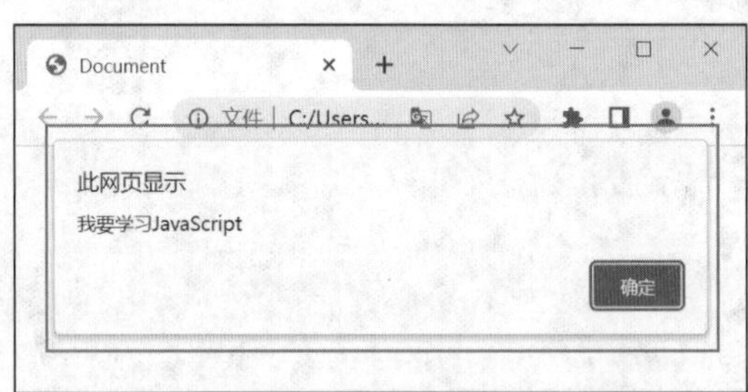

图 1-12　运行第一个 JavaScript 程序

说明　在部分浏览器中，选择“查看网页源代码”命令，可以查看程序生成的 HTML 源码。在客户端中查看到的源码是经过浏览器解释的 HTML 代码，如果将 JavaScript 脚本存储在单独的文件中，那么在查看源码时不会显示 JavaScript 程序源码。

1.3.3　JavaScript 程序的出错类型

JavaScript 程序的出错类型分为语法错误和逻辑错误两种。

1. 语法错误

语法错误是在程序开发中使用不符合某种语言规则的语句而产生的错误。例如，错误地使用了 JavaScript 的关键字、错误地定义了变量名称等，这样当浏览器运行 JavaScript 程序时就会报错。

例如，将例 1-3 程序中的 alert 语句改写成下述语句，即将第 1 个字符由小写字母改写成大写字母。

```
Alert("我要学习 JavaScript! ");
```

保存该文件后，再次在浏览器中运行，程序就会报错。

运行本程序，浏览器将不会正常弹出提示信息，在浏览器调试窗口中可以看到报错信息，如图 1-13 所示。

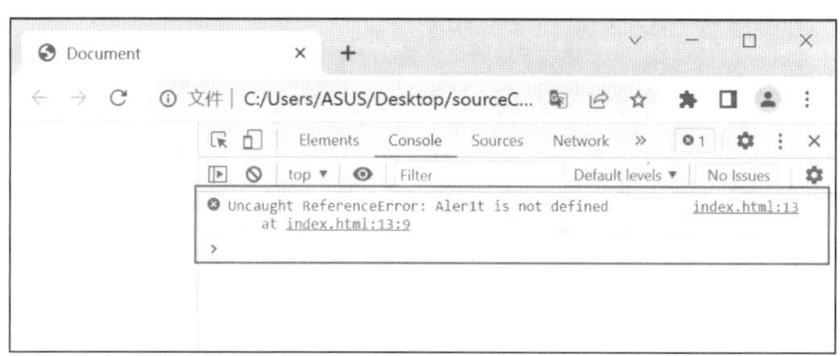

图 1-13　在浏览器中调试 JavaScript 程序

2. 逻辑错误

有些时候，程序中不存在语法错误，也没有执行非法操作的语句，可是程序的运行结果却是不正确的，造成这种结果的错误叫作逻辑错误。逻辑错误对于编译器来说并不算错误，但是由于代码中存在逻辑错误，会导致运行结果并非期望得到的结果。逻辑错误从语法上看是不存在错误的，但是从程序的功能上看是 Bug（错误、漏洞）。这是最难调试和发现的 Bug 之一，因为它们不会导致弹出任何错误信息，唯一能看到的就是程序的功能（或部分功能）没有实现。

例如，某商城举行商品优惠活动，如果用户是商城的会员，那么商品打八五折，代码如下所示。

```
<script language="javascript">
user="会员";
if(user=="会员"){
    price=485*8.5;                          //485 是商品价格，8.5 表示打八五折
    alert("商品的会员价格是: "+price);       //输出商品的会员价格
}
</script>
```

运行程序时，浏览器没有弹出错误信息。但是当用户是商城的会员时，商品价格乘 8.5，相当于商品不但没有打折，其价格反而比原价贵了 8.5 倍，这一点就不符合要求，属于逻辑错误，应该乘 0.85 才正确。

在实现动态的 Web 编程时，通常情况下，数据表中均是以 8.5 进行存储的，这时在程序中就应该在商品价格乘 8.5 后再除以 10，这样就相当于商品价格乘 0.85。正确的代码为:

```
price=485*8.5/10;                           //485 是商品价格,8.5/10 表示打八五折
```

对于逻辑错误而言，发现错误是容易的，但要查找出逻辑错误的原因却很困难。因此，读者在编写程序的过程中，一定要注意语句或者函数的完整性，否则将导致程序出错。

1.3.4　JavaScript 的 3 种调试方式

通常情况下，如果 JavaScript 程序出现错误，是不会有相关提示信息的。那么该错误到底是语法错误还是逻辑错误以及出错的具体位置无法得知，这样我们就迫切地需要掌握 JavaScript 的调试方式。本小节我们一起学习 3 种常见的 JavaScript 调试方式。

（1）使用 alert()弹出警告框，实例代码如下所示（实例位置：源码\第 1 单元\1-3）。

```
<!DOCTYPE html>
<html>
  <head>
    <title>在 JavaScript 中使用警告框</title>
  </head>
  <body>
    <script>
      alert(5+6);
    </script>
  </body>
</html>
```

运行以上代码，浏览器显示结果如图 1-14 所示。

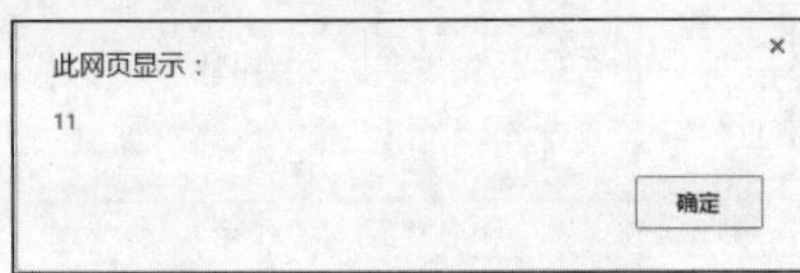

图 1-14　alert()弹出警告框

（2）使用 document.write()将内容写入 HTML 文档，实例代码如下所示（实例位置：源码\第 1 单元\1-4）。

```
<!DOCTYPE html>
<html>
  <head>
    <title>在 JavaScript 中使用 document.write()方法</title>
  </head>
  <body>
    <script>
      document.write(Date());
    </script>
  </body>
</html>
```

运行以上代码，浏览器显示结果如图 1-15 所示。

Sun Apr 23 2023 00:41:11 GMT+0800 (中国标准时间)

图 1-15　document.write()显示结果

（3）使用 console.log()将内容写入浏览器控制台，实例代码如下所示（实例位置：源码\第 1 单元\1-5）。

```
<!DOCTYPE html>
<html>
  <head>
    <title>在 JavaScript 中使用 console.log()方法</title>
  </head>
  <body>
    <script>
       a = 5;
       b = 6;
       c = a + b;
       console.log(c);
    </script>
  </body>
</html>
```

运行以上代码，浏览器显示结果如图 1-16 所示。

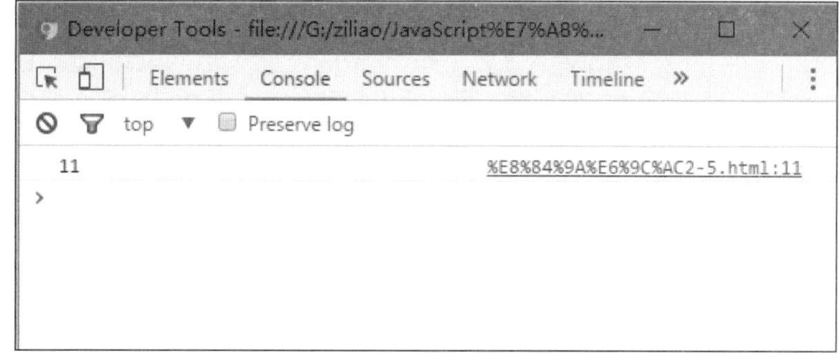

图 1-16　console.log()显示结果

比较这 3 种调试方式可知，console.log()是一种更好的方式，在实际应用中更受开发人员的青睐。对这 3 种调试方式的对比分析如下。

（1）如果在文档已完成加载后执行 document.write()，整个 HTML 页面将被覆盖，对程序的执行造成不便。

（2）alert()方法会阻断 JavaScript 程序的执行，从而带来副作用，而且使用 alert()方法需要用户单击弹窗的“确定”按钮，操作麻烦，最重要的是 alert()只能输出字符串。

（3）console.log()仅在控制台输出相关信息，不会对 JavaScript 程序执行造成阻碍。此外，console.log()可以接收任何字符串、数字和 JavaScript 对象，使用它可以看到清楚的对象属性结构，在 AJAX（Asynchronous JavaScript And XML，异步 JavaScript 和 XML 技术）中返回 JSON 数组对象时调试很方便。

注意

在程序中，调试是测试、查找及减少 Bug 的过程。console.log()在 IE 8 及以下版本中会报错，调试后注意注释掉它。

1.4 JavaScript 库

JavaScript 库

1.4.1 什么是 JavaScript 库

JavaScript 库是指可以方便地应用到现有 Web 开发体系中的、现成的 JavaScript 代码资源，包含工具、函数库、约定以及从常用任务中抽象出的可以复用的通用模块。JavaScript 库能帮助使用者轻松地建立具有高难度交互的 Web 2.0 特性的富客户端页面，并且兼容各大浏览器。它们通常由开源社区开发和维护，并被各大公司支持和使用。

大多数 JavaScript 库都提供了以下功能：命名空间支持、JavaScript 可用性增强工具、用户界面组件、拖放组件、视觉效果和动画、布局管理工具、元素样式操作、AJAX 支持、DOM（Document Object Model，文档对象模型）支持、事件处理增强工具、操作日志和调试功能、单元测试架构等。这些功能都是在 Web 开发中经常用到的，并且基于 JavaScript 库的应用程序可以获得更好的浏览器兼容性和更高的开发效率，同时可以提供更多的功能和效果。使用 JavaScript 库可以大幅度地提高开发效率，增强应用程序的性能，丰富应用程序的功能，改善用户体验。

1.4.2 常用的 JavaScript 库

目前，常用的 JavaScript 库有 jQuery、Vue、AngularJS、React、Prototype、Ext JS、Dojo、YUI、MooTools 等，下面进行简单介绍。

1. jQuery

本书的主题 jQuery 是继 Prototype 之后又一个优秀的轻量级 JavaScript 库。它是一个快速和简洁的 JavaScript 库，拥有强大的选择器，可以简化 HTML 文档元素的遍历、事件处理、动画和 AJAX 交互，实现快速 Web 开发。jQuery 还拥有完善的兼容性和链式操作等功能，它的这些优点吸引了众多开发人员。

2. Vue

Vue 是由华人程序员尤雨溪（Evan You）开发的一个 JavaScript 库，并且在国内外都受到开发人员的青睐。它是一个构建用户页面的渐进式框架，与其他重量级框架不同的是，Vue 采用自底向上增量开发的设计，Vue 的核心库只关注视图层，提供数据驱动的组件以及简单、灵活的 API（Application Program Interface，应用程序接口），并且非常容易学习、非常容易与其他库或已有项目整合。

3. AngularJS

AngularJS 是一个用 JavaScript 编写的库，它可通过<script>标记添加到 HTML 页面中。AngularJS 通过指令扩展了 HTML，并且通过表达式绑定数据到 HTML，是一个优秀的前端 JavaScript 框架。AngularJS 有着诸多特性，其中最为核心的特性是：模块化、自动化双向数据绑定、语义化标签、依赖注入等。

4. React

React 是一个用于构建用户界面的 JavaScript 库。由于 React 的设计思想极其独特，属于革命性创新，性能出众，代码逻辑却非常简单，所以越来越多的人开始关注和使用它，认为它可能是将来 Web 开发的主流工具。

5. Prototype

Prototype 是最早成型的 JavaScript 库之一，它的特点是功能实用且容量较小。它定义了 JavaScript 面向对象扩展、DOM 操作 API、事件等，非常适合在中小型 Web 应用中使用。Prototype 库极大地简化了 JavaScript 代码的编写工作，同时兼容各种浏览器。

6. Ext JS

Ext JS 通常称为 Ext，是一个非常优秀的 JavaScript 库，可以用来开发具有绚丽外观的富客户端应用。使用 Ext 开发的多彩页面吸引了许多程序员的眼球，同时也吸引了众多用户，对于开发企业应用系统来说，Ext 非常实用。但 Ext 体积较大，导致页面加载速度比较慢；此外，Ext 并不是完全免费的，如果用于商业用途，是需要付费获得授权许可的。

7. Dojo

Dojo 是一个强大的、面向对象的 JavaScript 库。它主要由三大模块组成：Core、Dijit、DojoX。Core 提供了构建 Web 应用必需的几乎所有基础功能。Dijit 是一个可更换皮肤且基于模板的 Web UI（User Interface，用户界面）控件库。DojoX 包括一些创新的代码和控件：DataGrid、Chart、离线应用、跨浏览器矢量绘图等。Dojo 功能强大、组件丰富，采用面向对象的设计，有统一命名空间和管理机制，适用于企业级或复杂的大型 Web 应用开发。它的缺点是比较复杂。但 Dojo 仍然是一个很有发展潜力的 JavaScript 库。

8. YUI

YUI 是一个使用 JavaScript 编写的工具和控件库。它是利用 DOM 脚本、DHTML（Dynamic HTML，动态 HTML）和 AJAX 构造的具有丰富交互功能的 Web 程序。YUI 的许多组件实现了对数据源的支持。

9. MooTools

MooTools 是一个轻量、简洁、模块化、面向对象的开源 JavaScript 库。MooTools 的语法几乎和 Prototype 的一样，但 MooTools 却提供了更强大的功能、更好的扩展性和兼容性。它的模块化思想优秀，各模块代码非常独立，最小的核心模块只有 8KB。其最大的优点是可选择使用哪些模块，用的时候只导入使用的模块即可。MooTools 完全贯彻了面向对象的编程思想，并且语法简洁、文档完善，是一个非常优秀的 JavaScript 库。

1.5 项目实战：设计简单的倒计时器

设计一个简单的倒计时器，实现倒计时功能并在页面上显示剩余时间。

程序开发步骤如下（实例位置：源码\第 1 单元\1-6）。

（1）创建一个名为 index.html 的文件，创建倒计时器的页面。关键代码如下：

```
<p id="timer">剩余时间：</p>
<button id="startButton">开始</button>
<button id="stopButton">停止</button>
```

（2）在 JavaScript 中使用定时器实现倒计时逻辑。关键代码如下：

```
// 使用选择器选择倒计时器元素和按钮
var timerElement = document.getElementById("timer");
var startButton = document.getElementById("startButton");
var stopButton = document.getElementById("stopButton");

var timerId; // 用于存储定时器的 ID
var remainingTime = 60; // 倒计时的总时长，单位为秒

// 开始倒计时
startButton.addEventListener("click", function() {
  timerId = setInterval(function() {
    if (remainingTime > 0) {
      timerElement.textContent = "剩余时间：" + remainingTime + "秒";
      remainingTime--;
    } else {
      clearInterval(timerId);
       timerElement.textContent = "倒计时结束";
    }
  }, 1000);
});

// 停止倒计时
stopButton.addEventListener("click", function() {
  clearInterval(timerId);
  timerElement.textContent = "倒计时已停止";
});
```

1.6 小结

（1）JavaScript 是由 Netscape 公司开发的一种 Web 页面脚本语言，是目前客户端浏览器程序使用较广泛的 Script 语言。

（2）JavaScript 不需要进行编译，而是直接嵌入在 HTML 页面中，把静态页面转变成支持用户交互并响应相应事件的动态页面。

（3）JavaScript 库是指可以方便地应用到现有 Web 开发体系中的、现成的 JavaScript 代码资源，包含工具、函数库、约定以及从常用任务中抽象出的可以复用的通用模块。

（4）JavaScript 库的目标是帮助使用者轻松地建立具有高难度交互的 Web 2.0 特性的富客户端页面，并且兼容各大浏览器。

（5）目前，常用的 JavaScript 库有 jQuery、Vue、AngularJS、React、Prototype、Ext JS、Dojo、YUI、MooTools 等。

1.7 习题

1. 选择题

（1）下列（　　）不是常用的 JavaScript 库。

A. jQuery　　B. Vue　　C. AngularJS　　D. HTML

（2）下列关于 JavaScript 的特点说法有误的是（　　）。

A. 无须编译，在浏览器中运行时被解释　　B. 基于对象

C. 事件驱动　　D. 需要编译后运行

（3）下列关于 JavaScript 的调试方式说法有误的是（　　）。

A. 使用 alert()弹出警告框

B. 使用 document.write()方法

C. 使用 console.log()将内容写入浏览器控制台

D. 使用 println()输出

2. 填空题

（1）JavaScript 的开发工具包括记事本、__________、__________、__________。

（2）JavaScript 程序的出错类型包括__________、__________。

（3）JavaScript 的特点包括__________、__________、__________、__________、__________、__________。

3. 简答题

（1）说明 JavaScript 的作用。

（2）简述 JavaScript 的应用。

（3）简述编写 JavaScript 程序的步骤。

（4）描述常用的 JavaScript 库。

第2单元 初识jQuery

02

情景引入

当我们踏入Web开发的世界后，会对创建动态和交互性的网页充满兴趣。在这个初始的阶段，如何简化DOM操作、实现动画效果和提升用户体验呢？通过引入jQuery库，就可以轻松地选择和操作页面元素，实现动态内容展示、事件处理和平滑的动画效果。jQuery简洁的语法和丰富的功能使我们能够快速入门，并能以简单而优雅的方式构建令人惊叹的网页应用程序。本单元将介绍jQuery概述、jQuery下载与配置、jQuery对象和DOM对象、解决jQuery和其他库的冲突、jQuery插件简介等。

学习目标

知识目标

1. 了解什么是jQuery。
2. 了解jQuery的特点和版本历程。
3. 学会jQuery下载与配置。
4. 了解jQuery对象和DOM对象的使用。
5. 了解jQuery和其他库冲突解决方式。
6. 了解jQuery插件的使用。

能力目标

1. 能够搭建jQuery开发环境以及使用jQuery。
2. 能够解决jQuery和其他库的冲突以及使用jQuery插件。

素质目标

形成库和框架应用的初步概念，理解技术工具在提升开发效率中的价值，增强分析问题和灵活使用工具的能力，为后续学习奠定基础。

思维导图

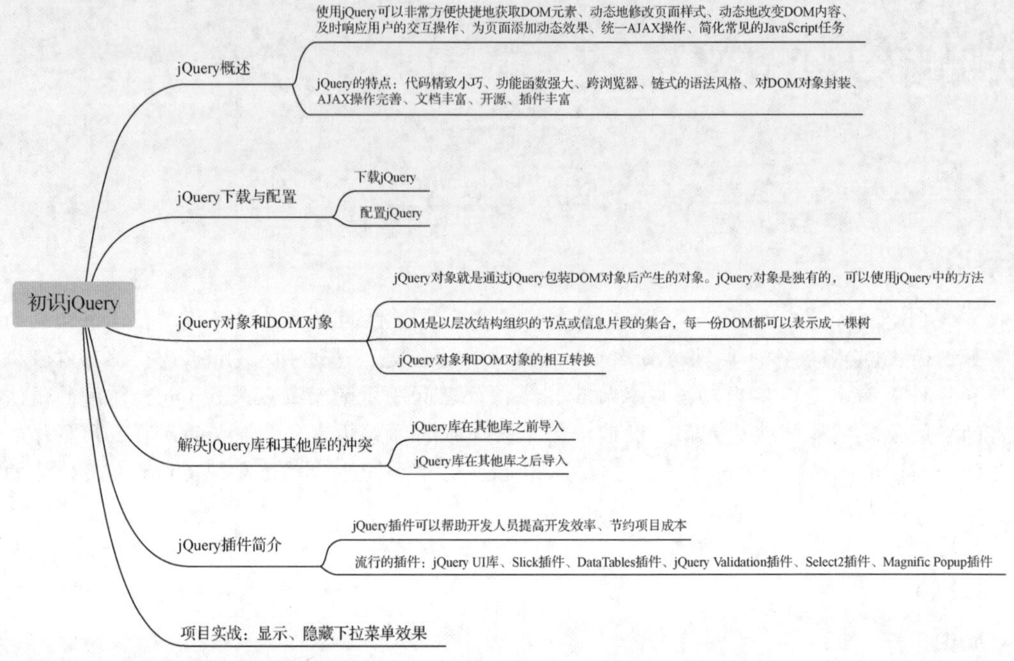

2.1 jQuery 概述

jQuery 是一个简洁、快速、灵活的 JavaScript 脚本库。它是由约翰·雷西格（John Resig）于 2006 年创建的，它帮助人们简化了 JavaScript 代码。由于 jQuery 简便易用、文档非常丰富，因此它已被大量开发人员所推崇。jQuery 的核心理念是“Write less,do more!”，即倡导写更少代码，做更多事情。

jQuery 概述

使用 jQuery 可以极大地提高编写 JavaScript 代码的效率，让编写出来的 JavaScript 代码更加简洁、健壮。同时网络上丰富的 jQuery 插件也让开发人员的工作变得更为轻松，让项目的开发效率有了质的提升。

2.1.1 jQuery 的应用

使用 jQuery 可以非常方便快捷地获取 DOM 元素、动态地修改页面样式、动态地改变 DOM 内容、及时响应用户的交互操作、为页面添加动态效果、统一 AJAX 操作、简化常见的 JavaScript 任务。在 Web 2.0 时代，jQuery 还受到许多网站的青睐，例如海尔官网、京东网上商城、去哪儿网等，许多网站都应用了 jQuery。下面我们就来看看使用 jQuery 实现的绚丽效果。

1. 海尔官网应用 jQuery 的效果

海尔官网的一级导航分为五大类：智慧生活、个人与家用产品、商业解决方案、用户服务、购买。在一级导航上可以看到应用了 jQuery 实现鼠标指针移入、移出的效果。当鼠标指针移入并悬浮在这些一级导航上面时，可以显示相应的二级导航；当鼠标指针移出一级导航时，二级导航会隐藏起来，以实现一级导航和二级导航的联动效果，如图 2-1 所示。

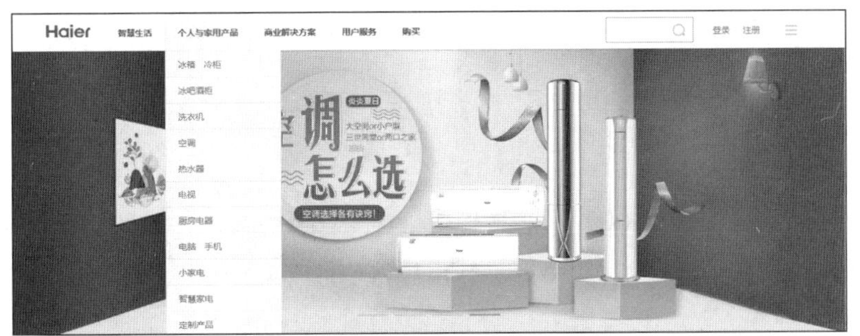

图 2-1　海尔官网应用 jQuery 的效果

2. 京东网上商城应用 jQuery 的效果

京东网上商城有很多的产品类目，为了将这些产品类目以清晰明了的方式展示给用户，京东网上商城采用手风琴式导航的方式来展示所有产品类目。手风琴式导航采用纵向导航的方式，首先列出产品的大类目，然后根据鼠标指针悬浮的效果展示出所有产品的小类目，这也是 jQuery 应用的一个经典实现。如图 2-2 所示，将鼠标指针移入并悬浮在家用电器产品大类目上，展示出家用电器的所有产品小类目。

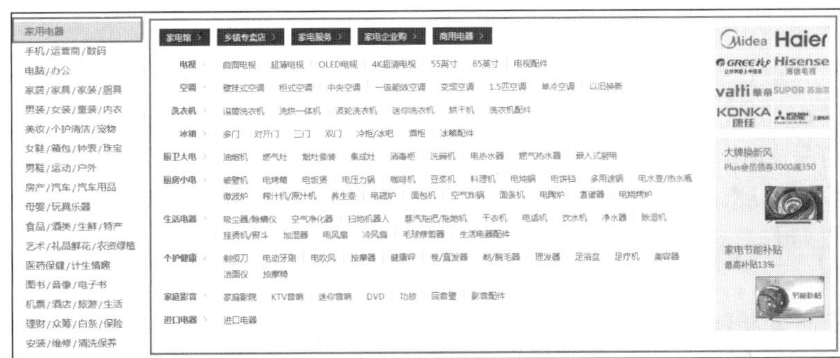

图 2-2　京东网上商城应用 jQuery 的效果

3. 去哪儿网应用 jQuery 的效果

网站的首页中经常有一个以幻灯片轮播形式展示广告图片的广告栏，这也是很多网站会采用的一种设计方式。在有限的区域内展示多张广告图片，只能以幻灯片轮播形式来实现。如图 2-3 所示，该广告栏就是应用 jQuery 的幻灯片轮播插件实现的。

图 2-3　去哪儿网应用 jQuery 的效果

说 明　jQuery 不仅适合网页设计师、开发人员以及编程爱好者使用，而且适合在校师生使用，可以说 jQuery 适合用于任何应用 JavaScript 的地方。

2.1.2 jQuery的特点

jQuery是一个简洁、快速的JavaScript脚本库，它能让人们在网页上简单地操作文档、处理事件、运行动画效果或者添加异步交互。jQuery可以提高编程的效率，它的主要特点如下。

1. 代码精致小巧

jQuery是一个轻量级的JavaScript脚本库，其代码非常精致小巧。在网络盛行的今天，提高网站用户的体验度显得尤为重要，代码精致小巧的jQuery完全可以做到这一点。

2. 功能函数强大

过去人们在编写JavaScript代码时，如果没有良好的编程基础，很难写出复杂的JavaScript代码。JavaScript是不可编译的语言，在复杂的程序结构中调试错误是一件非常痛苦的事情，这大大降低了开发效率。jQuery的功能函数能够帮助开发人员快速地实现各种功能，而且会让代码简洁、结构清晰。

3. 跨浏览器

JavaScript代码的浏览器兼容问题一直是Web开发人员的噩梦，经常出现页面在Chrome浏览器下运行正常，但在Firefox、IE或者其他浏览器下却不兼容的情况，这就需要开发人员在一个功能上针对不同的浏览器编写不同的脚本代码，这无疑是一件非常痛苦的事情。jQuery成功地将开发人员从这个噩梦中解放出来，现如今浏览器兼容问题或许已经没有那么严重，但是不同厂商的浏览器或多或少仍然存在兼容问题。jQuery具备良好的兼容性，可兼容各大主流浏览器，如IE 6.0+、Firefox 1.5+、Safari 2.0+、Opera 9.0+等。

4. 链式的语法风格

jQuery可以对元素的一组操作进行统一的处理，不需要重新获取对象，也就是说其可以基于一个对象进行一组操作。这种方式精简了代码量，减小了页面体积，有助于浏览器快速加载页面，提高用户的体验度。

5. 对DOM对象封装

jQuery封装了DOM对象的常用操作。本来使用DOM对象的操作需要很多代码完成的功能，使用jQuery可以轻松完成，大大降低了难度、减少了代码量。

6. AJAX操作完善

jQuery将所有的AJAX操作封装到一个函数$.ajax()中，使得开发人员在处理AJAX的时候能够专心处理业务逻辑而无须关心复杂的浏览器兼容问题以及XMLHttpRequest对象的创建和使用问题。

7. 文档丰富

jQuery的文档非常丰富，很多热爱jQuery的团队都在努力完善jQuery的中文文档，例如jQuery的中文API。

8. 开源

jQuery是一款开源的产品，任何人都可以自由地使用并提出修改意见。

9. 插件丰富

jQuery的易扩展性吸引了来自全球的开发人员编写jQuery的扩展插件。目前，jQuery已经有上百种官方支持的插件，而且还不断有新的插件出现。除了jQuery本身带有的一些功能外，开发人员可以通过插件实现更多的功能，例如表单验证、拖放效果、Tab导航条、表格排序、树形菜单以及图像特效等。网上的jQuery插件很多，读者可以直接下载、使用，并且插件是将JavaScript代码和HTML代码完全分离的，便于维护。

2.1.3 jQuery 的版本

1. jQuery 1.0

发布时间：2006 年 8 月。

jQuery 的第 1 个稳定版本，已经具有了对 CSS（Cascading Style Sheets，串联样式表）选择符、事件处理和 AJAX 交互的稳健支持。

2. jQuery 2.0

发布时间：2013 年 4 月。

该版本不再支持 IE 6/7/8，如果在 IE 9/10 中使用“兼容性视图”模式也会受到影响。

3. jQuery 3.0.0

发布时间：2016 年 6 月。

该版本引入了很多新特性，并为未来的大型改进做准备。不再支持 IE 6～IE 8。

4. jQuery 4.0.0

发布时间：2024 年 2 月。

该版本停止支持 IE10 及更早版本的浏览器。该版本带来了多项改进，包括错误修复、性能提升、代码精简等。

说 明　以上列出的是 jQuery 重要版本的发布时间及主要变化。除此之外，jQuery 还有一些小范围的升级版本，读者如果有兴趣，可以查看 jQuery 官方网站说明。

2.2 jQuery 下载与配置

jQuery 下载与配置

要在自己的网站中应用 jQuery 库，是需要下载并配置 jQuery 的。下面介绍如何下载与配置 jQuery。

2.2.1 下载 jQuery

jQuery 是一个开源的脚本库，可以在它的官方网站中下载。下面介绍具体的下载步骤。

（1）进入 jQuery 官方网站的首页，如图 2-4 所示。

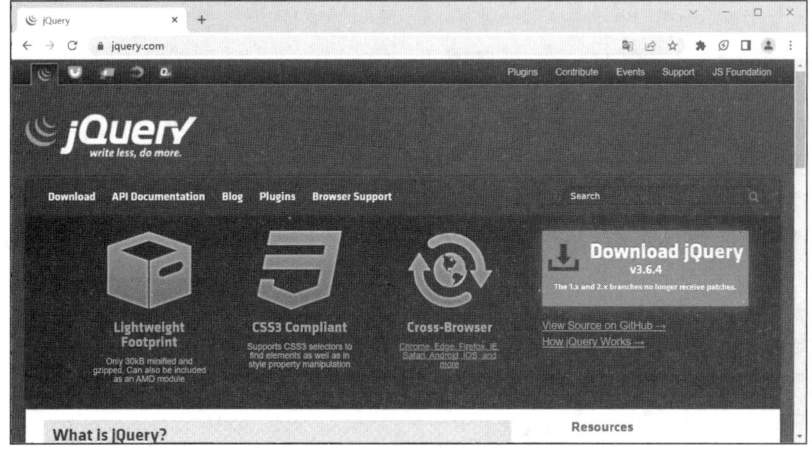

图 2-4　jQuery 官方网站的首页

（2）在 jQuery 官方网站的首页中，可以下载所需要的 jQuery 版本，本书使用 jQuery 3.6.4。单击网站首页中的“Download jQuery”按钮，页面跳转之后单击所需要的版本链接，选择“另存为”选项，弹出图 2-5 所示的对话框。

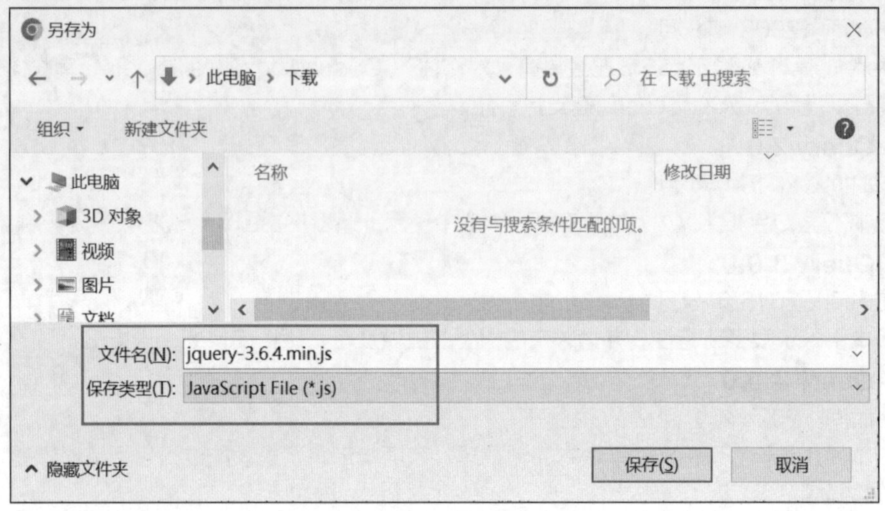

图 2-5　下载 jquery-3.6.4.min.js

（3）单击“保存”按钮，将 jQuery 下载到本地计算机。下载后的文件名为 jquery-3.6.4.min.js。

2.2.2　配置 jQuery

将 jQuery 下载到本地计算机后，还需要在项目中配置 jQuery，即将下载后的文件放置到项目指定的文件夹中（通常放置到 js 文件夹中），然后在需要应用 jQuery 的页面中使用下面的语句，将其引用到文件中。

```
<script language="javascript" src="js/jquery-3.6.4.min.js"></script>
```

或者

```
<script src="js/jquery-3.6.4.min.js" type="text/javascript"></script>
```

注意　引用 jQuery 的<script>标记必须放在所有自定义脚本文件代码的<script>标记之前，否则在自定义脚本文件代码中会找不到 jQuery 脚本库。

2.2.3　我的第一个 jQuery 脚本

了解了如何下载和配置 jQuery 之后，我们可以通过一个简单的实例尝试编写 jQuery 脚本。

【例 2-1】 应用 jQuery 弹出一个提示对话框（实例位置：源码\第 2 单元\2-1）。

（1）创建一个名为 js 的文件夹，并将 jquery-3.6.4.min.js 复制到该文件夹中。

（2）创建一个名为 index.html 的文件，在该文件的<head>标记中引用 jQuery 库文件，关键代码如下：

```
<script language="javascript" src="js/jquery-3.6.4.min.js"></script>
```

（3）编写 jQuery 脚本，实现在页面载入完毕后，弹出一个提示对话框，具体代码如下：

```
<script>
$(document).ready(function(){
    alert("我的第一个 jQuery 脚本！");
});
</script>
```

实际上，上面的代码还可以更简单，也就是将$(document).ready 用“$”代替，代替后的代码如下：

```
<script>
$(function(){
     alert("我的第一个 jQuery 脚本！");
});
</script>
```

运行 index.html，将弹出图 2-6 所示的提示对话框。

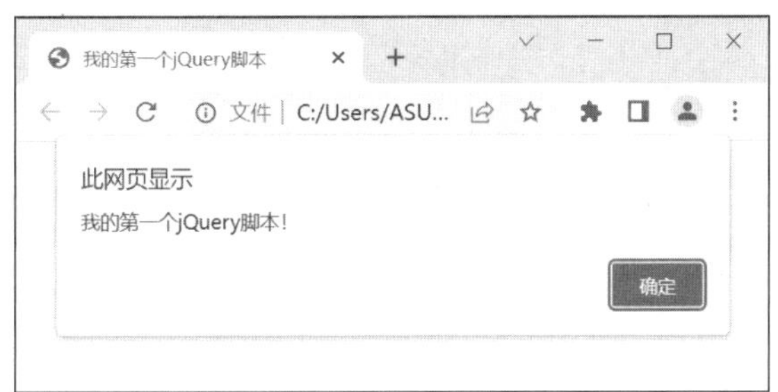

图 2-6　弹出的提示对话框

熟悉 JavaScript 的读者应该知道，要实现例 2-1 的效果，还可以通过下面的代码实现：

```
<script>
window.onload=function(){
    alert("我的第一个 jQuery 脚本！");
}
</script>
```

window.onload()方法和$(document).ready()方法有什么区别，究竟哪种方法更好呢？下面介绍两者的区别。window.onload()方法是在页面所有内容（例如图片、横幅等）都载入完毕后才会执行的。$(document).ready()方法则在 DOM 元素载入就绪后执行。在一个页面中可以放置多个$(document).ready()方法，而 window.onload()方法在页面中只允许放置一个（常规情况）。这两种方法可以同时在页面中执行，两者并不矛盾。不过，通过上述描述我们可以知道，$(document).ready()方法比 window.onload()方法载入速度更快。

2.3 jQuery 对象和 DOM 对象

jQuery 对象和 DOM 对象

2.3.1 jQuery 对象和 DOM 对象简介

读者在刚开始学习 jQuery 时，有可能经常分不清楚哪些是 jQuery 对象，哪些是 DOM 对象。因此，了解 jQuery 对象和 DOM 对象以及它们之间的关系是非常必要的。

1. jQuery 对象

jQuery 对象就是通过 jQuery 包装 DOM 对象后产生的对象。jQuery 对象是独有的，可以使用 jQuery 中的方法，例如：

```
$("#test").html();      // 获取 id 为 test 的元素内的 HTML 代码
```

这段代码等同于：

```
document.getElementById("test").innerHTML;
```

虽然 jQuery 对象是包装 DOM 对象后产生的，但是 jQuery 对象无法使用 DOM 对象中的任何方法，同理 DOM 对象也不能使用 jQuery 中的方法。例如$("#test").innerHTML、document.getElementById("test").html()等的写法都是错误的。

注意 使用#id 作为选择符获取的是 jQuery 对象，而使用 document.getElementById（"id"）获取的是 DOM 对象，这两者并不是等价的。

2. DOM 对象

DOM 是以层次结构组织的节点或信息片段的集合，每一份 DOM 都可以表示成一棵树。下面构建一个基本的网页，网页代码如下：

```
<html>
  <head>
    <title>DOM 对象</title>
  </head>
  <body>
    <h2>人邮图书</h2>
    <p>《jQuery 开发基础教程》</p>
  </body>
</html>
```

网页的初始化效果如图 2-7 所示。

图 2-7 网页的初始化效果

可以把上述代码中的 HTML 结构表示成一棵 DOM 树，如图 2-8 所示。

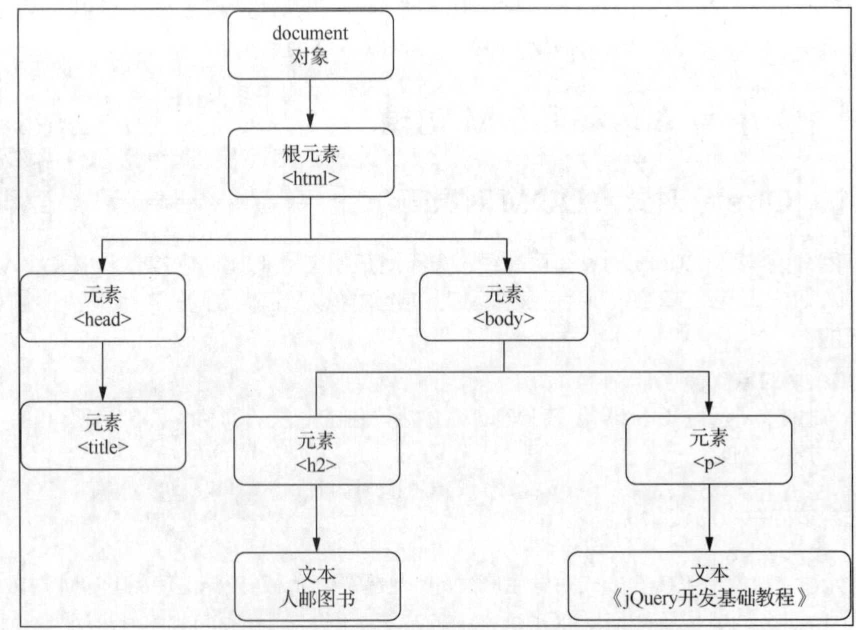

图 2-8 把 HTML 结构表示成 DOM 树

在这棵 DOM 树中，<h2>、<p>节点都是 DOM 树的节点，可以使用 JavaScript 中的 getElementById()或 getElementsByTagName()来获取，获取的元素就是 DOM 对象。DOM 对象可以使用 JavaScript 中的方法，例如：

```
var domObject = document.getElementById("id");
var html = domObject.innerHTML;
```

2.3.2 jQuery 对象和 DOM 对象的相互转换

既然 jQuery 对象和 DOM 对象有区别也有联系，那么 jQuery 对象与 DOM 对象也可以相互转换。在两者相互转换之前首先要约定定义变量的风格。如果获取的是 jQuery 对象，那么可以在变量前面加上$，例如：

```
var $obj = jQuery 对象;
```

如果获取的是 DOM 对象，定义变量的风格则与平时习惯的风格一样：

```
var obj = DOM 对象;
```

注意  **为便于读者阅读，本书中的实例都会以上文定义的风格呈现。这种约定只是便于讲解与区分，在实际应用中并不做此约定。**

1. jQuery 对象转换成 DOM 对象

jQuery 提供了两种转换方式将一个 jQuery 对象转换成一个 DOM 对象，即[index]和 get(index)。

（1）jQuery 对象是一个类似数组的对象，可以通过[index]方法转换成相应的 DOM 对象，例如：

```
var $mr = $("#mr");          // jQuery 对象
var mr = $mr[0] ;            // DOM 对象
alert(mr.value);             // 获取 DOM 对象的 value 的值并弹出
```

（2）jQuery 本身也提供 get(index)方法，可以将 jQuery 对象转换成相应的 DOM 对象，例如：

```
var $mr = $("#mr");          // jQuery 对象
var mr = $mr.get(0);         // DOM 对象
alert(mr.value);             // 获取 DOM 对象的 value 的值并弹出
```

2. DOM 对象转换成 jQuery 对象

对于一个 DOM 对象，只需要用$()把它包装起来，即$(DOM 对象)，就可以将其转换成一个 jQuery 对象，例如：

```
var mr= document.getElementById("mr");     // DOM 对象
var $mr = $(mr);                           // jQuery 对象
alert($(mr).val());                        // 获取文本框的值并弹出
```

转换后，DOM 对象就可以任意使用 jQuery 中的方法了。

通过以上方式，可以任意实现 DOM 对象和 jQuery 对象之间的转换。需要再次强调的是，DOM 对象才能使用 DOM 中的方法，而 jQuery 对象是不能使用 DOM 中的方法的。

下面我们举两个简单的例子来加深读者对 DOM 对象和 jQuery 对象相互转换的理解。

【例 2-2】 DOM 对象转换成 jQuery 对象（实例位置：源码\第 2 单元\2-2）。

（1）创建一个名为 js 的文件夹，并将 jquery-3.6.4.min.js 复制到该文件夹中。

（2）创建一个名为 index.html 的文件，在该文件的<head>标记中引用 jQuery 库文件，关键代码如下：

```
<script language="javascript" src="js/jquery-3.6.4.min.js"></script>
```

（3）编写 jQuery 代码，实现在页面载入完毕后，首先使用 DOM 对象中的方法弹出<p>节点的内容，之后将 DOM 对象转换成 jQuery 对象，使用 jQuery 对象中的方法同样再弹出<p>节点的内容。具体代码如下：

```
<script>
$(document).ready(function(){
    var domObj = document.getElementById("testp");
    alert("使用 DOM 方法获取<p>节点的内容："+domObj.innerHTML);
    var $jqueryObj = $(domObj);
    alert("使用 jQuery 方法获取<p>节点的内容："+$jqueryObj.html());
})
</script>
```

运行 index.html，将弹出图 2-9 所示的提示对话框。

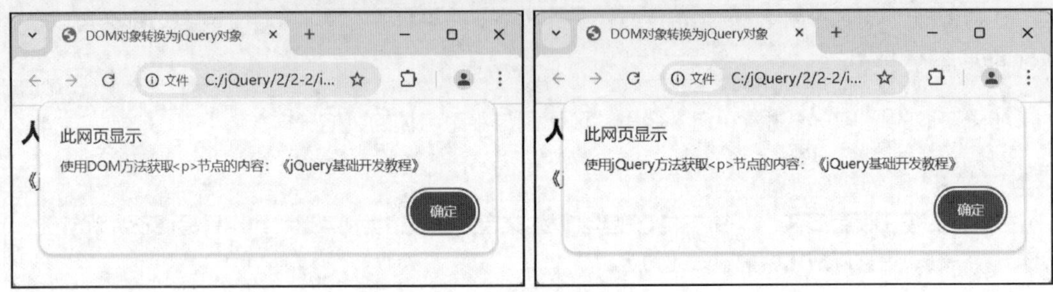

图 2-9　弹出的提示对话框

【例 2-3】 jQuery 对象转换成 DOM 对象（实例位置：源码\第 2 单元\2-3）。

（1）创建一个名为 js 的文件夹，并将 jquery-3.6.4.min.js 复制到该文件夹中。

（2）创建一个名为 index.html 的文件，在该文件的<head>标记中引用 jQuery 库文件，关键代码如下：

```
<script language="javascript" src="js/jquery-3.6.4.min.js"></script>
```

（3）编写 jQuery 代码，实现在页面载入完毕后，首先获取两个 jQuery 对象，使用 jQuery 对象中的方法分别弹出两个<p>节点的内容，之后分别使用[index]和 get(index)方法将 jQuery 对象转换成 DOM 对象，使用 DOM 对象中的方法同样再弹出两个<p>节点的内容。具体代码如下：

```
<script>
$(document).ready(function(){
    var $jQueryObj = $("#testp");
    alert("使用 jQuery 方法获取第一个<p>节点的内容："+$jQueryObj.html());
    var $jQueryObj1 = $("#testp1");
    alert("使用 jQuery 方法获取第二个<p>节点的内容："+$jQueryObj1.html());
    var domObj = $jQueryObj[0];
    alert("使用 DOM 方法获取第一个<p>节点的内容："+domObj.innerHTML);
    var domObj1 = $jQueryObj1.get(0);
    alert("使用 DOM 方法获取第二个<p>节点的内容："+domObj1.innerHTML);
})
</script>
```

运行 index.html，将弹出图 2-10 所示的提示对话框。

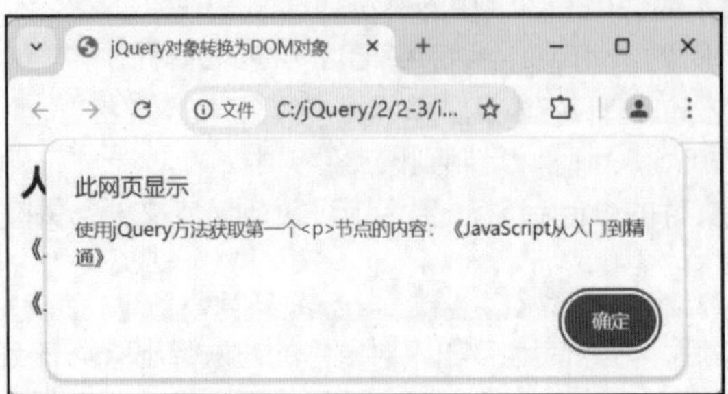

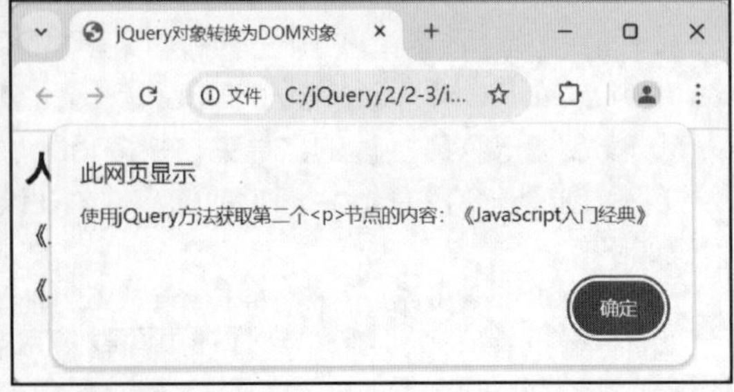

图 2-10　弹出的提示对话框

图 2-10　弹出的提示对话框（续）

2.4 解决 jQuery 库和其他库的冲突

解决 jQuery 库和其他库的冲突

在使用 jQuery 开发的时候，我们还可能会用到其他 JavaScript 库，例如 Prototype、MooTools 等。但多库共存时可能会发生冲突。若发生冲突，可以通过以下方案进行解决。

2.4.1　jQuery 库在其他库之前导入

jQuery 库在其他库之前导入，可以直接使用 jQuery(callback)方法。

如果 jQuery 库在其他库之前导入，可以直接使用$()方法作为其他库的快捷方式。实例代码如下所示（实例位置：源码\第 2 单元\2-4）。

```
<html>
<head>
    <title>jQuery 库在其他库之前导入</title>
    <!--先导入 jQuery -->
    <script src="js/jquery-3.6.4.min.js" type="text/javascript"></script>
    <!--后导入 Prototype-->
    <script src="js/prototype.js" type="text/javascript"></script>
</head>
<body>
<p id="prototypepp">prototype</p>
<p>jQuery（将被绑定 click 事件）</p>
<script type="text/javascript">
     jQuery(function(){  // 在这里直接使用 jQuery 代替$符号
         jQuery("p").click(function(){
             alert(jQuery(this).html());          // 获取<p>节点的内容
         });
     });
     $("prototypepp").style.display = 'none';     // 使用 Prototype
</script>
</body>
</html>
```

2.4.2　jQuery 库在其他库之后导入

jQuery 库在其他库之后导入，使用 jQuery.noConflict()方法将变量$的控制权让给其他库。具体实现如下。

（1）使用 jQuery.noConflict()方法之后，将 jQuery()函数作为 jQuery 对象的制造工厂。实例代码如下所示（实例位置：源码\第 2 单元\2-5）。

```
<html>
<head>
```

```
    <title>jQuery库在其他库之后导入</title>
    <!--先导入Prototype-->
    <script src="js/prototype.js" type="text/javascript"></script>
    <!--后导入jQuery -->
    <script src="js/jquery-3.6.4.min.js" type="text/javascript"></script>
</head>
<body>
    <p id="prototypepp">prototype</p>
    <p>jQuery（将被绑定click事件）</p>
    <script type="text/javascript">
        jQuery.noConflict();             // 将变量$的控制权让给prototype.js
        jQuery(function () {             // 使用jQuery
            jQuery("p").click(function () {
                alert(jQuery(this).text());
            })
        })
        $("prototypepp").style.display = 'none';   // 使用Prototype
    </script>
</body>
</html>
```

（2）自定义一个快捷方式，例如$jq、$j、$m等。

```
var $m = jQuery.noConflict();                       // 自定义一个快捷方式
   $m(function(){                                   // 利用自定义的快捷方式$m
       $m("p").click(function(){
           alert($m(this).text());
       })
   })
   $("prototypepp").style.display = 'none';         // 使用Prototype
```

（3）如果不想给jQuery自定义快捷方式，又想使用变量$，同时不想与其他库发生冲突，那么可以尝试使用以下两种方法：

```
jQuery.noConflict();                        // 将变量$的控制权让给prototype.js
    jQuery(function($){                     // 使用jQuery，设定页面加载时执行的函数
        $("p").click(function(){            // 在函数内部可以继续使用$()方法
            alert($(this).text());
        })
    })
    $("prototypepp").style.display = 'none'; // 使用Prototype
```

或者：

```
jQuery.noConflict();                            // 将变量$的控制权让给prototype.js
(function($){                                   // 定义匿名函数并设置形参为$
    $(function(){
        $("p").click(function(){                // 继续使用$()方法
            alert(jQuery(this).text());
        })
    })
})(jQuery)
$("prototypepp").style.display = 'none';        // 使用Prototype
```

2.5 jQuery插件简介

jQuery具有强大的扩展能力，允许开发人员使用或者创建自己的jQuery插件来扩展jQuery的功能。这些插件可以帮助开发人员提高开发效率、节约项目成本。而且一些比较著名的插件也受到了开发人员的青睐，插件将jQuery的功能提升到一个新的层次。下面我们就来介绍插件的使用和目前比较流行的插件。

jQuery插件简介

2.5.1 插件的使用

使用 jQuery 插件的方法比较简单，首先将要使用的插件下载到本地计算机中，然后按照下面的步骤操作，就可以使用插件实现想要的效果了。

（1）把下载的插件包含在<head>标记内，并确保<head>标记位于主 jQuery 源文件之后。

（2）包含一个自定义的 JavaScript 文件，并在其中使用插件创建或扩展的方法。

2.5.2 流行的插件

在 jQuery 官方网站中，有一个“Plugins”（插件）超链接，单击该超链接，将进入 jQuery 的插件分类列表页面，如图 2-11 所示。

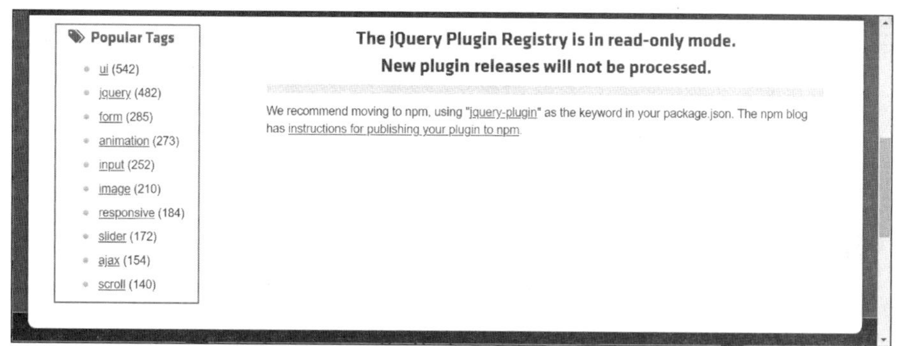

图 2-11 jQuery 的插件分类列表页面

在该页面中，单击页面左侧“Popular Tags”下的分类名称，可以查看每个分类下的插件概要信息及下载超链接。用户也可以搜索所需要的插件。

说 明 **该网站提供的插件多数都是开源的，读者可以在该网站中下载所需要的插件。**

下面我们来对比较流行的插件进行简要介绍。

1. jQuery UI 库

jQuery UI 是一个 UI 库。它包含许多常用的 UI 组件，如对话框、日期选择器、进度条等。它还提供了一些实用的效果和动画，如拖放、排序、大小调整等。

2. Slick 插件

Slick 是一个轮播插件。它提供了很多可定制的选项，如滑动效果、自动播放、响应式设计等。它还支持循环、无限滚动和懒加载等功能。

3. DataTables 插件

DataTables 是一个强大的数据表格插件。它可以帮助用户快速地创建和管理数据表格。它支持排序、搜索、分页和自定义列等功能，还可以与 AJAX 和服务器端处理相结合。

4. jQuery Validation 插件

jQuery Validation 是一个表单验证插件。它可以帮助用户验证表单输入，防止用户输入不合法的数据。它支持多种验证规则。

5. Select2 插件

Select2 是一个优秀的下拉列表插件。它支持搜索、多选、标签、无限滚动和远程数据加载等功能。它还可以与 AJAX 和服务器端处理相结合，支持自定义模板和样式。

6. Magnific Popup 插件

Magnific Popup 是一个弹出框插件。它支持各种类型的内容，如图片、视频、IFrame 和 AJAX 内容等。它还提供了许多选项，如自定义样式、大小、动画和事件。

2.6 项目实战：显示、隐藏下拉菜单效果

实现简单的显示、隐藏下拉菜单效果，当鼠标指针悬停在菜单按钮上时，显示下拉菜单，其他时候隐藏下拉菜单。

程序开发步骤如下（实例位置：源码\第 2 单元\2-6）。

（1）创建一个名为 index.html 的文件，在该文件的<head>标记中使用下面的语句引入 jQuery 库。

```
<script type="text/javascript" src="../js/jquery-3.6.4.min.js"></script>
```

（2）在 index.html 中添加一个菜单按钮和一个下拉菜单并设置菜单内容。关键代码如下：

```
<button id="menuButton">菜单</button>
<ul id="dropdownMenu">
  <li>选项 1</li>
  <li>选项 2</li>
  <li>选项 3</li>
</ul>
```

（3）在引入 jQuery 库的代码下方编写 jQuery 代码，使用 jQuery 选择器和事件处理函数实现下拉菜单效果。具体代码如下：

```
<script type="text/javascript">
$(document).ready(function() {
  // 使用选择器选择菜单按钮和下拉菜单
  var menuButton = $("#menuButton");
  var dropdownMenu = $("#dropdownMenu");

  // 当鼠标指针悬停在菜单按钮上时显示下拉菜单
  menuButton.hover(
   function() {
     dropdownMenu.show();
   },
   function() {
     dropdownMenu.hide();
   }
  );
});
</script>
```

2.7 小结

（1）jQuery 是一个简洁、快速、灵活的 JavaScript 脚本库。它是由约翰·雷西格于 2006 年创建的，它帮助人们简化了 JavaScript 代码。

（2）jQuery 的主要特点包括代码精致小巧、功能函数强大、跨浏览器、链式的语法风格等。

（3）window.onload()方法是在页面所有内容（例如图片、横幅等）都载入完毕后才会执行的。window.onload()方法在页面中只允许放置一个（常规情况）。

（4）$(document).ready()方法在 DOM 元素载入就绪后执行。在一个页面中可以放置多个 $(document). ready()方法。

（5）DOM 是以层次结构组织的节点或信息片段的集合，每一份 DOM 都可以表示成一棵树。

（6）DOM 树中的节点，可以使用 JavaScript 中的 getElementById()或 getElementsByTagName()

来获取，获取的元素就是 DOM 对象。

（7）jQuery 对象就是通过 jQuery 包装 DOM 对象后产生的对象。jQuery 对象是独有的，可以使用 jQuery 中的方法。

（8）DOM 对象只能使用 DOM 中的方法，jQuery 对象只能使用 jQuery 中的方法，但是 DOM 对象和 jQuery 对象之间是可以相互转换的。

2.8 习题

1. 选择题

（1）下列（　　）不是流行的 jQuery 插件。

A. jQuery UI　　B. Vue　　C. Slick　　D. DataTables

（2）下列关于 jQuery 的特点说法有误的是（　　）。

A. 代码精致小巧　　B. 功能函数强大　　C. 不开源　　D. 链式的语法风格

（3）下列关于获取 DOM 对象说法有误的是（　　）。

A. 通过$("#")获取 DOM 对象

B. 通过[index]方法获取 DOM 对象

C. 通过 get(index)方法获取 DOM 对象

D. 通过 document.getElementById("")获取 DOM 对象

2. 填空题

（1）jQuery 的特点包括________、________、________、________、________、________、________、________、________。

（2）DOM 是____________的集合，每一份 DOM 都可以表示成一棵树。

（3）jQuery 流行的插件包括________、________、________、________、________、________。

3. 简答题

（1）jQuery 3.x、jQuery 2.x、jQuery 1.x 的最大区别是什么？

（2）简述编写 jQuery 脚本的过程。

（3）简述 DOM 对象和 jQuery 对象。

（4）如何将 jQuery 对象转换成 DOM 对象？

（5）如何解决 jQuery 库和其他库的冲突？

第3单元 使用jQuery选择器

03

情景引入

在开发一个旅游指南网站时，我们希望网站能够根据用户选择的目的地和偏好，动态选择和展示相关的旅游信息和景点介绍。借助jQuery强大的选择器功能，我们可以轻松地根据目的地名称、景点特征或用户偏好，精确选择和展示旅游信息和景点介绍。通过jQuery选择器，我们可以动态加载和呈现适合用户的旅游指南，包括景点图片、旅游建议和用户评价等。jQuery选择器是Web开发过程中的重要工具。本单元将介绍jQuery的工厂函数、什么是jQuery选择器、jQuery选择器的优势、基本选择器、层次选择器、过滤选择器、属性选择器、表单选择器、混淆选择器以及使用选择器时的注意事项等。

学习目标

知识目标

1. 了解什么是jQuery的工厂函数。
2. 了解什么是jQuery选择器。
3. 掌握基本选择器的使用。
4. 掌握层次选择器的使用。
5. 掌握过滤选择器的使用。
6. 掌握属性选择器的使用。
7. 掌握表单选择器的使用。
8. 了解混淆选择器的使用。

能力目标

1. 能够熟练使用jQuery的各种选择器。
2. 能够选择合适的jQuery选择器进行开发。

素质目标

通过学习选择器的使用，培养从多角度观察和筛选信息的能力，增强代码设计的条理性和操作目标的精准性，提升信息处理与操作效率。

思维导图

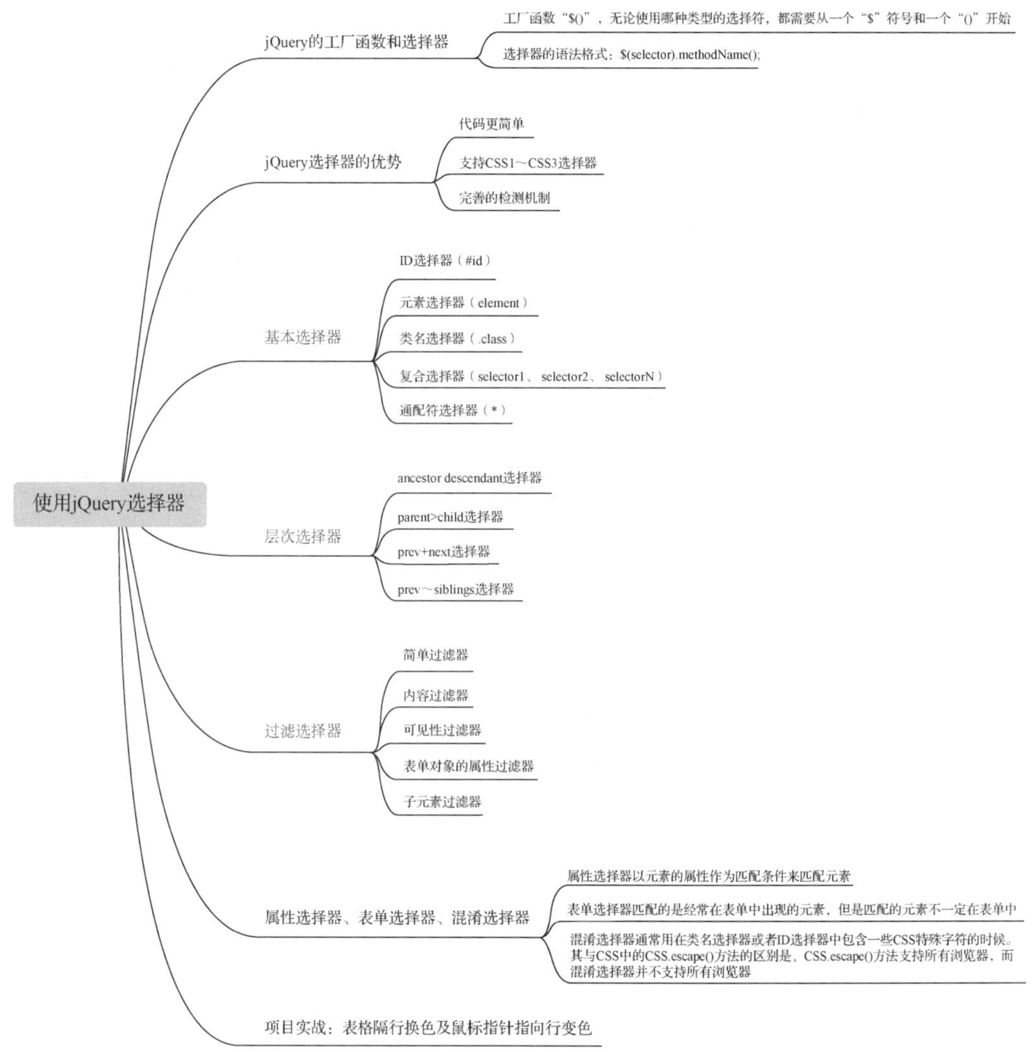

3.1 jQuery 的工厂函数

在介绍 jQuery 选择器前，我们先来介绍 jQuery 的工厂函数“$()”。在 jQuery 中，无论使用哪种类型的选择符，都需要从一个“$”符号和一个“()”开始。在“()”中通常使用字符串参数，在参数中可以使用任意 CSS 选择符表达式。下面我们就介绍在参数中比较常用的形式。

- 在参数中使用标记名。

$("div")：用于获取文档中全部<div>标记。

- 在参数中使用 id。

$("#username")：用于获取文档中 id 属性值为 username 的一个元素。

- 在参数中使用 CSS 类名。

$(".btn_grey")：用于获取文档中 CSS 类名为 btn_grey 的所有元素。

3.2 什么是 jQuery 选择器

jQuery 选择器用于查找和操作元素，是 jQuery 库中非常重要的部分。它支持网页开发人员所熟知的 CSS 语法，能够轻松、快速地对页面进行设置。jQuery 选择器是打开高效开发 jQuery 之门的钥匙。典型的 jQuery 选择器的语法格式为：

```
$(selector).methodName();
```

selector 是一个字符串表达式，用于识别 DOM 元素，然后使用 jQuery 提供的方法集合加以设置。

多个 jQuery 操作可以以链的形式串起来，语法格式为：

```
$(selector).method1().method2().method3();
```

例如，要隐藏 id 为 test 的 DOM 元素，并为它添加名为 content 的样式，实现代码如下：

```
$('#test').hide().addClass('content');
```

使用起来非常方便就是 jQuery 选择器的强大之处。

3.3 jQuery 选择器的优势

与传统的 JavaScript 获取页面元素和编写事务相比，jQuery 选择器具有明显的优势，具体表现在以下 3 个方面。

- 代码更简单。
- 支持 CSS1～CSS3 选择器。
- 完善的检测机制。

3.3.1 代码更简单

在 jQuery 库中封装了大量可以直接通过选择器调用的方法或函数，使人们仅使用简单的几行代码就可以实现比较复杂的功能。例如，使用$('#id')代替 JavaScript 代码中的 document.getElementById()函数，即通过 id 来获取元素；使用$('tagName')代替 JavaScript 代码中的 document.getElementsByTagName()函数，即通过标记名来获取 HTML 元素；等等。

3.3.2 支持 CSS1～CSS3 选择器

jQuery 选择器支持 CSS1、CSS2 的全部选择器和 CSS3 几乎所有的选择器以及 jQuery 独创的、高级且复杂的选择器，因此有一定 CSS 经验的开发人员可以很容易地切入 jQuery 的学习中。

一般来说，在使用 CSS 选择器时，开发人员需要考虑主流的浏览器是否支持某些 jQuery 选择器。但在 jQuery 中，开发人员则可以放心地使用 jQuery 选择器，无须考虑主流的浏览器是否支持这些 jQuery 选择器，这极大地方便了开发人员进行开发工作。

3.3.3 完善的检测机制

在传统的 JavaScript 代码中，给页面中的元素设定某个事务时必须先找到该元素，然后为其赋予相应的事件或属性；如果该元素在页面中不存在或已被删除，那么浏览器会提示运行出错的信息，这会影响之后代码的执行。因此，为避免提示这样的出错信息，通常要先检测该元素是否存在，如果存在，再执行它的属性或事件代码。例如下面的例子：

```
<div>测试这个页面</div>
<script type="text/javascript">
    alert(document.getElementById("mr").value);
</script>
```

运行以上代码，浏览器就会提示出错信息，原因是网页中没有 id 为“mr”的元素。浏览器提示出错信息如图 3-1 所示。

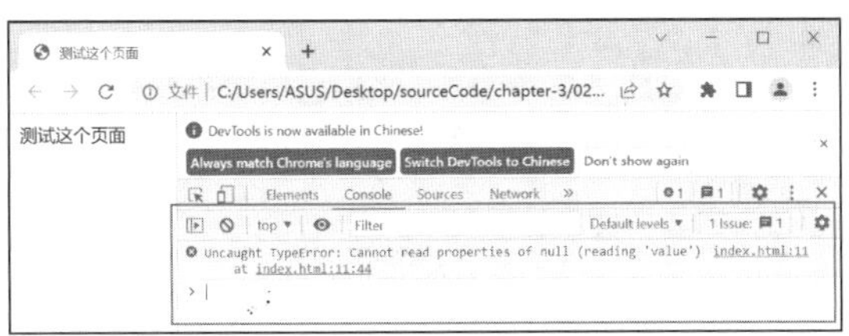

图 3-1　浏览器提示出错信息

将以上代码改进为如下形式：

```
<div>测试这个页面</div>
<script type="text/javascript">
    if(document.getElementById("mr")){
        alert(document.getElementById("mr").value);
    }
</script>
```

这样就可以避免浏览器提示出错信息了。但是，如果要操作的元素很多，需要做大量重复的工作，对每个元素进行判断，这无疑会使开发人员感到厌倦。而 jQuery 在这方面的处理是非常好的，即使用 jQuery 获取网页中不存在的元素时浏览器也不会提示出错信息。例如下面的例子：

```
<div>测试这个页面</div>
<script type="text/javascript">
    alert($("#mr").val());        // 无须判断$("#mr")是否存在
</script>
```

有了 jQuery 的这个防护措施，即使以后删除了网页上曾经使用的元素，也不用担心浏览器会提示出错信息。

这里需要注意一点，$("#mr")获取的元素是 jQuery 对象，即使在页面中不存在这个元素。因此用 jQuery 检测某个元素在页面中是否存在时，不能使用下面的代码：

```
if($("#mr")){
       // 省略一些 JavaScript 代码
}
```

而应该根据获取的元素长度来检测，代码如下：

```
if($("#mr").length > 0){
       // 省略一些 JavaScript 代码
}
```

或将 jQuery 对象转换为 DOM 对象来检测，代码如下：

```
if($("#mr").get(0)){
       // 省略一些 JavaScript 代码
}
```

3.4 基本选择器

基本选择器

基本选择器在实际应用中使用比较广泛，建议读者重点掌握 jQuery 的基本选择器，它是其他类型选择器的基础。基本选择器是 jQuery 选择器中最为重要的部分之一。jQuery 的基本选择器包括 ID 选择器、元素选择器、类名选择器、复合选择器和通配符选择器。下面我们进行详细介绍。

3.4.1 ID 选择器

ID 选择器（#id）顾名思义就是利用 DOM 元素的 id 属性值来筛选匹配的元素，并以 jQuery

包装集的形式返回给对象。这就好像在学校中每个学生都有自己的学号一样，学生的姓名是可以重复的，但是学号是不能重复的，因此根据学号就可以获取指定学生的信息。

ID 选择器的使用方法如下：

```
$("#id");
```

其中，id 为要查询元素的 id 属性值。例如，要查询 id 属性值为 user 的元素，可以使用下面的 jQuery 代码：

```
$("#user");
```

等效的 JavaScript 代码为：

```
document.getElementById("user");
```

注意　如果在页面中出现了两个相同的 id 属性值，程序运行时页面会弹出 JavaScript 运行错误的对话框，所以在页面中设置 id 属性值时要确保该 id 属性值在页面中是唯一的。

【例 3-1】在页面中添加一个 id 属性值为 testInput 的文本输入框和一个按钮，通过单击按钮来获取在文本输入框中输入的值（实例位置：源码\第 3 单元\3-1）。

（1）创建一个名为 index.html 的文件，在该文件的<head>标记中使用下面的语句引入 jQuery 库。

```
<script type="text/javascript" src="../js/jquery-3.6.4.min.js"></script>
```

（2）在页面的<body>标记中，添加一个 id 属性值为 testInput 的文本输入框和一个按钮，代码如下：

```
<input type="text" id="testInput" name="test" value=""/>
<input type="button" value="输入的值为"/>
```

（3）在引入 jQuery 库的代码下方编写 jQuery 代码，实现单击按钮来获取在文本输入框中输入的值，具体代码如下：

```
<script type="text/javascript">
    $(document).ready(function(){
        $("input[type='button']").click(function(){ // 为按钮绑定 click 事件
            var inputValue = $("#testInput").val();  // 获取在文本输入框中输入的值
            alert(inputValue);
        });
    });
</script>
```

在上面的代码中，第 3 行使用了 jQuery 的属性选择器匹配页面中的按钮，并为按钮绑定 click 事件。

说明　ID 选择器是以“#id”的形式来获取对象的，在以上代码中用$("#testInput")获取了一个 id 属性值为 testInput 的 jQuery 包装集，然后调用包装集的 val()方法获取在文本输入框中输入的值。

在浏览器中运行本实例，在文本输入框中输入“天生我材必有用”，如图 3-2 所示。单击“输入的值为”按钮，将弹出提示对话框显示输入的值，如图 3-3 所示。

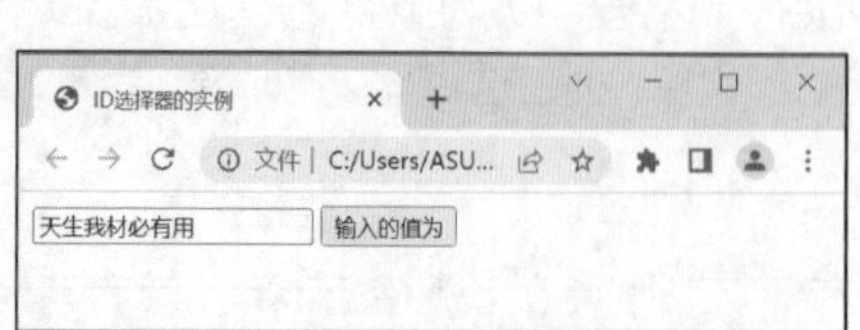

图 3-2　在文本输入框中输入文字

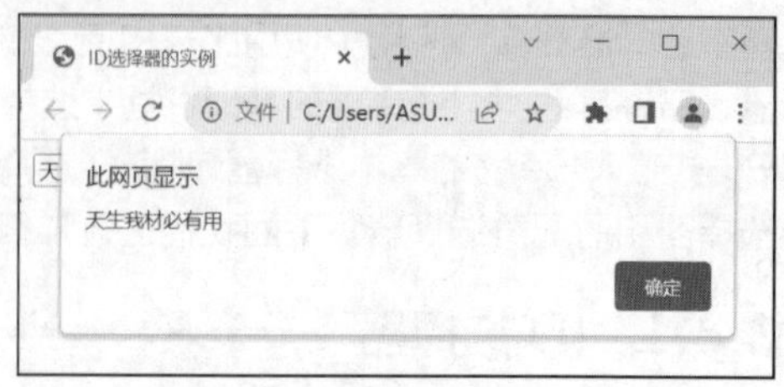

图 3-3　弹出的提示对话框

jQuery 的 ID 选择器相当于传统的 JavaScript 中的 document.getElementById()方法，jQuery 用更简洁的代码实现了相同的功能。虽然两者都获取了指定的对象，但是两者调用的方法是不同的。使用 JavaScript 获取的对象是 DOM 对象，而使用 jQuery 获取的对象是 jQuery 对象，这点要尤为注意。

3.4.2 元素选择器

元素选择器（element）根据元素名称匹配相应的元素。通俗地讲，元素选择器指向的是 DOM 元素的标记名，也就是说元素选择器是根据元素的标记名来匹配相应元素的。可以把元素的标记名理解成学生的姓名，在一所学校中可能有多个姓名为“刘伟”的学生，但是姓名为“吴语”的学生也许只有一个，因此通过元素选择器匹配的元素可能有多个，也可能只有一个。多数情况下，元素选择器匹配的是一组元素。

元素选择器的使用方法如下：

```
$("element");
```

其中，element 是要获取的元素的标记名。例如，要获取全部标记名为 div 的元素，可以使用下面的 jQuery 代码：

```
$("div");
```

等效的 JavaScript 代码为：

```
getElementsByTagName("div");
```

【例 3-2】在页面中添加两个<div>标记和一个按钮，通过单击按钮来获取这两个<div>，并修改它们的内容（实例位置：源码\第 3 单元\3-2）。

（1）创建一个名为 index.html 的文件，在该文件的<head>标记中使用下面的语句引入 jQuery 库。

```
<script type="text/javascript" src="../js/jquery-3.6.4.min.js"></script>
```

（2）在页面的<body>标记中，添加两个<div>标记和一个按钮，代码如下：

```
<div><img src="images/strawberry.jpg"/>这里种植了一棵草莓</div>
<div><img src="images/fish.jpg"/>这里养了一条鱼</div>
<input type="button" id="button" value="若干年后" />
```

（3）在引入 jQuery 库的代码下方编写 jQuery 代码，实现通过单击按钮来获取全部<div>元素，并修改它们的内容，具体代码如下：

```
<script type="text/javascript">
    $(document).ready(function(){
        $("#button").click(function(){              // 为按钮绑定 click 事件
$("div").eq(0).html("<img src='images/strawberry1.jpg'/>这里长出了一片草莓");
        //获取第一个<div>元素
$("div").get(1).innerHTML="<img src='images/fish1.jpg'/>这里的鱼没有了";
        //获取第二个<div>元素
        });
    });
</script>
```

在上面的代码中，使用元素选择器获取了一组<div>元素的 jQuery 包装集，它是一组 Object 对象，存储方式为[Object Object]，但是这种方式并不能显示出单独元素的文本信息，需要通过索引器来确定要选取哪个<div>元素，在这里分别使用了两个不同的索引器 eq()和 get()。这里的索引器类似于房间的门牌号，不同的是，门牌号是从 1 开始计数的，而索引器是从 0 开始计数的。

说明 **在本实例中使用了两种方法设置元素的文本内容，html()方法是 jQuery 对象的方法，innerHTML 方法是 DOM 对象的方法。这里使用了$(document).ready()方法，当页面元素载入就绪时就会自动执行程序，自动为按钮绑定 click 事件。**

注意 eq()方法返回的是一个 jQuery 包装集，所以它只能调用 jQuery 对象的方法，而 get()方法返回的是一个 DOM 对象，所以它只能调用 DOM 对象的方法。eq()方法与 get()方法默认都是从 0 开始计数的。

在浏览器中运行本实例，显示图 3-4 所示的页面，单击“若干年后”按钮，将显示图 3-5 所示的页面。

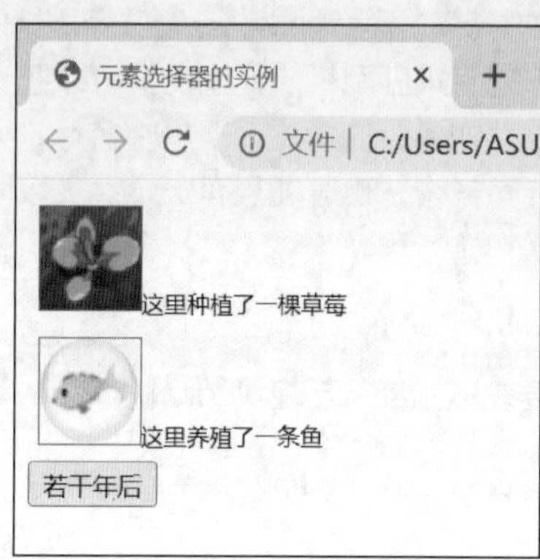

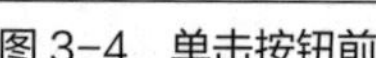
图 3-4　单击按钮前

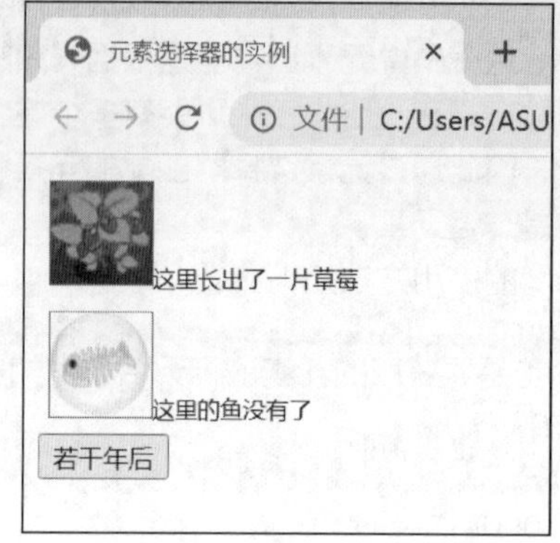

图 3-5　单击按钮后

3.4.3 类名选择器

类名选择器（.class）通过元素拥有的 CSS 类的名称查找匹配的 DOM 元素。在一个页面中，一个元素可以有多个 CSS 类，一个 CSS 类又可以匹配多个元素，如果元素中有一个匹配的 CSS 类的名称，就可以被类名选择器匹配到。

类名选择器很好理解，在大学的时候大部分人应该都选过课，可以把 CSS 类名理解为课程名称，把元素理解为学生，学生可以选择多门课程，而一门课程又可以被多名学生所选择。CSS 类与元素的关系既可以是多对多的关系，也可以是一对多或多对一的关系。简单地说，类名选择器就是以元素具有的 CSS 类名查找匹配的元素。

类名选择器的使用方法如下：

```
$(".class");
```

其中，class 为要查找元素具有的 CSS 类名。例如，要查找具有 CSS 类名 word_orange 的元素，可以使用下面的 jQuery 代码：

```
$(".word_orange");
```

等效的 JavaScript 代码为：

```
getElementsByClassName("word_orange");
```

【例 3-3】在页面中，添加两个<div>标记，并为其中的一个标记设置 CSS 类，然后通过 jQuery 的类名选择器获取设置了 CSS 类的<div>标记，并设置其 CSS 样式（实例位置：源码\第 3 单元\3-3）。

（1）创建一个名为 index.html 的文件，在该文件的<head>标记中使用下面的语句引入 jQuery 库。

```
<script type="text/javascript" src="../js/jquery-3.6.4.min.js"></script>
```

（2）在页面的<body>标记中添加两个<div>标记，其中一个设置 CSS 类 myClass，另一个不设置 CSS 类，代码如下：

```
<div class="myClass">注意观察我的样式</div>
<div>我的样式是默认的</div>
```

说明 这里添加两个<div>标记是为了对比效果，默认的背景颜色都是蓝色，文字颜色都是黑色。

（3）在引入 jQuery 库的代码下方编写 jQuery 代码，实现按 CSS 类名获取 DOM 元素，并更改其 CSS 样式（这里更改了背景颜色和文字颜色），具体代码如下：

```
<script type="text/javascript">
    $(document).ready(function() {
        var myClass = $(".myClass");                    // 获取 DOM 元素
        myClass.css("background-color","#C50210"); // 为获取的 DOM 元素设置背景颜色
        myClass.css("color","#FFF");                // 为获取的 DOM 元素设置文字颜色
    });
</script>
```

在上面的代码中，只为其中一个<div>标记设置了 CSS 类（类的名称为 myClass），但是由于程序中并没有名为 myClass 的 CSS 类，所以这个类是没有任何属性的。类名选择器将返回一个名为 myClass 的 jQuery 包装集，利用 css()方法可以为对应的<div>元素设置 CSS 属性值，这里我们将元素的背景颜色设置为深红色，文字颜色设置为白色。

注意　类名选择器也可能会获取一组 jQuery 包装集，因为多个元素可以拥有同一个 CSS 类。

在浏览器中运行本实例，将显示图 3-6 所示的页面。其中，页面左侧的 DIV 为更改样式后的效果，右侧的 DIV 为默认的样式。由于使用了$(document).ready()方法，所以选择元素并更改样式的代码在 DOM 元素加载就绪时就已经自动执行完毕了。

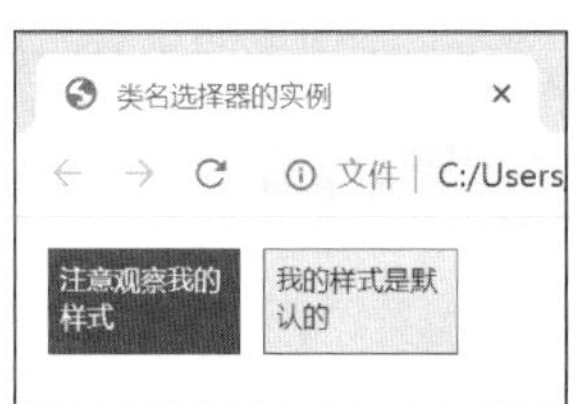

图 3-6　通过类名选择器选择元素并更改样式

3.4.4　复合选择器

复合选择器（selector1、selector2、selectorN）将多个选择器（可以是 ID 选择器、元素选择器或是类名选择器）匹配组合在一起，选择器之间以逗号“,”分隔，只要元素符合其中任何一个选择器的匹配条件就会被匹配，返回的是一个集合形式的 jQuery 包装集，利用 jQuery 索引器可以取得集合中的 jQuery 对象。

注意　拥有多个选择器的复合选择器并不是返回同时符合这些选择器的匹配条件的元素，而是将每个选择器匹配的元素合并后一起返回。

复合选择器的使用方法如下：

```
$(" selector1,selector2,selectorN");
```

- selector1：一个有效的选择器，可以是 ID 选择器、元素选择器或是类名选择器等。
- selector2：另一个有效的选择器，可以是 ID 选择器、元素选择器或是类名选择器等。
- selectorN：（可选择）任意多个有效的选择器，可以是 ID 选择器、元素选择器或是类名选择器等。

例如，要查询文档中全部的<span>标记和使用 CSS 类 myClass 的<div>标记，可以使用下面的 jQuery 代码：

```
$(" span,div.myClass");
```

【例 3-4】在页面中添加 3 种不同元素并统一设置样式。使用复合选择器选择<div>元素和 id 属性值为 span 的元素，并为它们添加新样式（实例位置：源码\第 3 单元\3-4）。

（1）创建一个名为 index.html 的文件，在该文件的<head>标记中使用下面的语句引入 jQuery 库。

```
<script type="text/javascript" src="../js/jquery-3.6.4.min.js"></script>
```

（2）在页面的<body>标记中添加一个<p>标记、一个<div>标记、一个 id 属性值为 span 的<span>标记和一个按钮，并为除按钮以外的 3 个标记指定 CSS 类名。具体代码如下：

```
<p class="default">p 元素</p>
<div class="default">div 元素</div>
<span class="default" id="span">id 属性值为 span 的元素</span>
<input type="button" value="为 div 元素和 id 属性值为 span 的元素换肤" />
```

（3）在引入 jQuery 库的代码下方编写 jQuery 代码，实现单击按钮来获取全部 div 元素和 id 属性值为 span 的元素，并为它们添加新样式。具体代码如下：

```
<script type="text/javascript">
$(document).ready(function() {
    $("input[type=button]").click(function(){       // 绑定按钮的 click 事件
          $("div,#span").addClass("change");       // 添加所使用的 CSS 类
    });
});
</script>
```

运行本实例，将显示图 3-7 所示的页面，单击“为 div 元素和 id 属性值为 span 的元素换肤”按钮，将为 div 元素和 id 属性值为 span 的元素换肤，如图 3-8 所示。

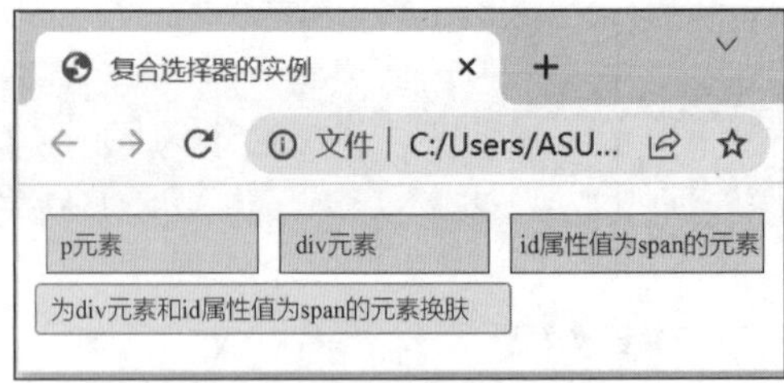

图 3-7　单击按钮前

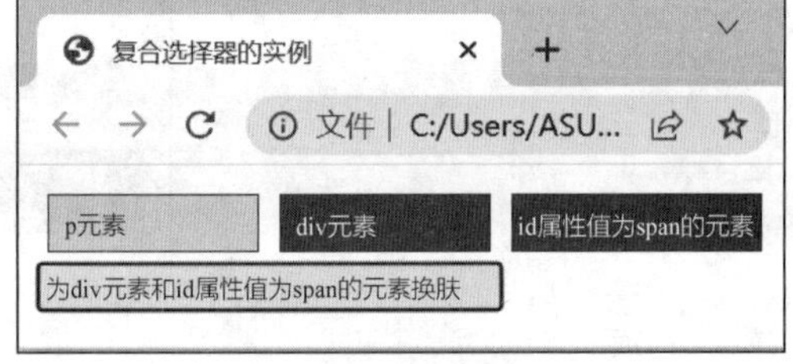

图 3-8　单击按钮后

3.4.5　通配符选择器

所谓的通配符，就是指符号“*”。它代表页面中的每一个元素，也就是说，如果使用$("*")将取得页面中所有 DOM 元素集的 jQuery 包装集。通配符选择器（*）比较好理解，这里就不再给予实例程序了。

注意　通配符选择器除非被它自己使用，否则通配符选择器的执行速度是极其慢的。

3.4.6　使用选择器获取超链接地址

通常情况下，在网页中，如果将鼠标指针移动到一个超链接上，在浏览器的状态栏中将显示该超链接所指向的超链接地址。下面我们通过一个具体的例子来介绍如何使用选择器获取超链接地址。

【例 3-5】使用选择器获取超链接地址（实例位置：源码\第 3 单元\3-5）。

（1）创建一个名为 index.html 的文件，在该文件中使用 DIV+CSS 样式进行页面布局，并添加 4 个超链接，关键代码如下：

```
<div style="float:right;text-align: right;">
    <a href="index.html">首页</a>
      |  <a href="index1.html" class="main">登录</a>
      |  <a href="index2.html" class="main">注册</a>
      |  <a href="index3.html" class="main">找回密码</a>
</div>
```

注意 在上面的代码中，为“登录”“注册”和“找回密码”超链接设置的 CSS 类是 main，而“首页”超链接没有设置 CSS 类。

布局后的效果如图 3-9 所示。

图 3-9 布局后的效果

（2）在 index.html 文件的<head>标记中使用下面的语句引入 jQuery 库。

```
<script type="text/javascript" src="../js/jquery-3.6.4.min.js"></script>
```

（3）在引入 jQuery 库的代码下方编写 jQuery 代码，实现绑定鼠标指针移动到超链接事件，通过元素选择器和类名选择器获取超链接地址。具体代码如下：

```
<script type="text/javascript">
$(document).ready(function(){
    $("a.main").mouseover(function(){          // 绑定鼠标指针移动到超链接事件
        var url= $(this).attr("href");         // 超链接地址
        alert("超链接地址是: "+url);
    });
});
</script>
```

在上面的代码中，使用了 jQuery 的基本选择器中的元素选择器和类名选择器，实现获取指定 CSS 类的超链接元素。

运行本实例，将鼠标指针移动到“登录”“注册”超链接上时，弹出对话框显示超链接地址，如图 3-10、图 3-11 所示。

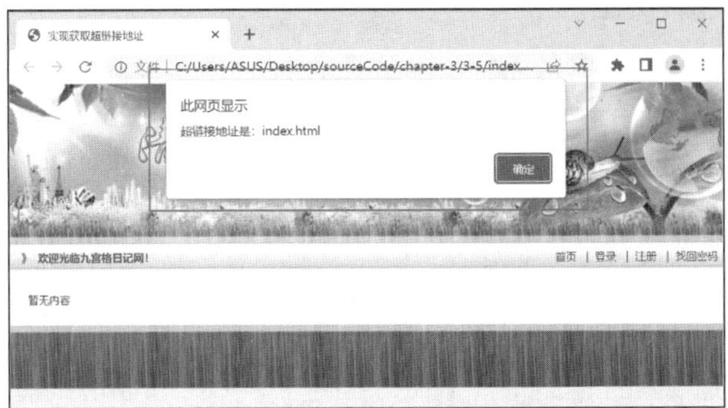

图 3-10 鼠标指针移动到“登录”超链接上的效果

图 3-11　鼠标指针移动到“注册”超链接上的效果

3.5　层次选择器

所谓层次选择器，就是将页面中 DOM 元素之间的父子关系作为匹配条件的选择器。首先我们来学习一下页面中 DOM 元素之间的关系。例如，下面的代码展示了最为常用的最为简单的 DOM 元素结构。

层次选择器

```
<html>
    <head>   </head>
    <body>   </body>
</html>
```

在以上代码所示的 DOM 元素结构中，<html>元素是页面中其他所有元素的祖先元素，那么<head>元素就是<html>元素的子元素，同时<html>元素也是<head>元素的父元素。页面中的<head>元素与<body>元素是同辈元素。也就是说<html>元素是<head>元素和<body>元素的“父亲”，<head>元素和<body>元素是<html>元素的“儿子”，<head>元素和<body>元素是“兄弟”。元素层次关系如图 3-12 所示。

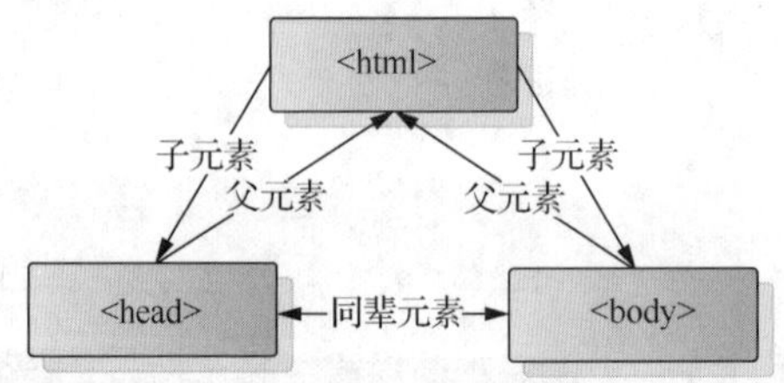

图 3-12　元素层次关系

在了解了页面中元素层次关系后，我们再来介绍 jQuery 提供的层次选择器。jQuery 提供了 ancestor descendant 选择器、parent > child 选择器、prev + next 选择器和 prev～siblings 选择器，下面进行详细介绍。

3.5.1　ancestor descendant 选择器

ancestor descendant 选择器中的 ancestor 代表祖先元素，descendant 代表子孙元素，该选择器用于在给定的祖先元素下匹配所有的子孙元素。ancestor descendant 选择器的使用方法如下：

```
$("ancestor descendant");
```

- ancestor 选择器的第一部分，可以是任何有效的元素。
- descendant 选择器的第二部分，指定了相对于 ancestor 元素而言的后代元素。

例如，要匹配<ul>元素下的全部<li>元素，可以使用下面的 jQuery 代码：

```
$("ul li");
```

【例 3-6】通过 jQuery 为列表设置样式（实例位置：源码\第 3 单元\3-6）。

（1）创建一个名为 index.html 的文件，在该文件的<head>标记中使用下面的语句引入 jQuery 库。

```
<script type="text/javascript" src="../js/jquery-3.6.4.min.js"></script>
```

（2）在页面的<body>标记中，首先添加一个<div>标记，并在该<div>标记中添加一个<ul>标记及其两个子标记<li>；然后在<div>标记的后面再添加一个<ul>标记及其两个子标记<li>。具体代码如下：

```
<div id="bottom">
<ul>
    <li>欢迎加入 jQuery 的世界，这里会给你带来无限的乐趣！</li>
    <li>jQuery 拥有神奇的功能，会为你创造一个炫彩缤纷的世界！ </li>
</ul>
</div>
<ul>
    <li>欢迎加入 jQuery 的世界，这里会给你带来无限的乐趣！</li>
    <li>jQuery 拥有神奇的功能，会为你创造一个炫彩缤纷的世界！ </li>
</ul>
```

（3）编写 CSS 样式，通过 ID 选择器设置<div>标记的样式，并且编写一个类选择符 copyright，用于设置<div>标记内的版权列表的样式。关键代码如下：

```
<style type="text/css">
#bottom{
    background-image:url(images/bg_bottom.jpg);    /*设置背景*/
    width:800px;                                   /*设置宽度*/
    height:58px;                                   /*设置高度*/
    clear: both;                                   /*设置左右两侧无浮动内容*/
    text-align:center;                             /*设置居中对齐*/
    padding-top:10px;                              /*设置顶边距*/
    font-size:9pt;                                 /*设置字体大小*/
}
.copyright{
    color:#FFFFFF;                                 /*设置文字颜色*/
    list-style:none;                               /*设置不显示项目符号*/
    line-height:20px;                              /*设置行高*/
}
</style>
```

（4）在引入 jQuery 库的代码下方编写 jQuery 代码，匹配<div>元素的子元素<ul>，并为其添加 CSS 样式。具体代码如下：

```
<script type="text/javascript">
$(document).ready(function(){
  $("div ul").addClass("copyright");         // 为<div>元素的子元素<ul>添加 CSS 样式
});
</script>
```

运行本实例，将显示图 3-13 所示的效果。其中，页面上方的版权信息为通过 jQuery 添加样式的效果，页面下方的列表信息为默认的效果。

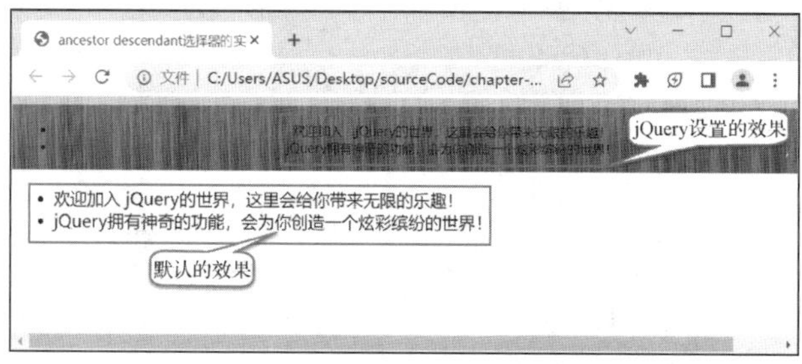

图 3-13　通过 jQuery 为列表设置样式

3.5.2 parent>child 选择器

parent > child 选择器中的 parent 代表父元素，child 代表子元素，该选择器用于在给定的父元素下匹配所有的子元素。该选择器只能匹配父元素的直接子元素。parent > child 选择器的使用方法如下：

```
$("parent > child");
```

- parent 选择器的第一部分，可以是任何有效的元素。
- child 选择器的第二部分，用以匹配 parent 元素的直接子元素。

例如，要匹配表单元素<form>中所有的直接子元素<input>，可以使用下面的 jQuery 代码：

```
$("form > input");
```

【例 3-7】为<form>元素的直接子元素<input>换肤（实例位置：源码\第 3 单元\3-7）。

（1）创建一个名为 index.html 的文件，在该文件的<head>标记中使用下面的语句引入 jQuery 库。

```
<script type="text/javascript" src="../js/jquery-3.6.4.min.js"></script>
```

（2）在页面的<body>标记中添加一个表单，并在该表单中添加 6 个<input>元素，同时将“换肤”按钮用<span>标记括起来。关键代码如下：

```
<form id="form1" name="form1" method="post" action="">
  姓  名：<input type="text" name="name" id="name" />
  <br />
  籍  贯：<input name="native" type="text" id="native" />
  <br />
  生  日：<input type="text" name="birthday" id="birthday" />
  <br />
  E-mail：<input type="text" name="email" id="email" />
  <br />
  <span>
  <input type="button" name="change" id="change" value="换肤"/>
  </span>
  <input type="button" name="default" id="default" value="恢复默认"/>
  <br />
</form>
```

（3）编写 CSS 样式，用于指定<input>元素的默认样式，并且添加一个用于改变<input>元素样式的 CSS 类。具体代码如下：

```
<style type="text/css">
input{
     margin:5px;                        /*设置<input>元素的外边距为 5px*/
}
.input {
     font-size: 12pt;                   /*设置文字大小*/
     color: #333333;                    /*设置文字颜色*/
     background-color:#cef;             /*设置背景颜色*/
     border: 1px solid #000000;         /*设置边框*/
}
</style>
```

（4）在引入 jQuery 库的代码下方编写 jQuery 代码，实现匹配<form>元素的直接子元素<input>并为其添加和移除 CSS 样式。具体代码如下：

```
<script type="text/javascript">
$(document).ready(function(){
     $("#change").click(function(){            // 绑定“换肤”按钮的 click 事件
         $("form > input").addClass("input"); // 为<form>元素的直接子元素<input>
                                                 添加样式
     });
     $("#default").click(function(){           // 绑定“恢复默认”按钮的 click 事件
    $("form > input").removeClass("input");
     // 移除为<form>元素的直接子元素<input>添加的样式
```

```
        });
    });
</script>
```

说 明　**在上面的代码中，addClass()方法用于为元素添加 CSS 样式，removeClass()方法用于移除为元素添加的 CSS 样式。**

运行本实例，将显示图 3-14 所示的效果，单击“换肤”按钮，将显示图 3-15 所示的效果，单击“恢复默认”按钮，将再次显示图 3-14 所示的效果。

图 3-14　默认的效果

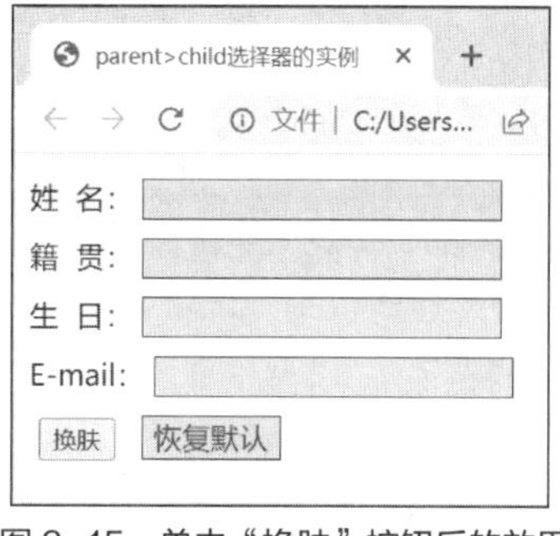

图 3-15　单击“换肤”按钮后的效果

在图 3-15 所示的页面中，虽然“换肤”按钮也是<form>元素的子元素<input>，但由于该元素不是<form>元素的直接子元素，所以在执行换肤操作时，该按钮的样式并没有改变。如果将步骤（4）中的第 4 行和第 7 行代码中的$("form > input")修改为$("form input")，那么单击“换肤”按钮后，将显示图 3-16 所示的效果，即“换肤”按钮也将被添加 CSS 类。这也就是 parent > child 选择器和 ancestor descendant 选择器的区别。

图 3-16　为“换肤”按钮添加 CSS 类的效果

3.5.3　prev+next 选择器

prev+next 选择器用于匹配所有紧接在 prev 元素后的 next 元素。其中，prev 和 next 是两个同辈元素。prev + next 选择器的使用方法如下：

```
$("prev + next");
```

- prev 选择器的第一部分，可以是任何有效的元素。
- next 选择器的第二部分，用以匹配紧跟在 prev 元素后的元素。

例如，要匹配<div>标记后的<img>标记，可以使用下面的 jQuery 代码：

```
$("div + img");
```

【例 3-8】匹配紧接在<lable>标记后的<p>标记并改变匹配元素的背景颜色为淡蓝色（实例位置：源码\第 3 单元\3-8）。

（1）创建一个名为 index.html 的文件，在该文件的<head>标记中使用下面的语句引入 jQuery 库。

```
<script type="text/javascript" src="../js/jquery-3.6.4.min.js"></script>
```

（2）在页面的<body>标记中，首先添加一个<div>标记，并在该<div>标记中添加两个<label>标记和两个<p>标记，其中第二个<label>标记和<p>标记用<fieldset>标记括起来；然后在<div>标记的下方再添加一个<p>标记。关键代码如下：

```
<div>
    <label>第一个 label 标记</label>
    <p>第一个 p 标记</p>
    <fieldset>
         <label>第二个 label 标记</label>
         <p>第二个 p 标记</p>
    </fieldset>
</div>
<p>div 标记外面的 p 标记</p>
```

（3）编写 CSS 样式，用于设置<body>元素的字号大小，并且添加一个用于设置背景颜色的 CSS 类。具体代码如下：

```
<style type="text/css">
     .background{background:#cef}
     body{font-size:12px;}
</style>
```

（4）在引入 jQuery 库的代码下方编写 jQuery 代码，实现匹配<label>元素的同级元素<p>，并为其添加 CSS 类。具体代码如下：

```
<script type="text/javascript" charset="GBK">
    $(document).ready(function() {
         $("label+p").addClass("background");
         //为匹配的元素添加 CSS 类
});
</script>
```

运行本实例，将显示图 3-17 所示的效果。从图中可以看到“第一个<p>”和“第二个<p>”的段落被添加了背景颜色，而“<div>外面的<p>”的段落由于不是<label>元素的同辈元素，所以没有被添加背景颜色。

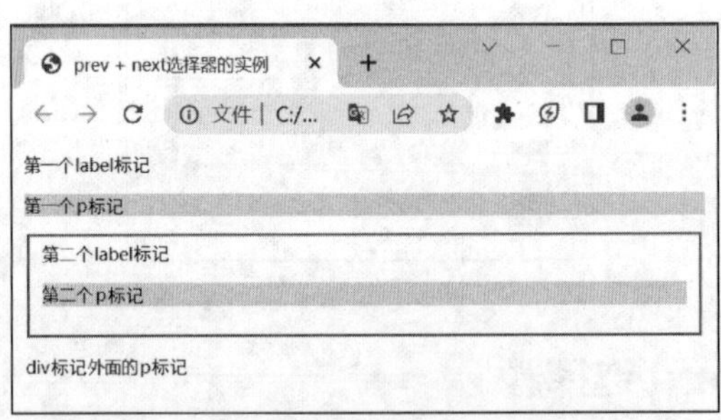

图 3-17　为<label>元素的同辈元素添加背景颜色

3.5.4 prev~siblings 选择器

prev~siblings 选择器用于匹配 prev 元素之后的所有 siblings 元素。其中，prev 和 siblings 是两个同辈元素。prev~siblings 选择器的使用方法如下：

```
$("prev ~ siblings");
```

- prev 选择器的第一部分，可以是任何有效的元素。
- siblings 选择器的第二部分，用以匹配 prev 元素之后的所有 siblings 元素。

例如，要匹配<div>元素的同辈元素<ul>，可以使用下面的 jQuery 代码：

```
$("div ~ ul");
```

【例 3-9】匹配页面中<div>元素的同辈元素，并为匹配元素添加背景颜色为淡蓝色（实例位置：源码\第 3 单元\3-9）。

（1）创建一个名为 index.html 的文件，在该文件的<head>标记中使用下面的语句引入 jQuery 库。

```
<script type="text/javascript" src="../js/jquery-3.6.4.min.js"></script>
```

（2）在页面的<body>标记中，首先添加一个<div>标记，并在该<div>标记中添加两个<p>标记；然后在<div>标记的下方再添加一个<p>标记。关键代码如下：

```
<div>
    <p>第一个<p></p>
    <p>第二个<p></p>
</div>
<p><div>外面的<p></p>
```

（3）编写 CSS 样式，用于设置<body>元素的字号大小，并且添加一个用于设置背景颜色的 CSS 类。具体代码如下：

```
<style type="text/css">
     .background{background:#cef}
     body{font-size:12px;}
</style>
```

（4）在引入 jQuery 库的代码下方编写 jQuery 代码，实现匹配<div>元素的同辈元素<p>，并为其添加 CSS 类。具体代码如下：

```
<script type="text/javascript" charset="GBK">
     $(document).ready(function() {
          $("div~p").addClass("background");    //为匹配的元素添加 CSS 类
     });
</script>
```

运行本实例，将显示图 3-18 所示的效果。从图中可以看到“<div>外面的<p>”的段落被添加了背景颜色，而“第一个<p>”和“第二个<p>”的段落由于<p>元素不是<div>元素的同辈元素，所以没有被添加背景颜色。

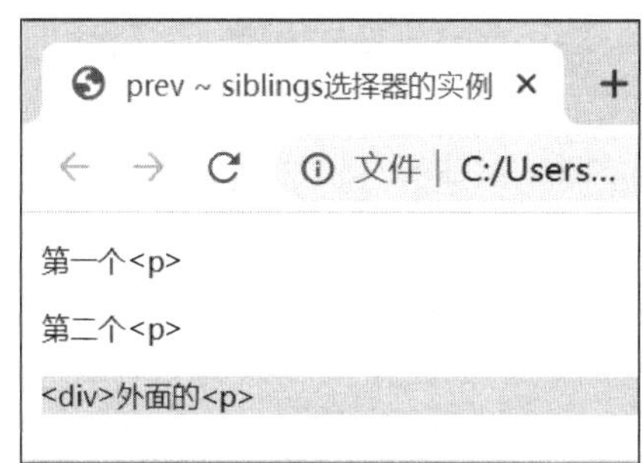

图 3-18　为<div>元素的同辈元素添加背景颜色

3.6 过滤选择器

过滤选择器

过滤选择器包括简单过滤器、内容过滤器、可见性过滤器、表单对象的属性过滤器和子元素过滤器等。下面我们进行详细介绍。

3.6.1 简单过滤器

简单过滤器是指以冒号开头并通常用于实现简单过滤效果的过滤器，例如匹配找到的第一个元素等。jQuery 的简单过滤器如表 3-1 所示。

表 3-1 jQuery 的简单过滤器

过滤器	说明	示例
:first	匹配找到的第一个元素，它是与选择器结合使用的，jQuery 3.4 中已弃用，请使用.first()	$("tr:first") //匹配表格的第一个元素
:last	匹配找到的最后一个元素，它是与选择器结合使用的，jQuery 3.4 中已弃用，请使用.last()	$("tr:last") //匹配表格的最后一个元素
:even	匹配所有索引值为偶数的元素，索引值从 0 开始计数，jQuery 3.4 中已弃用，请使用.even()	$("tr:even") //匹配索引值为偶数的元素
:odd	匹配所有索引值为奇数的元素，索引值从 0 开始计数，jQuery 3.4 中已弃用，请使用.odd()	$("tr:odd") //匹配索引值为奇数的元素
:eq(index)	匹配一个给定索引值的元素，jQuery 3.4 中已弃用，请使用.eq(index)	$("div:eq(1)") //匹配索引值为 1 的<div>元素
:gt(index)	匹配所有索引值大于给定索引值的元素，jQuery 3.4 中已弃用，请使用.gt(index)	$("span:gt(0)") //匹配索引值大于0的<span>元素 （注：大于 0，而不包括 0）
:lt(index)	匹配所有索引值小于给定索引值的元素，jQuery 3.4 中已弃用，请使用.lt(index)	$("div:lt(2)") //匹配索引值小于 2 的<div>元素 （注：小于 2，而不包括 2）
:header	匹配如<h1>、<h2>、<h3>…之类的标题元素	$(":header") //匹配全部的标题元素
:not(selector)	去除所有与给定选择器匹配的元素	$("input:not(:checked)") //匹配没有被选中的<input>元素
:animated	匹配所有正在执行动画效果的元素	$("div:animated ") //匹配所有正在执行动画效果的<div>元素
:lang	匹配给定语言的所有元素，jQuery 1.9 以后可以使用	$("p:lang(it)") //匹配所有<p>的语言的元素
:focus	匹配当前获取焦点的元素	elem.is(":focus") //匹配当前获得焦点的元素
:root	匹配文档的根元素，jQuery 1.9 以后可以使用	$(":root").css("background-color","yellow") //设置<html>背景颜色为黄色
:target	匹配由文档 URI（Unifom Resource Identifier，统一资源标识符）的格式化识别码表示的目标元素，jQuery 1.9 以后可以使用	给定 URI 为 http://example.com/#foo，$("p:target")将选择<p id="foo">元素

【例 3-10】实现一个带表头的双色表格（实例位置：源码\第 3 单元\3-10）。

（1）创建一个名为 index.html 的文件，在该文件的<head>标记中使用下面的语句引入 jQuery 库。

```
<script type="text/javascript" src="../js/jquery-3.6.4.min.js"></script>
```

（2）在页面的<body>标记中，添加一个 5 行 5 列的表格。关键代码如下：

```
<table width="98%" border="0" align="center" cellpadding="0" cellspacing="1"
bgcolor= "#3F873B">
    <tr>
      <td width="11%" height="27">编号</td>
      <td width="14%">祝福对象</td>
      <td width="12%">祝福者</td>
      <td width="33%">字条内容</td>
      <td width="30%">发送时间</td>
    </tr>
    <tr>
      <td height="27">1</td>
      <td>琦琦</td>
      <td>妈妈</td>
      <td>愿你健康快乐地成长！</td>
      <td>2023-05-15 13:06:06</td>
```

```
    </tr>
    ...                      <!--此处省略了其他行的代码-->
</table>
```

（3）编写 CSS 样式，通过元素选择器设置单元格的样式，并且编写 th、even 和 odd 这 3 个类选择符，用于控制表格中相应行的样式。具体代码如下：

```
<style type="text/css">
    td{
        font-size:12px;                    /*设置单元格的样式*/
        padding:3px;                       /*设置内边距*/
    }
    .th{
        background-color:#B6DF48;          /*设置背景颜色*/
        font-weight:bold;                  /*设置文字加粗显示*/
        text-align:center;                 /*设置文字居中对齐*/
    }
    .even{
        background-color:#E8F3D1;          /*设置偶数行的背景颜色*/
    }
    .odd{
        background-color:#F9FCEF;          /*设置奇数行的背景颜色*/
    }
</style>
```

（4）在引入 jQuery 库的代码下方编写 jQuery 代码，分别设置表格奇数行与偶数行应用的 CSS 类，并且单独为第 1 行添加名为“th”的类。具体代码如下：

```
<script type="text/javascript">
    $(document).ready(function() {
        $("tr:even").addClass("even");        // 设置偶数行应用的 CSS 类
        $("tr:odd").addClass("odd");          // 设置奇数行应用的 CSS 类
        $("tr:first").removeClass("even");    // 移除 even 类
        $("tr:first").addClass("th");         // 添加 th 类
    });
</script>
```

在上面的代码中，为表格的第 1 行添加 th 类时，需要先将该行应用的 even 类移除，然后再进行添加，否则添加的 th 类将不起作用。

运行本实例，将显示图 3-19 所示的效果。其中，第 1 行为表头，编号为 1 和 3 的行应用的是偶数行的样式，编号为 2 和 4 的行应用的是奇数行的样式。

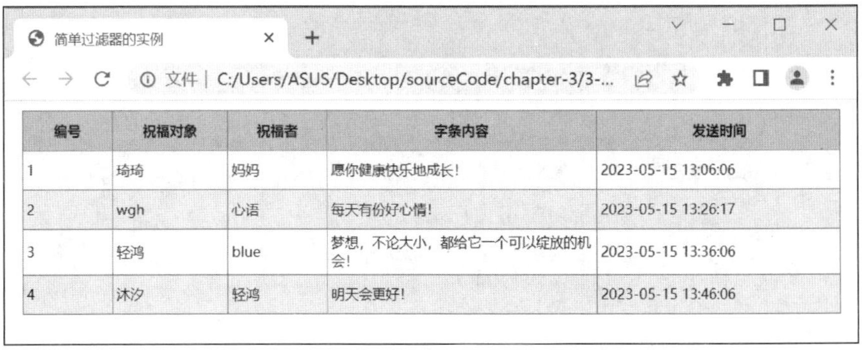

简单过滤器的实例
文件 | C:/Users/ASUS/Desktop/sourceCode/chapter-3/3-...

编号	祝福对象	祝福者	字条内容	发送时间
1	琦琦	妈妈	愿你健康快乐地成长！	2023-05-15 13:06:06
2	wgh	心语	每天有份好心情！	2023-05-15 13:26:17
3	轻鸿	blue	梦想，不论大小，都给它一个可以绽放的机会！	2023-05-15 13:36:06
4	沐汐	轻鸿	明天会更好！	2023-05-15 13:46:06

图 3-19　带表头的双色表格

3.6.2　内容过滤器

内容过滤器通过 DOM 元素包含的文本内容以及是否含有匹配的元素进行匹配。jQuery 的内容过滤器包括:contains(text)、:empty、:has(selector)和:parent 这 4 种，如表 3-2 所示。

表 3-2　jQuery 的内容过滤器

过滤器	说明	示例
:contains(text)	匹配包含给定文本内容的元素	$("li:contains('DOM')")　//匹配包含“DOM”文本内容的<li>元素
:empty	匹配所有不包含子元素或者文本内容的空元素	$("td:empty")　//匹配所有不包含子元素或者文本内容的单元格
:has(selector)	匹配含有选择器所匹配元素的元素	$("td:has(p)")　//匹配表格的单元格中含有<p>标记的单元格
:parent	匹配包含子元素或者文本内容的元素	$("td: parent")　//匹配不为空的单元格，即在该单元格中还包含子元素或者文本内容

【例 3-11】使用内容过滤器匹配为空的单元格、不为空的单元格和包含给定文本内容的单元格（实例位置：源码\第 3 单元\3-11）。

（1）创建一个名为 index.html 的文件，在该文件的<head>标记中使用下面的语句引入 jQuery 库。

```
<script type="text/javascript" src="../js/jquery-3.6.4.min.js"></script>
```

（2）在页面的<body>标记中，添加一个 5 行 5 列的表格。关键代码如下：

```
    <table width="98%" border="0" align="center" cellpadding="0" cellspacing="1"
bgcolor="#3F873B">
          <tr>
            <td width="11%" class="head" height="27" align="center">编号</td>
            <td width="14%" class="head" align="center">祝福对象</td>
            <td width="12%" class="head" align="center">祝福者</td>
            <td width="33%" class="head" align="center">字条内容</td>
            <td width="30%" class="head" align="center">发送时间</td>
          </tr>
          <tr>
            <td height="27">1</td>
            <td>琦琦</td>
            <td>妈妈</td>
            <td>愿你健康快乐地成长！</td>
            <td>2023-08-15 13:06:06</td>
          </tr>
          <tr>
            <td height="27">2</td>
            <td>wgh</td>
            <td>心语</td>
            <td>每天有份好心情！</td>
            <td>2023-08-15 13:26:17</td>
          </tr>
          <tr>
            <td height="27">3</td>
            <td>凯文</td>
            <td>Blue</td>
            <td>梦想，不论大小，都给它一个可以绽放的机会！</td>
            <td>2023-08-15 13:36:06</td>
          </tr>
          <tr>
            <td height="27">4</td>
            <td>沐汐智简科技</td>
            <td>凯文</td>
            <td></td>
            <td>2023-08-15 13:46:06</td>
          </tr>
      </table>
```

（3）在引入 jQuery 库的代码下方编写 jQuery 代码，为不为空的单元格设置背景颜色，为空单元格添加默认内容以及为包含给定文本内容的单元格设置文字颜色。具体代码如下：

```
<script type="text/javascript">
    $(document).ready(function() {
    $("td:parent").css("background-color","#E8F3D1");  // 为不为空的单元格设置
                                                          背景颜色
    $("td:empty").html("暂无内容");             // 为空单元格添加默认内容
    $("td:contains('凯文')").css("color","red");     // 将包含文本内容“凯文”的
                                                    单元格的文字颜色设置为红色
    $("td.head").css("background-color","#999999");
    });
</script>
```

运行本实例将显示图 3-20 所示的效果。其中，文本内容为“凯文”的单元格文字颜色被设置为红色，编号为 4 的行中“字条内容”单元格在设计时为空，这里使用 jQuery 为其添加默认内容为“暂无内容”，除该单元格外的其他单元格的背景颜色均被设置为#E8F3D1。

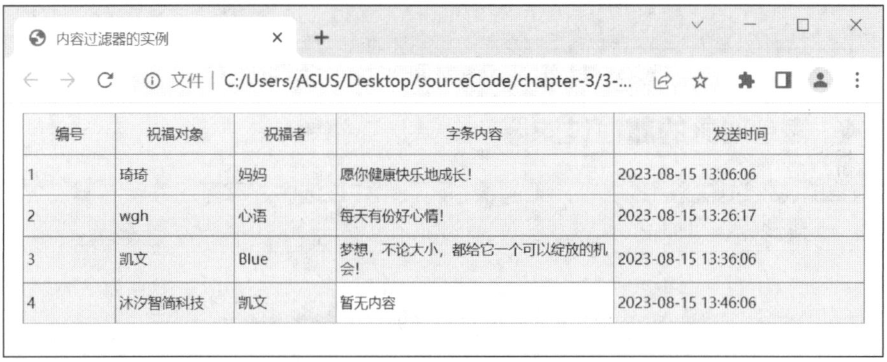

编号	祝福对象	祝福者	字条内容	发送时间
1	琦琦	妈妈	愿你健康快乐地成长！	2023-08-15 13:06:06
2	wgh	心语	每天有份好心情！	2023-08-15 13:26:17
3	凯文	Blue	梦想，不论大小，都给它一个可以绽放的机会！	2023-08-15 13:36:06
4	沐汐智简科技	凯文	暂无内容	2023-08-15 13:46:06

图 3-20　运行效果

3.6.3　可见性过滤器

元素的可见状态有两种，分别是隐藏状态和显示状态。可见性过滤器就是利用元素的可见状态来匹配元素的。因此，可见性过滤器也有两种，一种是匹配所有显示元素的:visible 过滤器，另一种是匹配所有隐藏元素的:hidden 过滤器。

说明　**在使用:hidden 过滤器时，display 属性为 none 的元素以及 type 属性为 hidden 的<imput>元素都会被匹配到。**

【例 3-12】获取页面中隐藏和显示的<input>元素的值（实例位置：源码\第 3 单元\3-12）。

（1）创建一个名为 index.html 的文件，在该文件的<head>标记中使用下面的语句引入 jQuery 库。

```
<script type="text/javascript" src="../js/jquery-3.6.4.min.js"></script>
```

（2）在页面的<body>标记中添加 3 个<input>元素，其中第 1 个为显示的文本框，第 2 个为隐藏的文本框，第 3 个为隐藏域。关键代码如下：

```
<input type="text" value="我是显示的文本框">
 <input type="text" value="我是隐藏的文本框" style="display:none">
<input type="hidden" value="我是隐藏域">
```

（3）在引入 jQuery 库的代码下方编写 jQuery 代码，获取页面中隐藏和显示的<input>元素的值。具体代码如下：

```
<script type="text/javascript">
    $(document).ready(function() {
        var visibleVal = $("input:visible").val();  // 获取显示的文本框的值
        var hiddenVal1 = $("input:hidden:eq(0)").val(); // 获取隐藏的文本框的值
```

```
            var hiddenVal2 = $("input:hidden:eq(1)").val(); // 获取隐藏域的值
            alert(visibleVal+"\n\r"+hiddenVal1+"\n\r"+hiddenVal2); // 弹出获取得的信息
        });
</script>
```

运行本实例将显示图 3-21 所示的效果。

图 3-21　弹出隐藏和显示的<input>元素的值

3.6.4　表单对象的属性过滤器

表单对象的属性过滤器通过表单元素的状态属性（如被选中、不可用等状态属性）匹配元素，包括:checked 过滤器、:disabled 过滤器、:enabled 过滤器和:selected 过滤器 4 种，如表 3-3 所示。

表 3-3　jQuery 的表单对象的属性过滤器

过滤器	说明	示例	
:checked	匹配所有被选中的元素	$("input:checked")	//匹配所有被选中的<input>元素
:disabled	匹配所有不可用的元素	$("input:disabled")	//匹配所有不可用的<input>元素
:enabled	匹配所有可用的元素	$("input:enabled")	//匹配所有可用的<input>元素
:selected	匹配所有被选中的<option>元素	$("select option:selected")	//匹配所有被选中的<option>元素

【例 3-13】利用表单对象的属性过滤器匹配表单中相应的元素（实例位置：源码\第 3 单元\3-13）。

（1）创建一个名为 index.html 的文件，在该文件的<head>标记中使用下面的语句引入 jQuery 库。

```
<script type="text/javascript" src="../js/jquery-3.6.4.min.js"></script>
```

（2）在页面的<body>标记中，添加一个表单，并在该表单中添加 3 个复选框、1 个不可用按钮和 1 个下拉列表框，其中前两个复选框为被选中状态。关键代码如下：

```
<form>
    复选框 1:  <input type="checkbox" checked="checked" value="复选框 1"/>
    复选框 2:  <input type="checkbox" checked="checked" value="复选框 2"/>
    复选框 3:  <input type="checkbox" value="复选框 3"/><br />
    不可用按钮:  <input type="button" value="不可用按钮" disabled><br />
    下拉列表框:
    <select onchange="selectVal()">
        <option value="列表项 1">列表项 1</option>
        <option value="列表项 2">列表项 2</option>
        <option value="列表项 3">列表项 3</option>
    </select>
</form>
```

（3）在引入 jQuery 库的代码下方编写 jQuery 代码，实现匹配表单中的被选中的<input>元素、不可用<input>元素和被选中的<option>元素的值。具体代码如下：

```
<script type="text/javascript">
    $(document).ready(function() {
        $("input:checked").css("background-color","red");    // 设置被选中的复选框的背景颜色
        $("input:disabled").val("我是不可用的");  // 为不可用按钮赋值
    })
    function selectVal(){                                    // 下拉列表框变化时执行的方法
        alert($("select option:selected").val());    // 显示被选中的列表项的值
    }
</script>
```

运行本实例，选中下拉列表框中的“列表项 3”，将弹出提示对话框显示选中列表项的值，如图 3-22 所示。在该图中，选中的两个复选框的背景颜色为红色，另一个复选框没有设置背景颜色，“不可用按钮”的 value 值被修改为“我是不可用的”。

图 3-22 利用表单对象的属性过滤器匹配表单中相应的元素

3.6.5 子元素过滤器

子元素过滤器用于匹配给定某个元素的子元素，具体的过滤条件由过滤器的种类而定。jQuery 提供的子元素过滤器如表 3-4 所示。

表 3-4 jQuery 的子元素过滤器

过滤器	说明	示例
:first-child	匹配所有给定元素的第 1 个子元素	$("ul li:first-child") //匹配<ul>元素中的第 1 个子元素<li>
:last-child	匹配所有给定元素的最后一个子元素	$("ul li:last-child") //匹配<ul>元素中的最后一个子元素<li>
:only-child	如果某个元素是它的父元素中唯一的子元素，那么将会被匹配。如果父元素中含有其他元素，则不会被匹配	$("ul li:only-child") //匹配只含有一个<li>元素的<ul>元素中的<li>

:nth-child(index/even/odd/equation)	index：匹配每个父元素下的第 index 个子元素或奇偶元素。index 从 1 开始，而不是从 0 开始。
	even、odd：以偶数或者奇数的方式来获取元素。
	equation：通过公式（an+b)的方式来获取元素
		$("ul li:nth-child(even)") //匹配<ul>中索引值为偶数的<li>元素
		$("ul li:nth-child(3)") //匹配<ul>中第 3 个<li>元素
		$("ul li:nth-child(3n+1)") //匹配<ul>中索引为 3*n + 1 的<li>元素

:first-of-type	结构化伪类，匹配 E 的父元素的第 1 个 E 类型的子元素。1.9 版本以后可以使用	查找作为父元素的 span 类型子元素中的“长子”的<span>标记
:last-of-type	结构化伪类，匹配 E 的父元素的最后一个 E 类型的子元素。1.9 版本以后可以使用	和:first-of-type 一样，只是一个是第 1 个元素，一个是最后一个元素

续表

过滤器	说明	示例

:nth-last-child(n|even|odd|formula)	n：选择所有它们父元素的第 n 个子元素。计数从最后一个元素开始到第 1 个元素。
	even、odd：从最后一个元素开始计数，以偶数或者奇数的方式来获取元素。
	formula：通过公式(an+b)的方式获取元素。1.9 版本以后可以使用
		$("ul li:nth-last-child(2)") //在每个匹配的<ul>中查找倒数第 2 个<li>元素
		$("ul li:nth-child(even)") //在每个匹配的<ul>中查找倒数为偶数的<li>元素
		$("ul li:nth-last-child(3n+2)") //从倒数第 2 个子元素开始，在每个匹配的<ul>中查找是 3 倍数的<li>元素

:nth-last-of-type(n|even|odd|formula)	n：选择所有它们父元素的第 n 个子元素。计数从最后一个元素开始到第 1 个元素。 even、odd：从最后一个元素开始计数，以偶数或者奇数的方式来获取元素。 formula：通过公式(an+b)的方式获取元素。1.9 版本以后可以使用	$("ul li:nth-last-of-type(2)") //在每个匹配的<ul>中查找倒数第 2 个<li>
:nth-of-type(n|even|odd|formula)	n：选择所有它们父元素的第 n 个子元素。计数从最后一个元素开始到第 1 个元素。 even、odd：从最后一个元素开始计数，以偶数或者奇数的方式来获取元素。 formula：通过公式(an+b)的方式获取元素。1.9 版本以后可以使用	$("span:nth-of-type(2)") //查找一个<span>，记这个<span>是其所有兄弟<span>元素中的第 2 个元素
:only-of-type	匹配所有没有兄弟元素，且具有相同的元素名称的子元素。1.9 版本以后可以使用	$("p:only-of-type").css("background-color","yellow") //选取属于其父元素的唯一<p>元素的每个元素，添加背景色为黄色

3.7 属性选择器

属性选择器

属性选择器以元素的属性作为匹配条件来匹配元素。jQuery 的属性选择器如表 3-5 所示。

表 3-5　jQuery 的属性选择器

选择器	说明	示例
[attribute]	匹配包含给定属性的元素	$("div[name]") //匹配包含 name 属性的<div>元素
[attribute=value]	匹配属性值为 value 的元素	$("div[name='test']") //匹配 name 属性值为 test 的<div>元素
[attribute!=value]	匹配属性值不等于 value 的元素	$("div[name!='test']") //匹配 name 属性值不等于 test 的<div>元素
[attribute*=value]	匹配属性值中含有 value 的元素	$("div[name*='test']") //匹配 name 属性值中含有 test 值的<div>元素
[attribute^=value]	匹配属性值以 value 开头的元素	$("div[name^='test']") //匹配 name 属性值以 test 开头的<div>元素
[attribute$=value]	匹配属性值以 value 结尾的元素	$("div[name$='test']") //匹配 name 属性值以 test 结尾的<div>元素
[selector1][selector2][selectorN]	复合属性选择器，需要同时满足多个条件时使用	$("div[id][name^='test']") //匹配包含 id 属性并且 name 属性值以 test 开头的<div>元素

3.8 表单选择器

表单选择器

表单选择器匹配的是经常在表单中出现的元素，但是匹配的元素不一定在表单中。

jQuery 的表单选择器如表 3-6 所示。

表 3-6　jQuery 的表单选择器

选择器	说明	示例
:input	匹配所有的<input>元素	$(":input") //匹配所有的<input>元素 $("form :input") //匹配<form>标记中的所有<input>元素。需要注意，在 form 和:之间有一个空格
:button	匹配所有的普通按钮，即 type="button"的<input>元素	$(":button") //匹配所有的普通按钮
:checkbox	匹配所有的复选框	$(":checkbox") //匹配所有的复选框
:file	匹配所有的文件域	$(":file") //匹配所有的文件域
:hidden	匹配所有的隐藏元素，或者 type="hidden"的元素	$(":hidden") //匹配所有的隐藏元素
:image	匹配所有的图像域	$(":image") //匹配所有的图像域
:password	匹配所有的密码域	$(":password") //匹配所有的密码域
:radio	匹配所有的单选按钮	$(":radio") //匹配所有的单选按钮
:reset	匹配所有的重置按钮，即 type="reset"的<input>元素	$(":reset") //匹配所有的重置按钮
:submit	匹配所有的提交按钮，即 type="submit"的<input>元素	$(": submit") //匹配所有的提交按钮
:text	匹配所有的单行文本框	$(":text") //匹配所有的单行文本框

【例 3-14】 匹配表单中相应的元素并实现不同的操作（实例位置：源码\第 3 单元\3-14）。

（1）创建一个名为 index.html 的文件，在该文件的<head>标记中使用下面的语句引入 jQuery 库。

```
<script type="text/javascript" src="../js/jquery-3.6.4.min.js"></script>
```

（2）在页面的<body>标记中，添加一个表单，并在该表单中添加复选框、单选按钮、图像域、文件域、密码域、文本框、普通按钮、重置按钮、提交按钮、隐藏域等<input>元素。关键代码如下：

```
<form>
    复选框：<input type="checkbox"/>
    单选按钮：<input type="radio"/>
    图像域：<input type="image"/><br>
    文件域：<input type="file"/><br>
    密码域：<input type="password" width="150px"/><br>
    文本框：<input type="text" width="150px"/><br>
    按　钮：<input type="button" value="按钮"/><br>
    重　置：<input type="reset" value=""/><br>
    提　交：<input type="submit" value=""><br>
    隐藏域： <input type="hidden" value="这是隐藏的元素">
   <div id="testDiv"><font color="blue">隐藏域的值：</font></div>
</form>
```

（3）在引入 jQuery 库的代码下方编写 jQuery 代码，实现匹配表单中相应的元素，并实现不同的操作。具体代码如下：

```
<script type="text/javascript">
     $(document).ready(function() {
        $(":checkbox").attr("checked","checked"); // 选中复选框
```

```
        $(":radio").attr("checked","true");              // 选中单选按钮
        $(":image").attr("src","images/fish1.jpg");      // 设置图片路径
        $(":file").hide();                                // 隐藏文件域
        $(":password").val("123");                        // 设置密码域的值
        $(":text").val("文本框");                          // 设置文本框的值
        $(":button").attr("disabled","disabled");        // 设置普通按钮为不可用
        $(":reset").val("重置按钮");                       // 设置重置按钮的值
        $(":submit").val("提交按钮");                      // 设置提交按钮的值
        $("#testDiv").append($("input:hidden:eq(1)").val());   // 显示隐藏域的值
    });
</script>
```

运行本实例，将显示图 3-23 所示的页面。

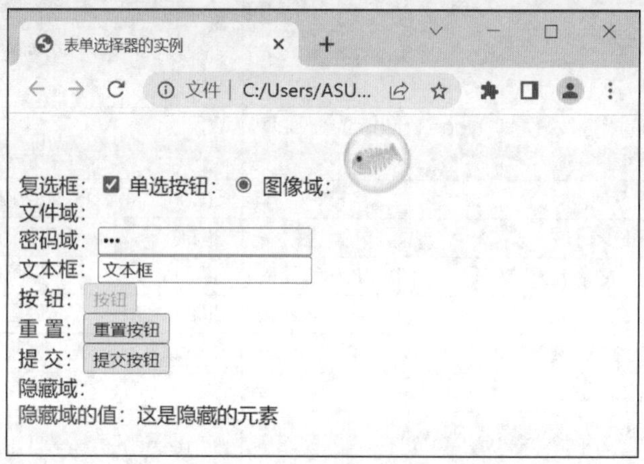

图 3-23　利用表单选择器匹配表单中相应的元素

3.9 混淆选择器

混淆选择器

混淆选择器通常用在类名选择器或者 ID 选择器中包含一些 CSS 特殊字符的时候，其与 CSS 中的 CSS.escape()方法的区别是，CSS.escape()方法支持所有浏览器，而混淆选择器并不支持所有浏览器。jQuery 的混淆选择器如表 3-7 所示。

表 3-7　jQuery 的混淆选择器

选择器	说明	示例
$.escapeSelector(selector)	处理 CSS 特殊字符	$.escapeSelector("#target");　//对含有#的 id 进行编码

【例 3-15】匹配类中包含.green 的<div>标记，并将其设置为绿色（实例位置：源码\第 3 单元\3-15）。

（1）创建一个名为 index.html 的文件，在该文件的<head>标记中使用下面的语句引入 jQuery 库。

```
<script type="text/javascript" src="../js/jquery-3.6.4.min.js"></script>
```

（2）在页面的<body>标记中添加 class。关键代码如下：

```
<div><div class="red">div class="red"</div>
<div class=".green myClass">div class=".green myClass"</div>
<div class=".green">span class=".green"</div></div>
```

（3）在引入 jQuery 库的代码下方编写 jQuery 代码，匹配类中包含.green 的<div>标记，并将其设置为绿色。具体代码如下：

```
    <script type="text/javascript">
        $(document).ready(function() {
            $( "div" ).find( "." + $.escapeSelector( ".green" )).css({"color":"green",
"border":"2px solid green"});;
        });</script>
```

运行本实例，将显示图 3-24 所示的页面。

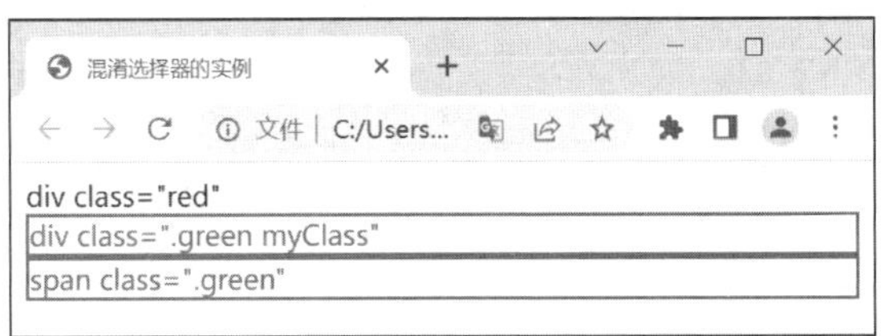

图 3-24　匹配类中包含.green 的<div>标记

3.10　使用选择器时的注意事项

3.10.1　选择器中含有特殊符号的注意事项

1. 选择器中含有“.”“#”“(”或“]”等特殊字符

根据 W3C（World Wide Web Consortium，万维网联盟）规定，选择器中是不能含有这些特殊字符的，但在实际项目应用中偶尔也会遇到选择器中含有“#”和“]”等特殊字符的情况。这时，如果按照普通方式来处理就会出现错误。解决这类错误的方法是使用转义符号将其转义。例如，有下面的 HTML 代码：

```
<div id="mr#soft">莫凡魔方科技</div>
<div id="mrbook(1) ">人邮图书</div>
```

如果按照普通方式来匹配元素，例如：

```
$("#mr#soft");
$("#mrbook(1)");
```

这样是不能正确匹配元素的，正确的写法如下：

```
$("#mr\\#soft");
$("#mrbook\\(1\\)");
```

2. 属性选择器的@符号问题

在 jQuery 进行版本升级的过程中，jQuery 1.3.1 彻底放弃了 jQuery 1.1.0 遗留的@符号，假如使用 jQuery 1.3.1 以上的版本，那么就不需要在属性前添加@符号。例如下面的代码：

```
$("div[@name='mingri']");
```

正确的写法是将@符号去掉，即改为如下形式：

```
$("div[name='mingri']");
```

3.10.2　选择器中含有空格的注意事项

在实际应用中，选择器中含有空格也是不容忽视的，多一个空格或者少一个空格会得到截然不同的结果。请看下面的示例代码：

```
<div class="name">
    <div style="display: none;">小科</div>
    <div style="display: none;">小王</div>
    <div style="display: none;">小张</div>
    <div style="display: none;" class="name">小辛</div>
</div>
<div style="display: none;" class="name">小杨</div>
<div style="display: none;" class="name">小刘</div>
```

使用下面的 jQuery 选择器分别进行匹配它们。

```
<script type="text/javascript">
    var $l_a = $(".name :hidden");            // 带空格的 jQuery 选择器
    var $l_b = $(".name:hidden");             // 不带空格的 jQuery 选择器
    var len_a = $l_a.length;
    var len_b = $l_b.length;
    alert("$('.name :hidden') = "+len_a);    // 输出 4
    alert("$('.name:hidden') = "+len_b);     // 输出 3
</script>
```

以上代码会输出不同的结果，这是因为不同的选择器得到的结果不同。

```
var $l_a = $(".name :hidden");        // 带空格的 jQuery 选择器
```

以上代码用于获取 class 为“name”的元素之内的隐藏元素，也就是内容为小科、小王、小张、小辛的 4 个<div>元素。

而代码：

```
var $l_b = $(".name:hidden");         // 不带空格的 jQuery 选择器
```

则是获取隐藏的 class 为“name”的元素，即内容为小辛、小杨、小刘的<div>元素。

3.11 项目实战：表格隔行换色及鼠标指针指向行变色

对于一些清单型数据，通常利用表格将其展示到页面中。如果数据比较多，则很容易看串行。这时，可以为表格添加隔行换色及鼠标指针指向行变色功能。下面我们通过一个具体的实例来实现该功能（实例位置：源码\第 3 单元\3-16）。

本实例的需求主要有以下两点。

（1）在页面中创建一个表格，令表格奇数行显示黄色，偶数行显示浅蓝色。

（2）当鼠标指针指向某一行时，该行颜色随之改变。

运行本实例，将显示图 3-25 所示的隔行换色的表格。将鼠标指针移动到表格的某行时，该行将突出显示，图 3-26 所示为将鼠标指针移动到第 3 行时显示的效果。

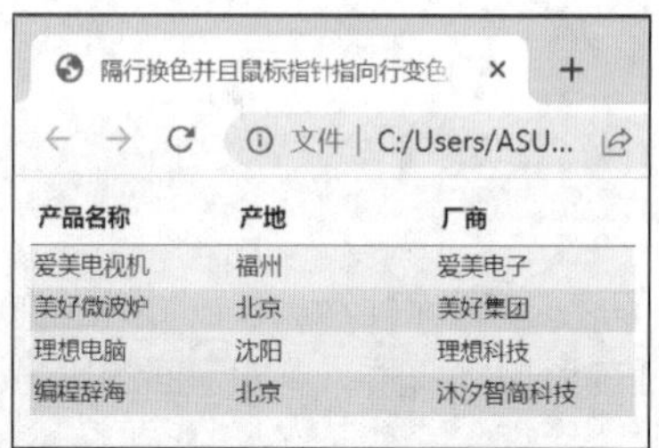

图 3-25　隔行换色的表格

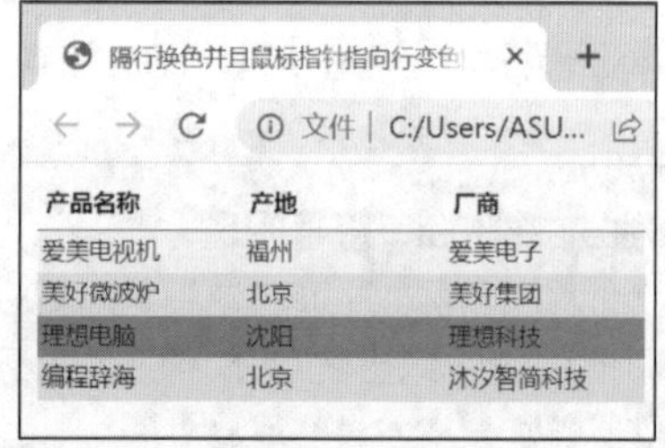

图 3-26　鼠标指针移动到第 3 行时的效果

程序开发步骤如下。

（1）创建一个名为 index.html 的文件，在该文件的<head>标记中使用下面的语句引入 jQuery 库。

```
<script type="text/javascript" src="../js/jquery-3.6.4.min.js"></script>
```

（2）在页面的<body>标记中，添加一个 5 行 3 列的表格，并使用<thead>标记将表格的标题行括起来，再使用<tbody>标记将表格的其他行括起来。关键代码如下：

```
<table>
  <thead>
    <tr>
      <th>产品名称</th>
      <th>产地</th>
      <th>厂商</th>
    </tr>
  </thead>
```

```
    <tbody>
      <tr>
        <td>爱美电视机</td>
        <td>福州</td>
        <td>爱美电子</td>
      </tr>
      ...          <!--此处省略了表格中其他 3 行的代码-->
    </tbody>
</table>
```

（3）编写 CSS 样式，用于设置表格整体样式、表头的样式、单元格的样式、奇数行的样式、偶数行的样式和鼠标指针指向行的样式。具体代码如下：

```
<style type="text/css">
table{ border:0;border-collapse:collapse;}                          /*设置表格整体样式*/
td{font:normal 12px/17px Arial;padding:2px;width:100px;}  /*设置单元格的样式*/
th{   /*设置表头的样式*/
     font:bold 12px/17px Arial;
     text-align:left;
     padding:4px;
     border-bottom:1px solid #333;
}
.odd{background:#cef;}                              /*设置奇数行的样式*/
.even{background:#ffc;}                             /*设置偶数行的样式*/
.light{background:#00A1DA;}                         /*设置鼠标指针指向行的样式*/
</style>
```

（4）在引入 jQuery 库的代码下方编写 jQuery 代码，实现表格隔行换色及鼠标指针指向行变色的功能。具体代码如下：

```
<script type="text/javascript">
$(document).ready(function(){
  $("tbody tr:odd").addClass("odd");       //为奇数行添加样式
  $("tbody tr:even").addClass("even");     //为偶数行添加样式
  $("tbody tr").hover(                     //为表格主体每行绑定 hover()方法
       function() {$(this).addClass("light");},
       function() {$(this).removeClass("light");}
  );
});
</script>
```

说明 **$("tr:odd")和$("tr:even")选择器中的索引值均是从 0 开始的，因此表格中表头之后的第 1 行是偶数行。**

3.12 小结

（1）典型的 jQuery 选择器的语法格式为：

```
$(selector).methodName();
```

（2）ID 选择器顾名思义就是利用 DOM 元素的 id 属性值来筛选匹配的元素，并以 jQuery 包装集的形式返回给对象。

（3）元素选择器根据元素名称匹配相应的元素。

（4）类名选择器通过元素拥有的 CSS 类的名称查找匹配的 DOM 元素。

（5）复合选择器将多个选择器（可以是 ID 选择器、元素选择器或是类名选择器）组合在一起，选择器之间以逗号“,”分隔，只要元素符合其中任何一个选择器的匹配条件就会被匹配，返回的是一个集合形式的 jQuery 包装集。

（6）ancestor descendant 选择器中的 ancestor 代表祖先元素，descendant 代表子孙元素，

该选择器用于在给定的祖先元素下匹配所有的子孙元素。

（7）parent > child 选择器中的 parent 代表父元素，child 代表子元素，该选择器用于在给定的父元素下匹配所有的子元素。

（8）prev + next 选择器用于匹配所有紧接在 prev 元素后的 next 元素。

（9）prev～siblings 选择器用于匹配 prev 元素之后的所有 siblings 元素。

（10）简单过滤器是指以冒号开头并通常用于实现简单过滤效果的过滤器。

（11）内容过滤器通过 DOM 元素包含的文本内容以及是否含有匹配的元素进行匹配。

（12）表单对象的属性过滤器通过表单元素的状态属性（如被选中、不可用等状态属性）匹配元素，包括:checked 过滤器、:disabled 过滤器、:enabled 过滤器和:selected 过滤器 4 种。

3.13 习题

1. 选择题

（1）下列（　　）不是 jQuery 选择器的优势。

A. 代码更简单　　B. 支持 CSS1～CSS3 选择器

C. 完善的检测机制　　D. 可以兼容所有浏览器

（2）下列关于 jQuery 基本选择器说法有误的是（　　）。

A. 支持 ID 选择器（#id）　　B. 支持元素选择器（element）

C. 支持类名选择器（.class）　　D. 不支持通配符（*）

（3）下列关于 jQuery 层次选择器说法有误的是（　　）。

A. 支持 ancestor descendant 选择器　　B. 支持 escapeSelector 选择器

C. 支持 prev+next 选择器　　D. 支持 parent>child 选择器

2. 填空题

（1）jQuery 的工厂函数是________。

（2）jQuery 表单选择器包括________、________、________、________、________、________、________、________、________、________。

（3）jQuery 过滤选择器包括________、________、________、________、________。

3. 简答题

（1）为什么要使用 jQuery 选择器?

（2）简述使用 ID 选择器获取文本框内容的过程。

（3）如何匹配页面中某元素的同辈元素?

（4）分别使用原生 JavaScript 方法和 jQuery 方法获取页面中显示和隐藏的<input>元素的值。

（5）选择器中含有特殊符号时需要注意哪些事项?

第4单元 使用jQuery操作DOM

04

情景引入

我们在开发一个内容丰富的网页应用程序时，通常希望能够实现动态更新和操作页面中的元素，以提供更灵活和交互性更强的用户页面。借助于jQuery，我们可以轻松地选择、添加、删除和修改页面中的元素，实现动态的内容展示和用户交互。通过改变元素的CSS样式、添加动画效果或动态加载数据，我们可以为用户提供生动、响应式的网页体验。jQuery的DOM操作能力就可以为网页应用程序注入灵活性和互动性。本单元将介绍DOM操作的分类、对元素内容和值进行操作、对DOM文档节点进行操作、对元素属性进行操作、对元素的CSS样式进行操作等内容。

学习目标

知识目标

1. 了解DOM操作的分类。
2. 掌握对元素内容和值进行操作。
3. 掌握对DOM文档节点进行操作。
4. 掌握对元素属性进行操作。
5. 掌握对元素的CSS样式进行操作。

能力目标

1. 能够熟练使用jQuery对DOM文档节点进行操作。
2. 能够熟练使用jQuery对元素内容和值进行操作。

素质目标

认识前端交互的核心技术，提升动手能力和创新意识。

思维导图

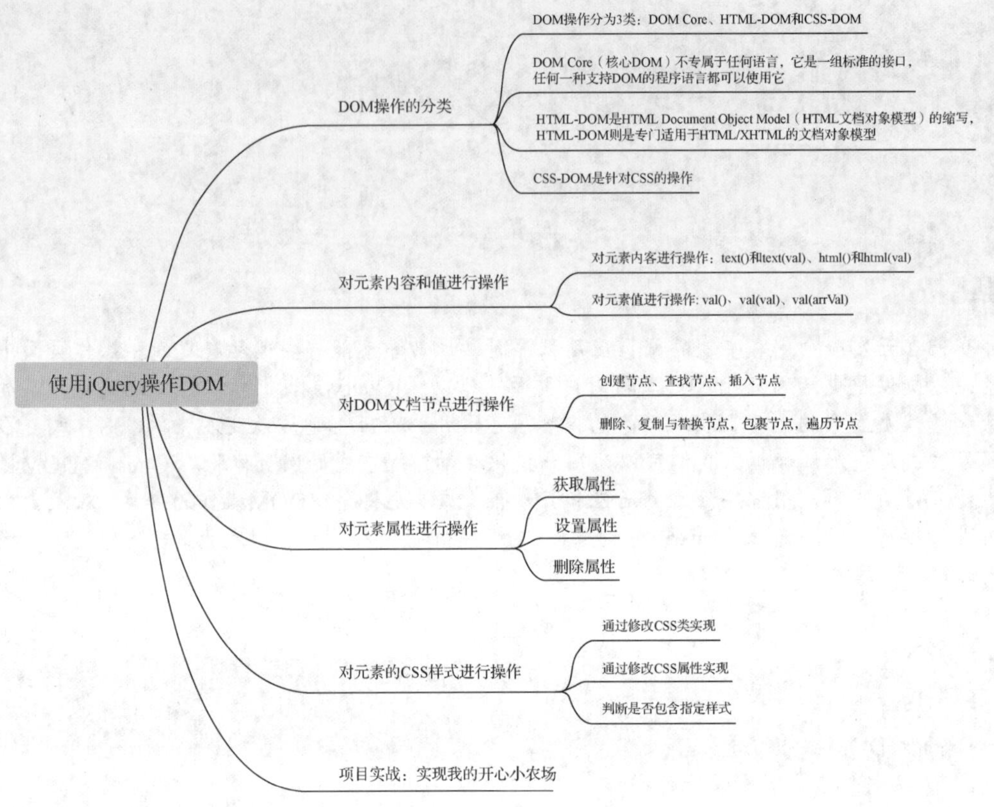

4.1 DOM 操作的分类

通常来说，DOM 操作分为 3 类：DOM Core、HTML-DOM 和 CSS-DOM。

DOM 操作的分类

1. DOM Core

DOM Core（核心 DOM）不专属于任何语言，它是一组标准的接口，任何一种支持 DOM 的程序语言都可以使用它。JavaScript 中的 getElementById()、getElementsByTagName()、getAttribute()和 setAttribute()等方法都是 DOM Core 的组成部分。

例如：

（1）使用 DOM Core 来获取表单对象：

```
document.getElementsByTagName("form");
```

（2）使用 DOM Core 来获取元素的 title 属性。

```
element.getAttribute("title");
```

2. HTML-DOM

HTML-DOM 是 HTML Document Object Model（HTML 文档对象模型）的缩写，HTML DOM 则是专门适用于 HTML/XHTML（Extensible Hypertext Markup Language，可扩展超文本标记语言）的文档对象模型。

在 JavaScript 中，有很多专属于 HTML-DOM 的属性，如 document.forms、element.title 等。

例如：

（1）使用 HTML-DOM 来获取表单对象：

```
document.forms;   // HTML-DOM 中提供了 forms 对象
```

（2）使用 HTML-DOM 来获取元素的 title 属性：

```
element.title;
```

通过以上代码可以看出，HTML-DOM 代码通常比 DOM Core 代码简短，不过它只能用于处理 Web 文档。

3. CSS-DOM

CSS-DOM 是针对 CSS 的操作。在 JavaScript 中，CSS-DOM 主要用于获取和设置 style 对象的属性，例如：

```
element.style.color = "#ADD8E6";
```

4.2 对元素内容和值进行操作

对元素内容和值进行操作

jQuery 提供了对元素内容和值进行操作的方法。其中，元素值是元素的一种属性，大部分元素值都对应 value 属性。下面我们来对元素内容进行介绍。

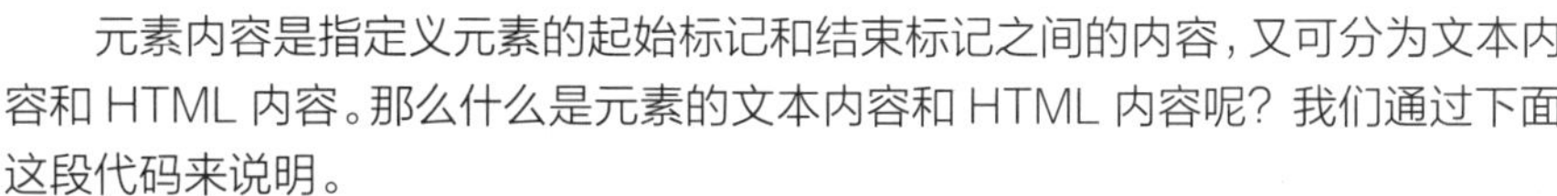

元素内容是指定义元素的起始标记和结束标记之间的内容，又可分为文本内容和 HTML 内容。那么什么是元素的文本内容和 HTML 内容呢？我们通过下面这段代码来说明。

```
<div>
    <p>测试内容</p>
</div>
```

在上述段代码中，<div>元素的文本内容就是“测试内容”，文本内容不包含元素的子元素，只包含元素的文本内容。而“<p>测试内容</p>”就是<div>元素的 HTML 内容，HTML 内容不仅包含元素的文本内容，还包含元素的子元素。

4.2.1 对元素内容进行操作

由于元素内容可分为文本内容和 HTML 内容，那么对元素内容进行操作也可以分为对文本内容进行操作和对 HTML 内容进行操作。下面我们分别进行详细介绍。

1. 用 text()方法对文本内容进行操作

jQuery 提供了 text()和 text(val)两个方法用于对文本内容进行操作，其中 text()用于获取全部匹配元素的文本内容，text(val)用于设置全部匹配元素的文本内容。例如，一个 HTML 页面包括下面 3 行代码：

```
<div>
   <span id="clock">当前时间：2023-09-09 星期六 13:20:10</span>
</div>
```

要获取<div>元素的文本内容，可以使用下面的代码：

```
$("div").text();
```

得到的结果为“当前时间：2023-09-09 星期六 13:20:10”。

> **说明** **使用 text()方法得到的结果是所有匹配元素包含的文本内容的组合，这个方法也对 XML（Extensible Markup Language，可扩展标记语言）文档有效，可以使用 text()方法解析 XML 文档中元素的文本内容。**

【例 4-1】 设置<div>元素的文本内容（实例位置：源码\第 4 单元\4-1）。

（1）创建一个名为 index.html 的文件，在该文件的<head>标记中使用下面的语句引入 jQuery 库。

```
<script type="text/javascript" src="../js/jquery-3.6.4.min.js"></script>
```

（2）在页面的<body>标记中添加一个<div>元素，令它的文本内容为空。代码如下：

```
<div></div>
```

（3）在引入 jQuery 库的代码下方编写 jQuery 代码，实现为<div>标记设置文本内容。具体代码如下：

```
<script type="text/javascript">
    $(document).ready(function(){
        $("div").text("我是通过 text()方法设置的文本内容");
    });
</script>
```

运行本实例，结果如图 4-1 所示。

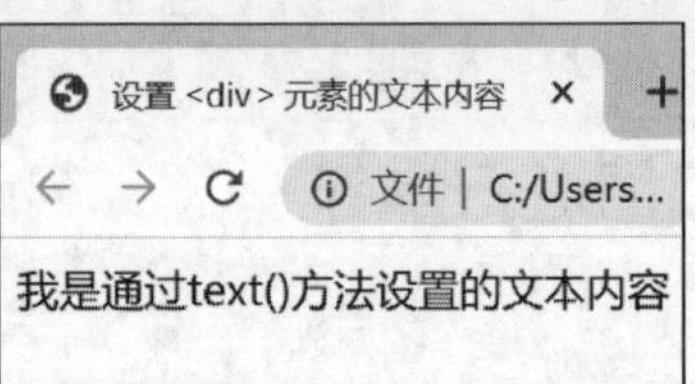

图 4-1　设置<div>元素的文本内容

> **注意**　**使用 text()方法重新设置<div>元素的文本内容后，<div>元素原来的文本内容将被重新设置的文本内容替换，包括 HTML 内容。例如，对下面的代码：**
>
> ```
> 当前时间: 2023-09-09 星期六 13:20:10
> ```
>
> **使用"$("div").text("我是通过 text()方法设置的文本内容");"重新设置文本内容后，该<div>标记的文本内容将被替换为：**
>
> ```
> 我是通过 text()方法设置的文本内容
> ```

2. 用 html()方法对 HTML 内容进行操作

jQuery 提供了 html()和 html(val)两个方法用于对 HTML 内容进行操作。其中 html()用于获取第 1 个匹配元素的 HTML 内容，html(val)用于设置全部匹配元素的 HTML 内容。例如，在一个 HTML 页面中，包括下面 3 行代码：

```
<div>
<span id="clock">当前时间: 2023-09-09 星期六 13:20:10</span>
</div>
```

要获取<div>元素的 HTML 内容，可以使用下面的代码：

```
alert($("div").html());
```

得到的结果如图 4-2 所示。

图 4-2　获取<div>元素的 HTML 内容

要重新设置<div>元素的 HTML 内容，可以使用下面的代码：

```
$("div").html("<span style='color:#FF0000'>我是通过 html()方法设置的 HTML 内容</span>");
```

这时，再使用"$("div").html();"获取<div>元素的 HTML 内容，将得到图 4-3 所示的结果。

图 4-3　重新设置 HTML 内容后获取到的结果

注意　**html()方法与 html(val)方法不能用于 XML 文档，但是可以用于 XHTML 文档。**

下面我们通过一个具体的实例说明对元素的文本内容与 HTML 内容进行操作的区别。

【例 4-2】 获取和设置元素的文本内容与 HTML 内容（实例位置：源码\第 4 单元\4-2）。

（1）创建一个名为 index.html 的文件，在该文件的<head>标记中使用下面的语句引入 jQuery 库。

```
<script type="text/javascript" src="../js/jquery-3.6.4.min.js"></script>
```

（2）在页面的<body>标记中添加两个<div>标记，这两个<div>标记除了 id 属性值不同外，其他均相同。关键代码如下：

```
应用 text()方法设置的内容
<div id="div1">
<span id="clock">当前时间：2023-09-09 星期六 13:20:10</span>
</div>
<br />应用 html()方法设置的内容
<div id="div2">
<span id="clock">当前时间：2023-09-09 星期六 13:20:10</span>
</div>
```

（3）在引入 jQuery 库的代码下方编写 jQuery 代码，实现为<div>标记设置文本内容和 HTML 内容，并获取设置后的文本内容和 HTML 内容。具体代码如下：

```
<script type="text/javascript">
    $(document).ready(function(){
        $("#div1").text("<span style='color:#FF0000'>我是通过 text()方法设置的HTML 内容</span>");
        $("#div2").html("<span style='color:#FF0000'>我是通过 html()方法设置的HTML 内容</span>");
        alert("通过 text()方法获取：\r\n"+$("div").text()+"\r\n 通过 html()方法获取：\r\n"+$("div").html());
    });
</script>
```

运行本实例，将显示图 4-4 所示的运行结果。从该运行结果中可以看出，在使用 text()设置文本内容时，即使文本内容中包含 HTML 代码，该代码也将作为普通文本内容，并不能作为 HTML 代码被浏览器解析，而使用 html()设置的 HTML 内容中所包含的 HTML 代码可以被浏览器解析。因此，文本内容"我是通过 html()方法设置的 HTML 内容"是红色的，而通过 text()方法设置的 HTML 内容则是按照原样显示的。

注意　**在使用 text()方法获取<div>元素的文本内容时，全部匹配元素中包含的文本内容都会被获取，即 id 属性值为 div1 和 div2 的元素的文本内容都会被获取。而在使用 html()方法获取<div>元素的 HTML 内容时，只获取第 1 个匹配元素的 HTML 内容，即获取 id 属性值为 div1 元素的 HTML 内容，并没有获取 id 属性值为 div2 元素的 HTML 内容。**

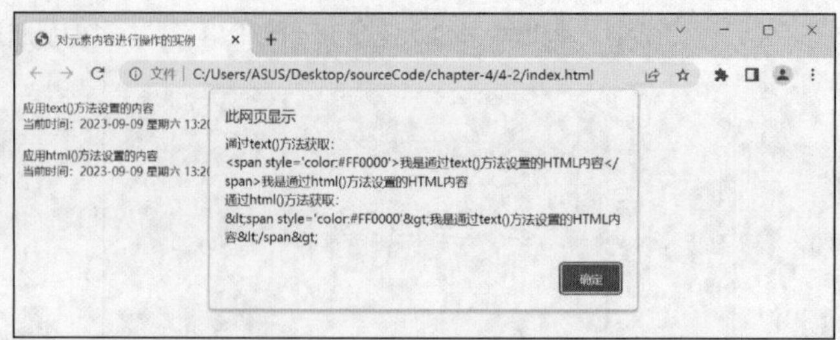

图 4-4　获取和设置元素的文本内容与 HTML 内容

4.2.2　对元素值进行操作

jQuery 提供了 3 种对元素值进行操作的方法，如表 4-1 所示。

表 4-1　对元素值进行操作的方法

方法	说明	示例
val()	用于获取第 1 个匹配元素的当前值，返回值可能是一个字符串，也可能是一个数组。例如，当匹配的<select>元素有两个选中值时，返回结果是一个数组	$("#username").val(); //获取 id 属性值为 username 的元素的值
val(val)	用于设置所有匹配元素的值	$("input:text").val("新值"); //为所有文本框设置值
val(arrVal)	用于为<check>、<select>和<radio>等元素设置值，参数为字符串数组	$("select").val(['列表项 1','列表项 2']); //为下拉列表框设置多选值

【例 4-3】设置并获取多行列表框的值（实例位置：源码\第 4 单元\4-3）。

（1）创建一个名为 index.html 的文件，在该文件的<head>标记中使用下面的语句引入 jQuery 库。

```
<script type="text/javascript" src="../js/jquery-3.6.4.min.js"></script>
```

（2）在页面的<body>标记中添加一个包含 3 个列表项的可多选的多行列表框，默认后两个列表项被选中。代码如下：

```
<select name="like" size="3" multiple="multiple" id="like">
  <option>列表项 1</option>
  <option selected="selected">列表项 2</option>
  <option selected="selected">列表项 3</option>
</select>
```

（3）在引入 jQuery 库的代码下方编写 jQuery 代码，应用 val()方法获取该多行列表框的值。具体代码如下：

```
<script type="text/javascript">
   $(document).ready(function(){
         $("select").val(['列表项 1','列表项 2']);
         alert($("select").val());
   });
</script>
```

运行本实例，将显示图 4-5 所示的效果。

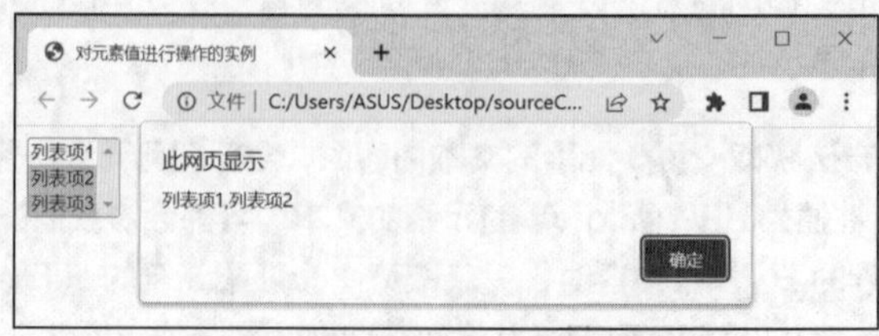

图 4-5　获取多行列表框的值

4.3 对 DOM 文档节点进行操作

对 DOM 文档节点进行操作

了解 JavaScript 的读者应该知道，通过 JavaScript 可以实现对 DOM 文档节点的操作，例如创建节点、查找节点、插入节点、删除节点、复制节点或者替换节点，不过这些操作比较复杂。jQuery 为了简化开发人员的工作，也提供了对 DOM 文档节点进行操作的方法，下面我们就来进行详细介绍。

4.3.1 创建节点

在 DOM 操作中，常常需要动态创建 HTML 内容，使文档在浏览器中的样式发生变化，从而达到各种交互目的。创建节点分为 3 种：创建元素节点、创建文本节点和创建属性节点。

1．创建元素节点

例如，要创建两个<p>元素节点，并且要把它们作为<div>元素节点的子节点添加到 DOM 树上，元素节点如下所示：

```
<div>
    <p></p>
    <p></p>
</div>
```

完成这个任务需要如下两个步骤。

（1）创建两个新的<p>元素节点。

（2）将这两个新元素节点插入文档中。

第（1）步可以使用 jQuery 的工厂函数$()来完成，格式如下：

```
$(html)
```

$(html)方法可以根据传入的 HTML 标记字符串创建一个 DOM 对象，并且将这个 DOM 对象包装成一个 jQuery 对象后返回。

首先，创建两个<p>元素节点，jQuery 代码如下：

```
var $p_1 = $("<p></p>");  // 创建第 1 个<p>元素
var $p_2 = $("<p></p>");  // 创建第 2 个<p>元素，文本内容为空
```

然后将这两个新的元素节点插入文档中，可以使用 jQuery 中的 append()方法（将在 4.3.3 小节中介绍）等。

具体的 jQuery 代码如下：

```
$("div").append($p_1);    // 将第 1 个<p>元素添加到<div>中，使它能在页面中显示
$("div").append($p_2);    // 也可以采用链式写法：$("div").append($p_1).append($p_2);
```

运行代码后，新创建的<p>元素节点将被添加到页面当中。

2．创建文本节点

两个<p>元素节点已经创建完毕并插入文档中了，此时需要为它们添加文本内容。代码结构如下所示：

```
<div>
    <p>莫凡魔方科技</p>
    <p>莫凡图书</p>
</div>
```

具体的 jQuery 代码如下：

```
var $p_1 = $("<p>莫凡魔方科技</p>");  // 创建第 1 个<p>元素，包含元素节点和文本节点，文
                                      本节点为“莫凡魔方科技”
var $p_2 = $("<p>莫凡图书</p>");      // 创建第 2 个<p>元素，包含元素节点和文本节点，文
                                      本节点为“莫凡图书”
$("div").append($p_1);            // 将第 1 个<p>元素添加到<div>中，使它能在页面中显示
$("div").append($p_2);            // 将第 2 个<p>元素添加到<div>中，使它能在页面中显示
```

创建文本节点就是在创建元素节点时直接把文本内容写出来，然后使用 append()等方法将它们添加到文档中。运行代码后，新创建的<p>元素将被添加到页面中，如图 4-6 所示。

图 4-6　创建文本节点

3．创建属性节点

创建属性节点与创建文本节点类似，也是直接在创建元素节点时创建。代码结构如下所示：

```
<div>
    <p title='莫凡魔方科技'>莫凡魔方科技</p>
    <p title='莫凡图书'>莫凡图书</p>
</div>
```

具体 jQuery 代码如下：

```
var $p_1 = $("<p title='莫凡魔方科技'>莫凡魔方科技</p>");      // 创建第 1 个<p>元素，
包含元素节点、文本节点和属性节点，其中“title='莫凡魔方科技'”就是属性节点
var $p_2 = $("<p title='莫凡图书'>莫凡图书</p>");      // 创建第 2 个<p>元素，包含元素
节点、文本节点和属性节点，其中“title='莫凡图书'”就是属性节点
$("div").append($p_1);        // 将第 1 个<p>元素添加到<div>元素中，使它能在页面中显示
$("div").append($p_2);        // 将第 2 个<p>元素添加到<div>元素中，使它能在页面中显示
```

运行以上代码，将鼠标指针移至文字“莫凡魔方科技”上，可以看到 title 信息，效果如图 4-7 所示。

图 4-7　创建属性节点

4.3.2　查找节点

通过 jQuery 选择器，我们可以轻松实现查找页面中的任何节点。关于 jQuery 选择器，我们已经在第 3 单元中进行了详细介绍，读者可以参考“第 3 单元　使用 jQuery 选择器”实现查找节点。

4.3.3　插入节点

在创建节点时，我们使用了 append()方法将定义的节点内容插入指定的元素。实际上，该方法是用于插入节点的方法。除了 append()方法外，jQuery 还提供了其他插入节点的方法。在 jQuery 中，插入节点可以分为在元素内部插入和在元素外部插入两种，下面我们分别对其进行介绍。

1．在元素内部插入

在元素内部插入就是向一个元素中添加子元素和内容。jQuery 提供了表 4-2 所示的在元素内部插入的方法。

表 4-2　在元素内部插入的方法

方法	说明	示例
append(content)	为所有匹配的元素的内部追加内容	<p id="B">编程词典</p> $("#B").append("<p>A</p>");　//为 id 属性值为 B 的元素内部追加一个段落 结果：<p id="B">编程词典<p>A</p></p>
appendTo(content)	将所有匹配的元素追加到另一个元素的元素集中	<p id="B">编程词典</p> <p id="A">莫凡图书</p> $("#B").appendTo("#A");　//将 id 属性值为 B 的元素追加到 id 属性值为 A 的元素后面，也就是将 id 属性值为 B 的元素移动到 id 属性值为 A 的元素后面 结果：<p id="A">莫凡图书<p id="B">编程词典</p></p>
prepend(content)	为所有匹配的元素的内部前置内容	<p id="B">编程词典</p> $("#B").prepend("<p>A</p>");　//为 id 属性值为 B 的元素内部前置一个段落 结果：<p id="B"><p>A</p>编程词典</p>
prependTo(content)	将所有匹配的元素前置到另一个元素的元素集中	<p id="A">莫凡图书</p> <p id="B">编程词典</p> $("#B").prependTo("#A");　//将 id 属性值为 B 的元素添加到 id 属性值为 A 的元素前面，也就是将 id 属性值为 B 的元素移动到 id 属性值为 A 的元素前面 结果：<p id="A"><p id="B">编程词典</p>莫凡图书</p>

从表 4-2 中可以看出 append()方法与 prepend()方法类似，不同的是 prepend()方法将添加的内容插入原有内容的前面。

appendTo()实际上是颠倒了 append()方法，如下面这行代码：

```
$("<p>A</p>").appendTo("#B");        //将指定内容添加到 id 属性值为 B 的元素中
```

等同于：

```
$("#B").append("<p>A</p>");          //将指定内容添加到 id 属性值为 B 的元素中
```

不过，append()方法并不能移动页面中的元素，而 appendTo()方法是可以的，如下面这行代码：

```
$("#B").appendTo("#A");              //移动 id 属性值为 B 的元素到 id 属性值为 A 的元素后面
```

append()方法是无法实现该功能的，读者需注意两者的区别。

说明　**prepend()方法是在所有匹配元素内部的开始处插入内容的最佳方法。prepend()方法与 prependTo()的区别同 append()方法与 appendTo()方法的区别。**

【例 4-4】向<div>元素内部插入节点（实例位置：源码\第 4 单元\4-4）。

（1）创建一个名为 index.html 的文件，在该文件的<head>标记中使用下面的语句引入 jQuery 库。

```
<script type="text/javascript" src="../js/jquery-3.6.4.min.js"></script>
```

（2）在页面的<body>标记中添加一个空的<div>元素，代码如下：

```
<div></div>
```

（3）在引入 jQuery 库的代码下方编写 jQuery 代码，创建两个<p>节点，分别使用 append()和 appendTo()方法将这两个<p>节点插入<div>元素中。具体代码如下：

```
$(document).ready(function(){
        var $p_1 = $("<p>莫凡图书</p>");              // 创建第 1 个<p>元素
        var $p_2 = $("<p>jQuery 开发基础教程</p>"); // 创建第 2 个<p>元素，文本内容为空
```

```
        $div = $("div");                              // 获取<div>元素对象
        $div.append($p_1);                            // 将第 1 个<p>元素插入<div>元素中
        $p_2.appendTo($div);                          // 将第 2 个<p>元素插入<div>元素中

    });
```

运行本实例，将显示图 4-8 所示的效果。

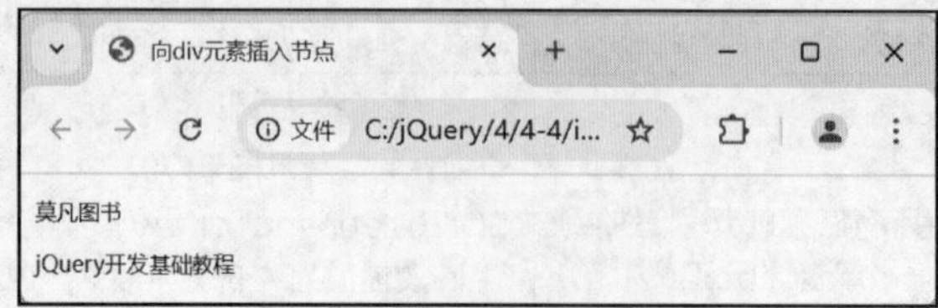

图 4-8　向元素内部插入节点

2. 在元素外部插入

在元素外部插入就是将要添加的内容插入元素之前或元素之后。jQuery 提供了表 4-3 所示的在元素外部插入的方法。

表 4-3　在元素外部插入的方法

方法	说明	示例
after(content)	在每个匹配的元素之后插入内容	<p id="B">编程词典</p> $("#B").after("<p>A</p>");　//在 id 属性值为 B 的元素之后插入一个段落 结果：　<p id="B">编程词典</p><p>A</p>
insertAfter(content)	将所有匹配的元素插入到另一个指定元素的元素集后面	<p id="B">编程词典</p> $("<p>test</p>").insertAfter("#B");　//将要添加的段落插入 id 属性值为 B 的元素后面 结果：　<p id="B">编程词典</p><p>test</p>
before(content)	在每个匹配的元素之前插入内容	<p id="B">编程词典</p> $("#B"). before ("<p>A</p>");　//在 id 属性值为 B 的元素之前插入一个段落 结果：<p>A</p> <p id="B">编程词典</p>
insertBefore(content)	将所有匹配的元素插入到另一个指定元素的元素集前面	<p id="A">莫凡图书</p> <p id="B">编程词典</p> $("#B").insertBefore("#A");　//将 id 属性值为 B 的元素插入到 id 属性值为 A 的元素前面，也就是将 id 属性值为 B 的元素移动到 id 属性值为 A 的元素前面 结果：<p id="B">编程词典</p><p id="A">莫凡图书</p>

4.3.4　删除、复制与替换节点

在页面中只执行创建、查找与插入节点的操作是远远不够的，在实际开发的过程中还经常需要删除、复制与替换相应的节点。下面介绍如何使用 jQuery 实现删除、复制与替换节点。

1. 删除节点

jQuery 提供了 3 种删除节点的方法，分别是 remove()、detach()和 empty()方法。

- remove()方法。

remove()方法用于从 DOM 中删除所有匹配的元素，传入的参数用于根据 jQuery 表达式来匹配元素。

当使用 remove()方法删除某个节点之后，该节点所包含的所有子节点将同时被删除。remove()方法的返回值是一个指向已被删除节点的引用，以后也可以继续使用这些元素。例如下面的代码：

```
var $p_2 = $("div p:eq(1)").remove(); // 获取第 2 个<p>节点后，将它从页面中删除
$("div").append($p_2);                 // 把删除的节点重新添加到<div>中
```

【例 4-5】使用 remove()方法删除节点（实例位置：源码\第 4 单元\4-5）。

（1）创建一个名为 index.html 的文件，在该文件的<head>标记中使用下面的语句引入 jQuery 库。

```
<script type="text/javascript" src="../js/jquery-3.6.4.min.js"></script>
```

（2）在页面的<body>标记中添加一个<div>元素，在<div>元素下创建两个<p>节点，并且为<p>节点赋予属性 title。具体代码如下：

```
<div>
    <p title="莫凡魔方科技">莫凡魔方科技</p>
    <p title="莫凡图书">莫凡图书</p>
</div>
```

（3）在引入 jQuery 库的代码下方编写 jQuery 代码，删除<div>元素下的第 2 个<p>节点。具体代码如下：

```
$(document).ready(function(){
    $("div p").remove("p[title != 莫凡魔方科技]");
    // 删除<p>元素中 title 属性值不等于"莫凡魔方科技"的元素
});
```

运行本实例，将显示图 4-9 所示的效果。

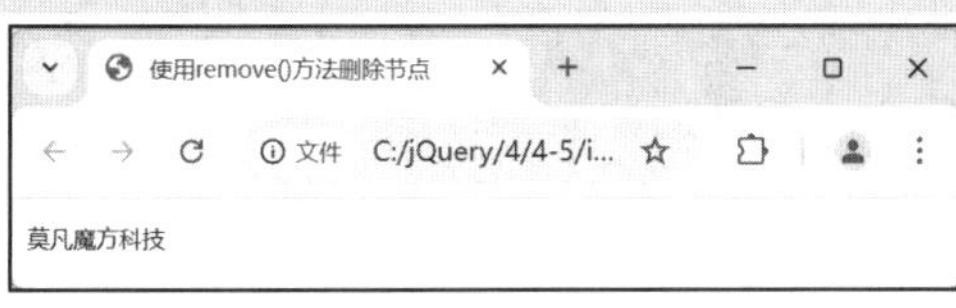

图 4-9 删除节点

- detach()方法。

detach()方法和 remove()方法一样，也用于删除 DOM 中匹配的元素。需要注意的是，detach()方法不会把匹配的元素从 jQuery 对象中删除，因此在将来仍然可以使用这些匹配的元素。与 remove()不同的是，detach()会保留所有绑定的事件或附加的数据。

例如下面的实例：

```
$("div p").click(function(){
        alert($(this).text());
        });
    var $p_2 = $("div p:eq(1)").detach();  // 删除元素
    $p_2.appendTo("div");
```

由此可以看出，使用 detach()方法删除元素之后，再执行$p_2.appendTo("div");，重新追加此元素，之前绑定的事件还在。而如果使用 remove()方法删除元素，再重新追加此元素，之前绑定的事件将失效。

【例 4-6】使用 detach()方法删除节点（实例位置：源码\第 4 单元\4-6）。

使用 detach()方法将例 4-5 中页面<div>元素下的第 2 个<p>元素删除。具体代码如下：

```
var $p_2 = $("div p:eq(1)").detach();  // 删除元素
```

之后再使用 appendTo()方法将已删除的<p>节点添加到<div>元素中。具体代码如下：

```
$p_2.appendTo("div");
```

运行本实例可以看到，该元素又显示在页面中，页面运行效果如图 4-10 所示。

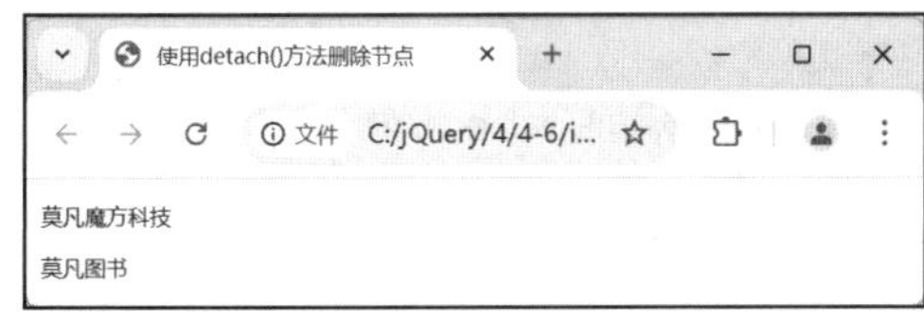

图 4-10 使用 detach()方法删除节点

- empty()方法。

严格地说，empty()方法并不会删除元素节点，而是将节点清空，该方法可以清空元素中所有的子节点。具体 jQuery 代码如下：

```
$("div p:eq(1)").empty();  // 获取第 2 个<p>元素后，清空该元素中的内容
```

运行此代码后，第 2 个<p>元素中的内容被清空，但第 2 个<p>元素，即<p title="莫凡图

书"></p>还在。

2. 复制节点

jQuery 提供了 clone()方法用于复制节点，该方法有两种形式：一种是不带参数的形式，用于复制匹配的 DOM 元素并且选中这些复制的副本。另一种是带有一个布尔型参数的形式，当参数为 true 时，表示复制匹配的 DOM 元素及其所有的事件处理并且选中这些复制的副本；当参数为 false 时，表示不复制元素的事件处理。

【例 4-7】复制节点（实例位置：源码\第 4 单元\4-7）。

（1）创建一个名为 index.html 的文件，在该文件的<head>标记中使用下面的语句引入 jQuery 库。

```
<script type="text/javascript" src="../js/jquery-3.6.4.min.js"></script>
```

（2）在页面的<body>标记中添加一个<div>元素，在<div>元素下创建两个<p>节点，并且为<p>节点赋予属性 title。具体代码如下：

```
<div>
<p title="莫凡魔方科技">莫凡魔方科技</p>
<p title="莫凡图书">莫凡图书</p>
</div>
```

（3）在引入 jQuery 库的代码下方编写 jQuery 代码，删除<div>元素下的第二个<p>节点。具体代码如下：

```
<script type="text/javascript">
    $(function() {
        $("div p:eq(1)").bind("click",function() {   //为按钮绑定 click 事件
            $(this).clone().insertAfter(this);       //复制自己但不复制事件处理
        });
    });
</script>
```

运行本实例，多次单击"莫凡图书"可以显示图 4-11 所示的效果。

图 4-11 所示的效果，是一直单击第 1 个"莫凡图书"所在的<p>元素产生的。如果单击其他"莫凡图书"所在的<p>元素，是不能产生此效果的，因为没有复制元素的事件处理。如果需要同时复制元素的事件处理，可以给 clone()方法传递 true 参数，即 clone(true)。

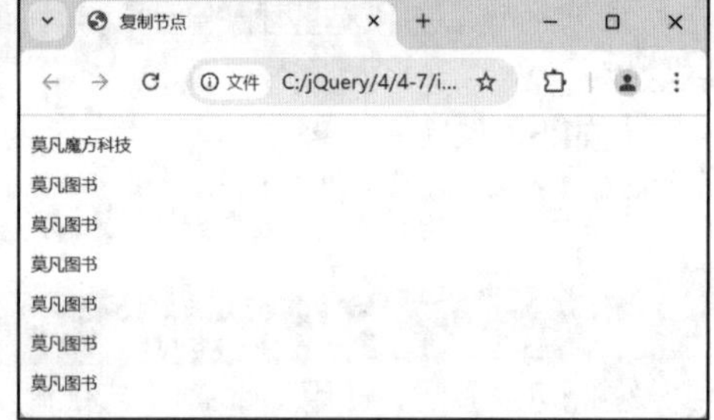

图 4-11 复制节点

3. 替换节点

jQuery 提供了两个替换节点的方法，分别是 replaceAll(selector)和 replaceWith(content)。其中，replaceAll(selector)方法用于使用匹配的元素替换所有 selector 匹配的元素；replaceWith (content)方法用于将所有匹配的元素替换成指定的 HTML 或 DOM 元素。这两种方法的功能相同，只是表现形式不同。

【例 4-8】替换节点（实例位置：源码\第 4 单元\4-8）。

（1）创建一个名为 index.html 的文件，在该文件的<head>标记中使用如下语句引入 jQuery 库。

```
<script type="text/javascript" src="../js/jquery-3.6.4.min.js"></script>
```

（2）在页面的<body>标记中添加两个指定 id 属性值的<div>元素。具体代码如下：

```
div1:
<div id="div1"></div>
div2:
<div id="div2"></div>
```

（3）在引入 jQuery 库的代码下方编写 jQuery 代码，分别使用 replaceWith()方法和 replaceAll()方法替换指定<div>元素的内容。具体代码如下：

```
<script type="text/javascript">
    $(document).ready(function() {
```

```
        //替换 id 属性值为 div1 的<div>元素
        $("#div1").replaceWith("<div>replaceWith()方法的替换结果</div>");
        //替换 id 属性值为 div2 的<div>元素
        $("<div>replaceAll()方法的替换结果</div>").replaceAll("#div2");
});
</script>
```

运行本实例，可以看到图 4-12 所示的效果。

图 4-12　替换节点

4.3.5　包裹节点

DOM 文档为包裹节点提供了 4 个方法：wrap()、unwrap()、wrapAll()、wrapInner()，如表 4-4 所示。

表 4-4　包裹节点的方法

方法	说明	示例
wrap(html|element|fn)	将所有匹配的元素用其他元素的结构化标记包裹起来	$("p").wrap("<div class='wrap'></div>"); //将所有的段落用一个新创建的<div>包裹起来
unwrap()	移出元素的父元素	$("p").unwrap(); //移出段落元素<p>的父元素
wrapAll(html|ele)	将所有匹配的元素用单个元素包裹起来	$("p").wrapAll("<div></div>"); //用一个新创建的<div>将所有段落包裹起来
wrapInner(html|element|fn)	将每一个匹配的元素的子内容（包括文本节点）用一个 HTML 结构包裹起来	$("p").wrapInner("<b></b>"); //将所有段落内的每一个子内容加粗

（1）wrap(html|element|fn)将所有匹配的元素用其他元素的结构化标记包裹起来。下面我们将 class 属性值为 first 的节点包裹在 class 属性值为 father 的节点中，实例代码如下所示：

```
<html xmlns="http://www.w3.org/1999/xhtml">
<head>
<meta http-equiv="Content-Type" content="text/html; charset=utf-8" />
<title>使用 wrap()将所有匹配的元素用其他元素的结构化标记包裹起来</title>
<style>
body{
     font-size:12px;
}
</style>
<script type="text/javascript" src="../js/jquery-3.6.4.min.js"></script>
<script type="text/javascript">
     $(function() {
          $('.first').wrap(function() {
            return '<div class="father" style="color:red"></div>';
          });
     })
```

```
</script>
</head>
<body>
<div class="container">
  <div class="first">第一个</div>
  <div class="second">第二个</div>
</div>
</body>
</html>
```

运行本实例，结果如图 4-13 所示。

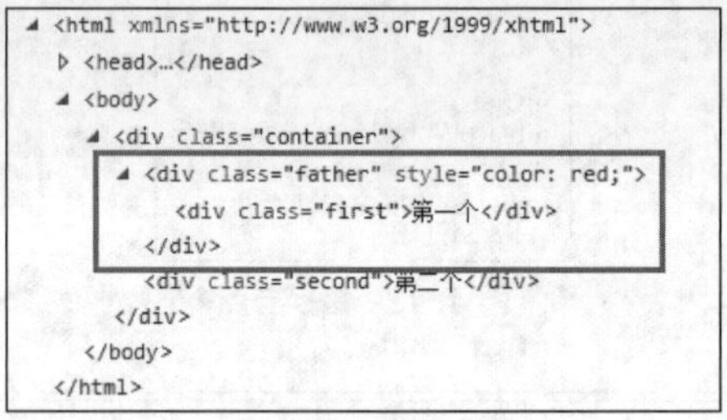

```
◢ <html xmlns="http://www.w3.org/1999/xhtml">
  ▷ <head>…</head>
  ◢ <body>
    ◢ <div class="container">
      ◢ <div class="father" style="color: red;">
          <div class="first">第一个</div>
        </div>
        <div class="second">第二个</div>
      </div>
    </body>
  </html>
```

图 4-13　包裹节点 1

（2）unwrap()方法移出元素的父元素。下面我们将段落元素<p>从<div>中移出，实例代码如下所示：

```
<html xmlns="http://www.w3.org/1999/xhtml">
<head>
<meta http-equiv="Content-Type" content="text/html; charset=utf-8" />
<title>使用 unwrap()移出元素的父元素</title>
<style>
body{
    font-size:12px;
}
</style>
<script type="text/javascript" src="../js/jquery-3.6.4.min.js"></script>
<script type="text/javascript">
     $(function() {
          $("p").unwrap();
     })
</script>
</head>
<body>
<div class="container">
  <p>第一段</p>
  <p>第二段</p>
  <p>第三段</p>
</div>
</body>
</html>
```

运行本实例，结果如图 4-14 所示。

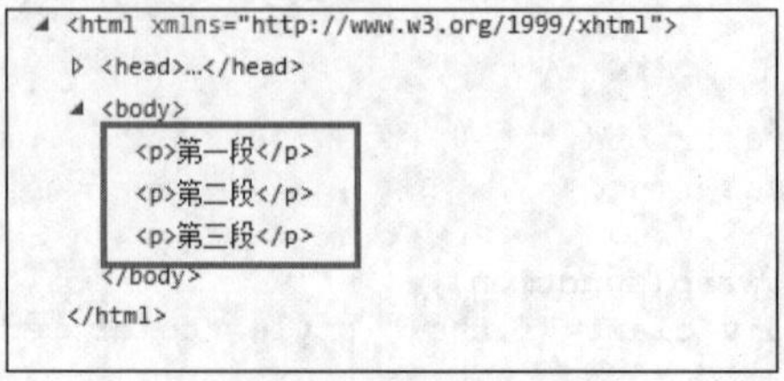

```
◢ <html xmlns="http://www.w3.org/1999/xhtml">
  ▷ <head>…</head>
  ◢ <body>
      <p>第一段</p>
      <p>第二段</p>
      <p>第三段</p>
    </body>
  </html>
```

图 4-14　包裹节点 2

（3）wrapAll(html|ele)将所有匹配的元素用单个元素包裹起来。下面我们将 3 个段落元素<p>包裹在一个<div>元素中，实例代码如下所示：

```
<html xmlns="http://www.w3.org/1999/xhtml">
<head>
<meta http-equiv="Content-Type" content="text/html; charset=utf-8" />
<title>使用 wrapAll()将所有匹配的元素用单个元素包裹起来</title>
<style>
body{
     font-size:12px;
}
</style>
<script type="text/javascript" src="../js/jquery-3.6.4.min.js"></script>
<script type="text/javascript">
     $(function() {
            $("p").wrapAll("<div></div>");
     })
</script>
</head>
<body>
<div class="container">
  <p>第一段</p>
  <p>第二段</p>
  <p>第三段</p>
</div>
</body>
</html>
```

运行本实例，结果如图 4-15 所示。

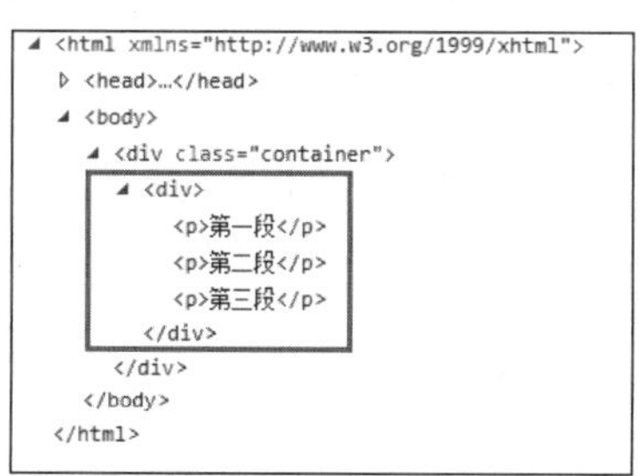

图 4-15 包裹节点 3

（4）wrapInner(html|element|fn) 将每一个匹配的元素的子内容（包括文本节点）用一个 HTML 结构包裹起来。下面我们将 class 属性值为 child 的节点包裹在 class 属性值为 first 节点中，实例代码如下所示：

```
<html xmlns="http://www.w3.org/1999/xhtml">
<head>
<meta http-equiv="Content-Type" content="text/html; charset=utf-8" />
<title>使用 wrapInner() 将每一个匹配的元素的子内容（包括文本节点）用一个 HTML 结构包裹起来
</title>
<style>
body{
     font-size:12px;
}
</style>
<script type="text/javascript" src="../js/jquery-3.6.4.min.js"></script>
<script type="text/javascript">
     $(function() {
            $('.first').wrapInner(function() {
               return '<div class="child" style="color:red"></div>';
```

```
            });
        })
</script>
</head>
<body>
<div class="container">
  <div class="first">第一个</div>
  <div class="second">第二个</div>
</div>
</body>
</html>
```

运行本实例后，网页源码结果如图 4-16 所示。

```
◢ <html xmlns="http://www.w3.org/1999/xhtml">
  ▷ <head>…</head>
  ◢ <body>
    ◢ <div class="container">
      ◢ <div class="first">
          <div class="child" style="color: red;">第一个</div>
        </div>
        <div class="second">第二个</div>
      </div>
    </body>
</html>
```

图 4-16　包裹节点 4

4.3.6　遍历节点

在操作 DOM 元素时，有时需要对同一标记的全部元素进行统一的操作。在传统 JavaScript 中，遍历节点首先获取元素的总长度，之后通过 for 循环语句来访问其中的某个元素，书写的代码较多，相对比较复杂。在 jQuery 中，可以直接使用 each()方法来遍历元素，它的语法格式为：

```
each(callback)
```

callback()是一个函数，该函数可以接收一个形参 index，这个形参是遍历元素的序号，序号从 0 开始。如果要访问元素属性，可以借助形参 index 配合 this 关键字来实现对元素属性的设置或获取。

【例 4-9】使用 each()方法遍历元素<img>（实例位置：源码\第 4 单元\4-9）。

（1）创建一个名为 index.html 的文件，在该文件的<head>标记中使用下面的语句引入 jQuery 库。

```
<script type="text/javascript" src="../js/jquery-3.6.4.min.js"></script>
```

（2）在页面的<body>标记中，使用<img>标记添加 5 张图片，代码如下：

```
<img height=60 src="images/01.jpg" width=80 />
<img height=60 src="images/02.jpg" width=80 />
<img height=60 src="images/03.jpg" width=80 />
<img height=60 src="images/04.jpg" width=80 />
<img height=60 src="images/05.jpg" width=80 />
```

（3）在引入 jQuery 库的代码下方编写 jQuery 代码，使用 each()方法遍历<img>元素，给每个<img>元素添加一个 title 属性，即鼠标指针移动到图片上时显示提示信息。具体代码如下：

```
$("img").each(function(index){
      $(this).attr("title","第"+(index+1)+"张图片");
})
```

运行本实例，将显示图 4-17 所示的效果。

图 4-17　使用 each()方法遍历元素<img>

4.4 对元素属性进行操作

对元素属性进行操作

jQuery 提供了表 4-5 所示的对元素属性进行操作的方法。

表 4-5 对元素属性进行操作的方法

方法	说明	示例
attr(name)	获取匹配的第 1 个元素的属性值（无属性值时返回 undefined）	$("img").attr('src'); //获取页面中第 1 个<img>元素的 src 属性值
attr(key,value)	第一个参数是属性名，第二个参数是属性值，为所有匹配的元素设置一个属性值（value 是设置的值）	$("img").attr("title","草莓正在生长"); //为图片设置一个标题属性，属性值为“草莓正在生长”

attr(key,fn)	第一个参数是属性名，第二个参数是函数，为所有匹配的元素设置一个函数返回的属性值（fn 代表函数）	//将元素的名称设置为函数返回的属性值
		$("#fn").attr("value", function() {
		return this.name ; //返回元素的名称
		});

attr(properties)	为所有匹配的元素以集合（{名:值,名:值}）形式同时设置多个属性	$("img").attr({src:"test.gif",title:"图片示例"}); //为图片同时设置两个属性，分别是 src 属性和 title 属性
removeAttr(name)	为所有匹配的元素移除一个属性	$("img"). removeAttr("title"); //移除所有图片的 title 属性
prop(name|properties|key,value|fn)	获取在匹配的元素集中的第 1 个元素的属性值	$("input[type='checkbox']").prop("checked"); //选中复选框为 true，没选中为 false

removeProp(name)	删除由.prop()方法设置的属性集	var $para = $("p");
		$para.prop("luggageCode", 1234);
		$para.removeProp("luggageCode"); //设置一个段落数字属性集，然后将其删除

在表 4-5 所列的这些方法中，key 参数和 name 参数都代表元素的属性名称，properties 参数代表一个集合。

4.5 对元素的 CSS 样式进行操作

对元素的 CSS 样式进行操作

在 jQuery 中，对元素的 CSS 样式进行操作可以通过修改 CSS 类或者 CSS 属性来实现。下面我们对这两种实现方式进行详细介绍。

4.5.1 通过修改 CSS 类实现

在网页中，如果想改变一个元素的整体效果，例如在实现网站换肤时，就可以通过修改该元素所使用的 CSS 类来实现。jQuery 中提供了表 4-6 所示的 4 种修改 CSS 类的方法。

表 4-6 修改 CSS 类的方法

方法	说明	示例
addClass(class)	为所有匹配的元素添加指定的 CSS 类	$("div").addClass("blue line"); //为所有<div>元素添加 blue 和 line 两个 CSS 类

续表

方法	说明	示例
removeClass(class)	从所有匹配的元素中删除全部或者指定的 CSS 类	$("div").removeClass("line"); //删除所有<div>元素中的 line CSS 类
toggleClass(class)	如果匹配的元素中存在（不存在）指定的 CSS 类就删除（添加）该 CSS 类	$("div").toggleClass("yellow"); //如果匹配的<div>元素中存在 yellow CSS 类，则删除该 CSS 类，否则添加该 CSS 类

toggleClass(class,switch)	如果 switch 参数为 true 则添加对应的 CSS 类，否则删除对应的 CSS 类。通常 switch 参数为一个布尔型的变量	$("img").toggleClass("show",true); //为<img>元素添加 CSS 类 show
		$("img").toggleClass("show",false); //为<img>元素删除 CSS 类 show

说明 **在使用 addClass()方法添加 CSS 类时，并不会删除现有的 CSS 类。在使用表 4-6 所列的方法时，其中的 class 参数都可以设置多个类名，类名之间用空格分隔。**

4.5.2 通过修改 CSS 属性实现

如果需要获取或修改某个元素的具体样式，jQuery 也提供了相应的方法，如表 4-7 所示。

表 4-7 获取或修改 CSS 属性的方法

方法	说明	示例
css(name)	获取第 1 个匹配元素的样式属性值	$("div").css("color"); //获取第 1 个匹配的<div>元素的 color 属性值
css(name,value)	为所有匹配元素的指定样式设置值	$("img").css("border","1px solid #000000"); //为所有<img>元素设置边框样式

css(properties)	以{属性名称：属性值,属性名称：属性值,…}的形式为所有匹配的元素设置样式属性	$("tr").css({
		"background-color":"#0A65F3",
		//设置背景颜色
		"font-size":"14px", //设置字号大小
		"color":"#FFFFFF" //设置字体颜色
		});

4.5.3 判断是否包含指定样式

检查当前元素是否包含某个指定样式，如果包含则返回 true。使用 hasClass()方法来判断是否包含指定样式。

语法格式如下所示：

```
$(selector).hasClass(class);
```

实例代码如下所示：

```
<div class="tab"></div>

$("div").click(function(){
  if ( $(this).hasClass("tab") ){
       alert("包含样式 tab");
  }
});
```

4.6 项目实战：实现我的开心小农场

项目实战：实现我的开心小农场

通过 jQuery，我们可以很方便地对 DOM 节点进行操作，下面我们就通过“我的开心小农场”项目来说明通过 jQuery 操作 DOM 节点的具体应用。本项目的需求主要有以下两点。

（1）在页面中添加农场图片，当单击“播种”“生长”“开花”“结果”按钮时，在页面中显示相应效果。

（2）在 IE 6 之前版本的浏览器中，PNG 格式的图片有背景，将其处理为透明效果。

运行本项目，将显示图 4-18 所示的效果；单击“播种”按钮，将显示图 4-19 所示的效果；单击“生长”按钮，将显示图 4-20 所示的效果；单击“开花”按钮，将显示图 4-21 所示的效果；单击“结果”按钮，将显示一株结满果实的草莓秧。

图 4-18　页面的默认运行效果

图 4-19　单击“播种”按钮的效果

图 4-20　单击“生长”按钮的效果

图 4-21　单击“开花”按钮的效果

项目开发步骤如下（实例位置：源码\第 4 单元\4-10）。

（1）创建一个名为 index.html 的文件，在该文件的<head>标记中使用下面的代码解决 PNG 格式图片背景不透明的问题。

```
<!-- 使用 jQuery 解决 PNG 格式图片背景不透明的问题 -->
<script src="../js/jquery-3.6.4.min.js"></script>
<script src="../js/jquery.pngFix.js"></script>
<script src="../js/jquery.pngFix.pack.js"></script>
<script type="text/javascript">
    $(document).ready(function(){
        $("#bg").pngFix();
    });
</script>
```

（2）在页面的<body>标记中，添加一个显示农场背景的<div>标记，并且在该标记中添加 4 个<span>标记，用于设置控制按钮。代码如下：

```
<div id="bg">
    <span id="seed"></span>
    <span id="grow"></span>
    <span id="bloom"></span>
```

```
    <span id="fruit"></span>
</div>
```

（3）编写 CSS 代码，控制农场背景、控制按钮和图片的样式，具体代码参见源码。

（4）编写 jQuery 代码，分别为“播种”“生长”“开花”“结果”按钮绑定 click 事件，并在其 click 事件中使用操作 DOM 节点的方法控制作物的生长。具体代码如下：

```
<script type="text/javascript">
    $(document).ready(function(){
        $("#seed").bind("click",function(){        //绑定“播种”按钮的 click 事件
        $("#temp").remove();                       //移除<img>元素
        $("#bg").prepend("<span id='temp'><img src='images/seed.png' /></span>");
        });
        $("#grow").bind("click",function(){        //绑定“生长”按钮的 click 事件
        $("#temp").remove();                       //移除<img>元素
        $("#bg").append("<span id='temp'><img src='images/grow.png' /></span>");
        });
        $("#bloom").bind("click",function(){       //绑定“开花”按钮的 click 事件
$("#temp").replaceWith("<span id='temp'><img src='images/bloom.png' /></span>");
        });
        $("#fruit").bind("click",function(){       //绑定“结果”按钮的 click 事件
    $("<span id='temp'><img src='images/fruit.png' /></span>").replaceAll("#temp");
        });
$("#seed,#grow,#bloom,#fruit").bind("click",function(){   //为多个按钮绑定 click 事件
            $("#temp").pngFix();        //控制 IE6 中 PNG 格式图片背景透明
            $("#temp").css({"position":"absolute","top":"85px","left":"195"});
        });
    });
</script>
```

4.7 小结

（1）DOM 操作分为 DOM Core、HTML-DOM 和 CSS-DOM。

（2）创建节点分为创建元素节点、创建文本节点和创建属性节点。

（3）在 jQuery 中，插入节点可以分为在元素内部插入和在元素外部插入两种。

（4）jQuery 提供了 3 种删除节点的方法，分别是 empty()、remove()和 detach()方法。

（5）jQuery 提供了 4 种包裹节点相关的方法，分别是 wrap()、unwrap()、wrapAll()、wrapInner()方法。

（6）在 jQuery 中，可以直接使用 each()方法来遍历元素。

（7）对元素属性进行操作主要使用 attr()、removeAttr()、prop()、removeProp()方法。

（8）修改 CSS 类使用的方法有 addClass()、removeClass()、toggleClass()。

（9）获取或修改 CSS 属性使用的方法为 css()方法。

4.8 习题

1. 选择题

（1）下列（　　）不是 DOM 操作的分类之一。

A. DOM Core　　B. CSS3-DOM　　C. HTML-DOM　　D. CSS-DOM

（2）下列关于 jQuery 对元素内容和值进行操作的说法有误的是（　　）。

A. text()和 text(val)用于对文本内容进行操作

B. text(val)用于设置全部匹配元素的文本内容

C. html()用于获取所有匹配元素的 HTML 内容

D. val()用于获取第 1 个匹配元素的当前值

（3）下列关于 jQuery 对元素的 CSS 样式进行操作的说法有误的是（　　）。

A. addClass(class)为第 1 个匹配元素添加 CSS 类

B. removeClass(class)移除所有 CSS 类

C. toggleClass(class)为存在 CSS 类的元素删除 CSS 类

D. hasClass(class)判断是否包含指定样式

2. 填空题

（1）DOM 是____________，W3C DOM 规范为文档提供了一种结构化表示方法，通过该方法可以改变文档的内容和展示形式。

（2）jQuery 在元素内部插入的方法包括____________、____________、____________、____________。

（3）jQuery 对元素属性进行操作的方法主要包括____________、____________、____________、____________。

3. 简答题

（1）说明使用 jQuery 对 HTML 内容进行操作的主要步骤。

（2）简述创建 DOM 节点的过程。

（3）append()方法和 appendTo()方法的区别有哪些?

（4）描述删除 DOM 节点的几种方法以及具体如何实现。

（5）如何修改一个特定元素的 CSS 样式?

第5单元 jQuery中的事件处理和动画效果

05

情景引入

假设我们在创建一个在线教育平台，希望为学生提供互动式的学习体验，并让他们对学习内容产生更大的兴趣。通过使用jQuery，我们可以为学生创建丰富的互动元素，如单击课程模块触发展开详细信息、拖曳题目进行排序等。利用jQuery的动画效果库，还可以为学生提供动态的学习场景，如渐变切换页面、平滑滚动至下一章节等。本单元将介绍jQuery中的事件处理和动画效果的使用。

学习目标

知识目标

1. 了解jQuery的事件处理。
2. 掌握jQuery显示和隐藏匹配元素动画效果的使用。
3. 掌握切换元素的可见状态动画效果的使用。
4. 掌握淡入淡出的动画效果的使用。
5. 了解滑动动画效果和自定义动画效果的使用。

能力目标

1. 能够熟练使用jQuery中的事件处理。
2. 能够熟练使用jQuery中的动画效果。

素质目标

掌握设计交互式页面的综合能力，灵活运用事件处理机制和动画技术，解决复杂交互需求，注重审美和用户体验优化。

思维导图

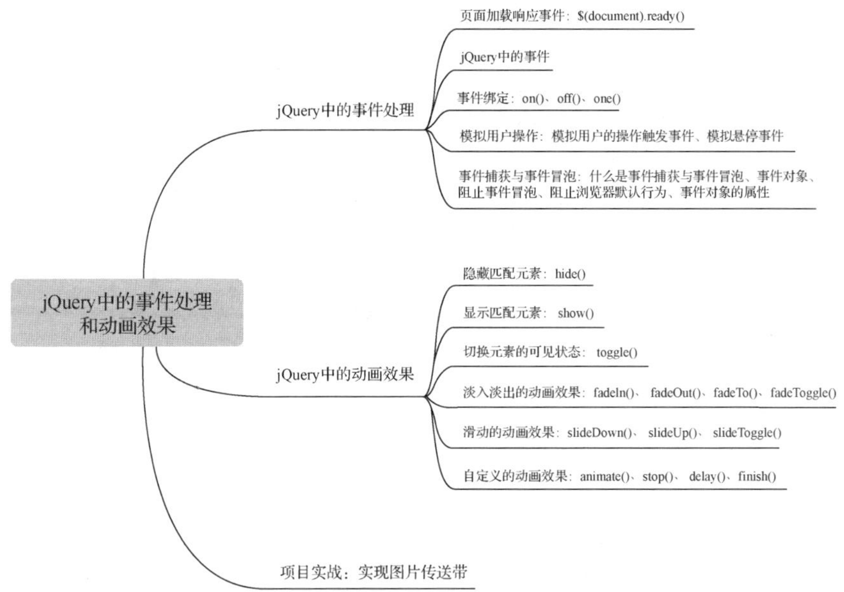

5.1 jQuery 中的事件处理

jQuery 中的事件处理

5.1.1 页面加载响应事件

$(document).ready()方法是事件模块中最重要的一个方法，它极大地提高了 Web 响应速度。$(document).ready()方法用于获取整个文档对象，从这个方法的名称来理解，该方法就是用于获取就绪的文档。$(document).ready()方法的书写格式为：

```
$(document).ready(function() {
  //在这里写代码
});
```

可以简写成：

```
$().ready(function() {
  //在这里写代码
});
```

当$()不带参数时，默认的参数就是 document，所以$()是$(document)的简写形式。

还可以进一步简写成：

```
$(function() {
  //在这里写代码
});
```

虽然语法形式可以更短一些，但是不提倡使用简写形式，因为较长的代码更具有可读性，也可以防止与其他方法混淆。

通过上面的介绍可以看出，在 jQuery 中，可以使用$(document).ready()方法代替传统的 window.onload()方法，不过两者之间还是有些细微区别的，主要表现在以下两方面。

（1）在一个页面中可以无限次地使用$(document).ready()方法，各个方法间并不冲突，且各个方法会按照在代码中的顺序依次执行。而 window.onload()方法在一个页面中只能使用一次。

（2）当一个文档（包括所有关联的文件，如图片、横幅等）完全加载到浏览器时，就会执行

window.onload()方法。而$(document).ready()方法在所有的 DOM 元素（不包括关联的文件）完全就绪以后就可以执行。例如，在页面中还有图片没有加载完毕但是 DOM 元素已经完全就绪时，就会执行$(document).ready()方法，在相同条件下 window.onload()方法是不会执行的，它会继续等待图片加载，直到图片及其他的关联文件都加载完毕时才执行。显然，把网页解析为 DOM 元素的速度比把页面中的所有关联文件加载完毕的速度快得多。

但是，在使用$(document).ready()方法时要注意一点，因为只要 DOM 元素就绪就可以执行该方法，所以可能出现元素的关联文件尚未加载完毕的情况。例如，与图片有关的 DOM 元素已经就绪，但是图片还没有加载完毕，若此时获取图片的高度或宽度属性未必会有效。要解决这个问题，可以使用 jQuery 中的另一个关于页面加载的方法：load()方法。load()方法会在元素的 onload 事件中绑定一个处理函数，如果这个处理函数绑定在 window 对象上，则会在所有内容加载完毕后触发；如果绑定在元素上，则会在元素的内容加载完毕后触发。具体代码如下：

```
$(window).load(function(){
// 在这里写代码
});
```

以上代码等价于：

```
window.onload = function(){
// 在这里写代码
}
```

5.1.2 jQuery 中的事件

只有页面加载显然是不够的，程序在其他时候也需要完成某个任务，例如鼠标单击（onclick）事件、敲击键盘（onkeypress）事件以及失去焦点（onblur）事件等。在不同的浏览器中事件名称是不同的，例如 IE 中的事件名称大部分都含有 on，如 onkeypress 事件，但是在 Firefox 浏览器中却没有这个事件名称，jQuery 统一了所有事件的名称。jQuery 中的事件如表 5-1 所示。

表 5-1 jQuery 中的事件

事件	说明
blur()	触发元素的 blur 事件，jQuery 3.3 中已废弃，请使用.trigger("blur")
blur(fn)	在每一个匹配元素的 blur 事件中绑定一个处理函数，在元素失去焦点时触发，元素失去焦点的行为既可以是鼠标行为也可以是使用 Tab 键离开的行为，jQuery 3.3 中已废弃，请使用.on("blur", handler)或者.on("blur", eventData, handler)
change()	触发元素的 change 事件，jQuery 3.3 中已废弃，请使用.trigger("change")
change(fn)	在每一个匹配元素的 change 事件中绑定一个处理函数，在元素的值改变并失去焦点时触发，jQuery 3.3 中已废弃，请使用.on("change", handler)或者.on("change", eventData, handler)
click()	触发元素的 chick 事件，jQuery 3.3 中已废弃，请使用.trigger("click")
click(fn)	在每一个匹配元素的 click 事件中绑定一个处理函数，在元素上单击时触发，jQuery 3.3 中已废弃，请使用.on("click", handler)或.on("click", eventData, handler)
dblclick()	触发元素的 dblclick 事件，jQuery 3.3 中已废弃，请使用.trigger("dbclick")
dblclick(fn)	在每一个匹配元素的 dblclick 事件中绑定一个处理函数，在某个元素上双击时触发，jQuery 3.3 中已废弃，请使用.on("dbclick", handler)或.on("dbclick", eventData, handler)
focus()	触发元素的 focus 事件，jQuery 3.3 中已废弃，请使用.trigger(" focus")
focus(fn)	在每一个匹配元素的 focus 事件中绑定一个处理函数，在匹配的元素获得焦点时触发，通过鼠标单击或者按 Tab 键触发，jQuery 3.3 中已废弃，请使用.on("focus",handler)或.on("focus", eventData, handler)

续表

事件	说明
focusin([data],fn)	在元素获得焦点时触发 focusin 事件。 focusin 事件与 focus 事件的区别在于，focusin 事件可以在父元素上检测子元素获取焦点的情况，jQuery 3.3 中已废弃，请使用.trigger("focusin")、.on("focusin",handler)或.on("focusin",eventData,handler)
focusout([data],fn)	在元素失去焦点时触发 focusout 事件。 focusout 事件与 blur 事件的区别在于，focusout 事件可以在父元素上检测子元素失去焦点的情况，jQuery 3.3 中已废弃，请使用.trigger("focusout")、.on("focusout",handler)或.on("focusout ",eventData,handler)
keydown()	触发元素的 keydown 事件，jQuery 3.3 中已废弃，请使用.trigger("keydown")
keydown(fn)	在每一个匹配元素的 keydown 事件中绑定一个处理函数，在按下键盘按键时触发，jQuery 3.3 中已废弃，请使用.on("keydown",handler)或.on("keydown",eventData,handler)
keyup()	触发元素的 keyup 事件，jQuery 3.3 中已废弃，请使用.trigger("keyup")
keyup(fn)	在每一个匹配元素的keyup事件中绑定一个处理函数，在释放按下的键时触发，jQuery 3.3 中已废弃，请使用.on("keyup",handler)或.on("keyup",eventData,handler)
keypress()	触发元素的 keypress 事件，jQuery 3.3 中已废弃，请使用.trigger("keypress")
keypress(fn)	在每一个匹配元素的 keypress 事件中绑定一个处理函数，敲击按键（即按下并释放同一个按键）时触发，jQuery 3.3 中已废弃，请使用.on("keypress",handler)或.on("keypress",eventData,handler)
load(fn)	在每一个匹配元素的 load 事件中绑定一个处理函数，在匹配元素的内容完全加载完毕后触发
mousedown(fn)	在每一个匹配元素的 mousedown 事件中绑定一个处理函数，在鼠标单击元素后触发，jQuery 3.3 中已废弃，请使用.trigger("mousedown")、.on("mousedown",handler)或.on("mousedown ",eventData,handler)
mouseenter([[data],fn])	在鼠标指针接触元素时，触发 mouseenter 事件，jQuery 3.3 中已废弃，请使用.trigger("mouseenter")、.on("mouseenter",handler)或.on("mouseenter" eventData,handler)
mouseleave([[data],fn])	在鼠标指针离开元素时，触发 mouseleave 事件，jQuery 3.3 中已废弃，请使用.trigger("mouseleave")、.on("mouseleave",handler) 或 .on("mouseleave",eventData,handler)
mousemove(fn)	在每一个匹配元素的 mousemove 事件中绑定一个处理函数，在鼠标指针在元素上移动时触发，jQuery 3.3 中已废弃，请使用.trigger("mousemove")、.on("mousemove",handler)或.on("mousemove",eventData,handler)
mouseout(fn)	在每一个匹配元素的 mouseout 事件中绑定一个处理函数，在鼠标指针从元素上离开时触发，jQuery 3.3 中已废弃，请使用.trigger("mouseout")、.on("mouseout",handler)或.on("mouseout",eventData,handler)
mouseover(fn)	在每一个匹配元素的 mouseover 事件中绑定一个处理函数，在鼠标指针移入对象时触发，jQuery 3.3 中已废弃，请使用.trigger("mouseout")、.on("mouseout",handler)或.on("mouseout",eventData,handler)
mouseup(fn)	在每一个匹配元素的 mouseup 事件中绑定一个处理函数，在鼠标单击对象释放时触发，jQuery 3.3 中已废弃，请使用.trigger("mouseup")、.on("mouseup",handler)或.on("mouseup",eventData,handler)
resize(fn)	在每一个匹配元素的 resize 事件中绑定一个处理函数，在文档窗口改变大小时触发，jQuery 3.3 中已废弃，请使用.trigger("resize")、.on("resize",handler)或.on("resize",eventData,handler)

续表

事件	说明
scroll(fn)	在每一个匹配元素的 scroll 事件中绑定一个处理函数，在滚动条发生变化时触发，jQuery 3.3 中已废弃，请使用.trigger("scroll")、.on("scroll",handler)或.on("scroll",eventData,handler)
select()	触发元素的 select()事件，jQuery 3.3 中已废弃，请使用.trigger("select")
select(fn)	在每一个匹配元素的 select 事件中绑定一个处理函数，当用户（包括 input 和 textarea）选中文本框中某段文本时触发，jQuery 3.3 中已废弃，请使用.on("select",handler)或.on("select",eventData,handler)
submit()	触发元素的 submit 事件，jQuery 3.3 中已废弃，请使用.trigger("submit")
submit(fn)	在每一个匹配元素的 submit 事件中绑定一个处理函数，在表单提交时触发，jQuery 3.3 中已废弃，请使用.on("submit",handler)或.on("submit",eventData,handler)

这些都是对应的 jQuery 中的事件，和传统的 JavaScript 中的事件几乎相同，只是事件名称不同。方法中的 fn 参数表示一个处理函数，事件处理程序就写在这个处理函数中。

5.1.3 事件绑定

在页面加载完毕时，程序可以通过为元素绑定事件完成相应的操作。在 jQuery 中，事件绑定通常可以分成为元素绑定事件、移除绑定事件和绑定一次性事件处理 3 种情况，下面分别进行介绍。

1. on()元素绑定事件

从 jQuery 3.0 开始，.bind()绑定事件已被弃用。自 jQuery 1.7 以来，它就已被.on()将事件处理程序附加到文档的方法所取代。

在 jQuery 中，为元素绑定事件可以使用 on()方法，该方法的语法格式如下：

```
on(events,[selector],[data],fn)
```

- events：事件类型。
- selector：可选参数。
- data：可选参数。
- fn：绑定的事件处理函数。

例如，为普通按钮绑定一个 click 事件，用于在单击该按钮时弹出提示对话框，可以使用下面的代码：

```
$("input:button").on("click",function(){alert('您单击了按钮');});
```

【例 5-1】为<h3>元素绑定 click 事件（实例位置：源码\第 5 单元\5-1）。

（1）创建一个名为 index.html 的文件，在该文件的<head>标记中使用下面的语句引入 jQuery 库。

```
<script type="text/javascript" src="../js/jquery-3.6.4.min.js"></script>
```

（2）在页面的<head>标记中添加样式代码，代码如下：

```
<style>
#content{
    text-indent:2em;
    display:none;
}
</style>
```

（3）在页面的<body>标记中添加一个 id 属性值为 first 的<div>标记，其中包含一个 class 属性值为 title 的<h3>元素和一个 id 属性值为 content 的<div>元素。具体代码如下：

```
<div id="first">
<h3 class="title">什么是 jQuery? </h3>
<div id="content">jQuery 是一个轻量级的 JavaScript 脚本库，它是目前最热门的 Web 前端开发技术之一。jQuery 的语法非常简单，它的核心理念是“Write less,do more!”（事半功倍）。目前，很
```

```
多高校的计算机专业和 IT 培训学校都将 jQuery 作为教学内容之一，这对于培养学生的计算机应用能力具有非常重要的意义! </div>
    </div>
```

（4）在引入 jQuery 库的代码下方编写 jQuery 代码，实现为 id 属性值为 first 的<div>标记中的<h3>元素绑定 click 事件，使其在被单击的时候显示下方隐藏的<div>元素内容。具体代码如下：

```
    <script type="text/javascript">
       $(document).ready(function(){
              $("#first h3.title").on("click",function(){
                    $(this).next().show();
              })
       });
    </script>
```

运行本实例，在图 5-1 所示页面中单击文字“什么是 jQuery？”，之后可以看到图 5-2 所示的页面。

图 5-1　为<h3>元素绑定 click 事件

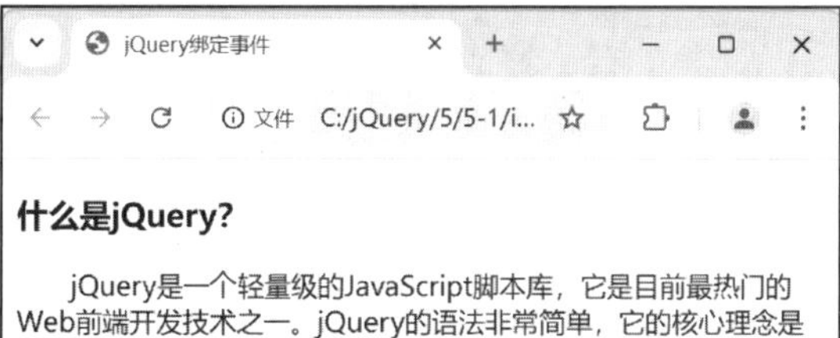

图 5-2　触发 click 事件显示隐藏<div>内容

2. off()移除绑定事件

从 jQuery 3.0 开始，.unbind()移除绑定事件已被弃用。它已被.off()移除绑定事件方法所取代。

在 jQuery 中，为元素移除绑定事件可以使用 off()方法，该方法的语法格式如下：

```
off(events,[selector],[fn])
```

- events：事件类型。
- selector：可选参数。
- fn：绑定的事件处理函数。

说明　**在.off()方法中，参数都是可选的，如果无参数，该方法将会删除匹配元素中所有绑定的事件。**

例如，要移除为普通按钮绑定的 click 事件，可以使用下面的代码：

```
$("input:button").off("click");
```

【例 5-2】为<h3>元素移除绑定的 mouseover 事件（实例位置：源码\第 5 单元\5-2）。

（1）创建一个名为 index.html 的文件，在该文件的<head>标记中使用下面的语句引入 jQuery 库。

```
<script type="text/javascript" src="../js/jquery-3.6.4.min.js"></script>
```

（2）在页面的<head>标记中添加样式代码，代码如下：

```
<style>
#content{
    text-indent:2em;
    display:none;
}
</style>
```

（3）在页面的<body>标记中添加一个 id 属性值为 first 的<div>标记，其中包含一个 class 属性值为 title 的<h3>元素和一个 id 属性值为 content 的<div>元素。具体代码如下：

```
<div id="first">
<h3 class="title">什么是 jQuery? </h3>
<div id="content">jQuery 是一个轻量级的 JavaScript 脚本库，它是目前最热门的 Web 前端开发技术之一。jQuery 的语法非常简单，它的核心理念是“Write less,do more!”（事半功倍）。目前，很多高校的计算机专业和 IT 培训学校都将 jQuery 作为教学内容之一，这对于培养学生的计算机应用能力具有非常重要的意义！ </div>
</div>
```

（4）在引入 jQuery 库的代码下方编写 jQuery 代码，实现为 id 属性值为 first 的<div>标记中的<h3>元素绑定 click 事件和 mouseover 事件，使其在被单击的时候显示下方隐藏的<div>元素内容，并在鼠标指针移动到文字“什么是 jQuery？”上时显示“我绑定了 mouseover 事件”。具体代码如下：

```
<script type="text/javascript">
   $(document).ready(function(){
   $("#first h3.title").on("click",function(){
           $(this).next().show();
   }).on("mouseover",function(){
           $(this).append("<p>我绑定了 mouseover 事件</p>");
   })
});
</script>
```

运行本实例，在页面中将鼠标指针移动到文字“什么是 jQuery？”上，之后单击文字“什么是 jQuery？”最终效果如图 5-3 所示。

由此可见，<h3>元素既绑定了 click 事件，又绑定了 mouseover 事件。这时，在绑定事件的代码下面加上一个移除绑定事件来移除绑定的 mouseover 事件。代码如下：

```
$("#first h3.title").off("mouseover");
```

再次运行本实例，运行结果如图 5-4 所示。由此可见，绑定的 mouseover 事件已被移除。

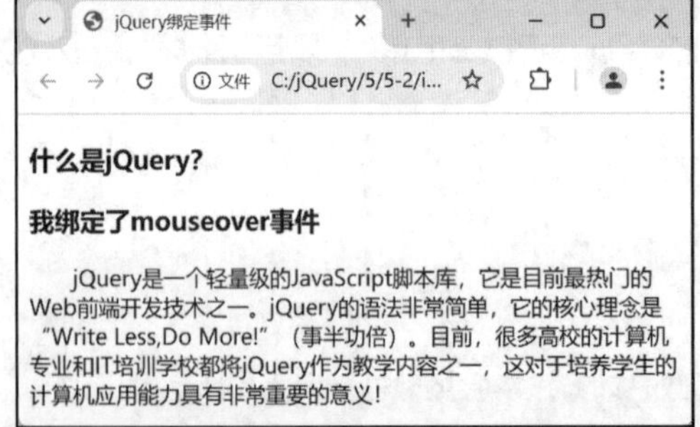

图 5-3　为<h3>元素绑定 click 和 mouseover 事件

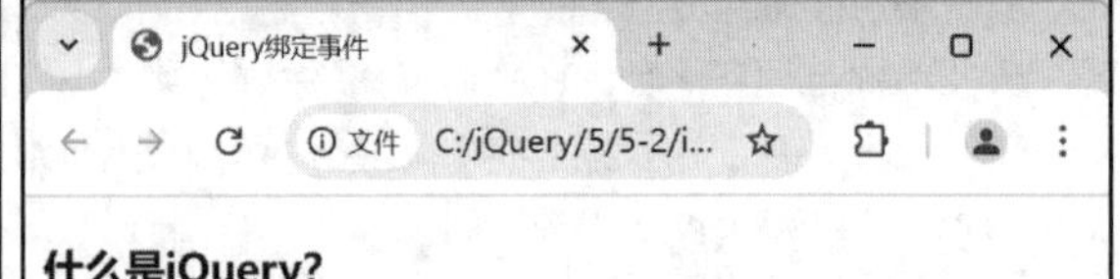

图 5-4　移除绑定的 mouseover 事件

3. one()绑定一次性事件处理

在 jQuery 中，为元素绑定一次性事件处理可以使用 one()方法。one()方法为每一个匹配元素的特定事件（如 click 事件）绑定一个一次性事件处理函数。在每个对象上，这个事件处理函数只会被执行一次。其他规则与 on()方法的相同。这个事件处理函数会接收到一个事件对象，可以通过它来阻止（浏览器）默认的行为。如果既想阻止默认的行为，又想阻止事件起泡，这个事件处理函数必须返回 false。one()方法的语法格式如下：

```
one(type,[data],fn)
```

- type：用于指定事件类型。
- data：可选参数。
- fn：绑定的事件处理函数。

例如，要实现只有在用户第 1 次单击匹配的<div>元素时，弹出提示对话框显示<div>元素的内容，可以使用下面的代码：

```
$("div").one("click", function(){
                    alert( $(this).text() );  // 在弹出的提示对话框中显示<div>元素的内容
});
```

5.1.4 模拟用户操作

在 jQuery 中提供了模拟用户的操作触发事件、模拟悬停事件和模拟鼠标连续单击事件 3 种模拟用户操作的方法，下面主要介绍前两种方法。

1. 模拟用户的操作触发事件

在 jQuery 中一般常用 triggerHandler()方法和 trigger()方法来模拟用户的操作触发事件。例如，可以使用下面的代码来触发 id 属性值为 button 的按钮的 click 事件。

```
$("#button").trigger("click");
```

triggerHandler()方法的语法格式与 trigger()方法的语法格式完全相同。不同的是，triggerHandler()方法不会导致与浏览器同名的默认行为被执行，而 trigger()方法会导致与浏览器同名的默认行为被执行。例如，使用 trigger()触发一个名为 submit 的事件，同样会导致浏览器执行提交表单的行为。要阻止浏览器的默认行为被执行，只需要返回 false。此外，使用 trigger()方法和 triggerHandler()方法还可以触发 on()绑定的自定义事件，并且可以为事件传递参数。

【例 5-3】在页面加载完毕时执行按钮的 click 事件，但是并不需要用户自己操作（实例位置：源码\第 5 单元\5-3）。

（1）创建一个名为 index.html 的文件，在该文件的<head>标记中使用下面的语句引入 jQuery 库。

```
<script type="text/javascript" src="../js/jquery-3.6.4.min.js"></script>
```

（2）在页面的<body>标记中添加一个 id 属性值为 button 的按钮。具体代码如下：

```
<input type="button" name="button" id="button" value="普通按钮" />
```

（3）在引入 jQuery 库的代码下方编写 jQuery 代码，为按钮绑定 click 事件，弹出参数 msg1 和 msg2 连接在一起的字符串，再使用 trigger()方法模拟 click 事件。具体代码如下：

```
<script type="text/javascript">
$(document).ready(function() {
    $("input:button").on("click",function(event,msg1,msg2){
        alert(msg1+msg2);                              // 弹出提示对话框
    }).trigger("click",["欢迎访问","莫凡魔方科技"]);      // 页面加载触发 click 事件
});
</script>
```

运行本实例，效果如图 5-5 所示。

图 5-5 触发 click 事件

注意 **trigger()方法触发事件的时候会触发浏览器的默认行为，但是 triggerHandler()方法触发事件的时候不会触发浏览器的默认行为。**

2. 模拟悬停事件

模拟悬停事件是指模拟鼠标指针移入一个对象又从该对象移出的事件，可以通过 jQuery 提供

的 hover()方法实现。hover()方法的语法格式如下：

```
hover(over,out)
```

- over：用于指定当鼠标指针移入匹配元素时触发的函数。
- out：用于指定当鼠标指针从匹配元素上移出时触发的函数。

hover()方法在 jQuery 3.3 中已废弃，请使用.on("mouseenter", handlerIn)和.on("mouseleave", handlerOut)。

当鼠标指针移入一个匹配元素时，会触发指定的第 1 个函数。当鼠标指针从这个元素上移出时，会触发指定的第 2 个函数。而且，整个过程会伴随着对鼠标指针是否仍然处在特定元素中的检测（例如，检测鼠标指针是否仍然处在<div>元素中），如果是，则会继续保持“悬停”状态，而不触发移出事件。

【例 5-4】隐藏超链接（实例位置：源码\第 5 单元\5-4）。

第（1）、（2）步与例 5-3 的相同。第（3）步，在引入 jQuery 库的代码下方编写 jQuery 代码，为 class 属性值为 main 的<a>元素添加 hover 事件，当鼠标指针移入该元素时触发第 1 个函数，当鼠标指针从该元素上移出时触发第 2 个函数。具体代码如下：

```
<script type="text/javascript">
  $(document).ready(function(){
      $("a.main").on("mouseenter",function(){   //绑定鼠标指针移入超链接事件
                  window.status="http://www.muxi.com";return true; //设定状态栏文本
      }).on("mouseleave",function(){            //绑定鼠标指针从超链接上移出事件
                  window.status="完成";return true;              //设定状态栏文本
      });
  });
</script>
```

5.1.5 事件捕获与事件冒泡

事件捕获与事件冒泡都是一种事件模型，DOM 标准规定应该同时使用这两个模型：首先事件要从 DOM 树顶层的元素到 DOM 树底层的元素进行捕获，然后通过事件冒泡返回到 DOM 树的顶层。

在标准事件模型中，事件处理程序既可以注册在事件捕获阶段，也可以注册在事件冒泡阶段。但是并不是所有的浏览器都支持标准事件模型，大部分浏览器默认把事件处理程序注册在事件冒泡阶段，所以 jQuery 始终会在事件冒泡阶段注册事件处理程序。

1. 什么是事件捕获与事件冒泡

下面我们就通过一个实例来展示什么是事件冒泡、什么是事件捕获以及事件冒泡与事件捕获的区别。

【例 5-5】通过一个生动形象的页面结构展示事件冒泡模型（实例位置：源码\第 5 单元\5-5）。

（1）创建一个名为 index.html 的文件，在该文件的<head>标记中使用下面的语句引入 jQuery 库。

```
<script type="text/javascript" src="../js/jquery-3.6.4.min.js"></script>
```

（2）在下面的页面结构中，<span>是<p>的子元素，而<p>又是<div>的子元素。

```
<body>
    <div class="test1">
          <b>div 元素</b>
          <p class="test2">
                 <b>p 元素</b>
                 <span><b>span 元素</b></span>
          </p>
</div>
</body>
```

（3）为元素添加 CSS 样式，这样就能更清楚地了解页面的层次结构。

```
<style type="text/css">
          .redBorder{         /*红色边框*/
```

```
        border:1px solid red;
    }
    .test1{           /*<div>元素的样式*/
            width:240px;
            height:150px;
            background-color:#cef;
            text-align:center;
    }
    .test2{           /*<p>元素的样式*/
            width:160px;
            height:100px;
            background-color:#ced;
            text-align:center;
            line-height:20px;
            margin:10px auto;
    }
    span{             /*<span>元素的样式*/
            width:100px;
            height:35px;
            background-color:#fff;
            padding:20px 20px 20px 20px;
    }
    body{font-size:12px;}
</style>
```

页面结构如图 5-6 所示。

（4）为这 3 个元素添加 mouseout 和 mouseover 事件，当鼠标指针在元素上悬停时为元素加上红色边框，当鼠标指针从元素上移出时移除红色边框。如果鼠标指针悬停在<span>元素上，会不会触发<p>元素和<div>元素的 mouseover 事件呢？毕竟此时鼠标指针悬停在这 3 个元素上。图 5-7～图 5-9 展示了鼠标指针悬停在不同元素上的效果。

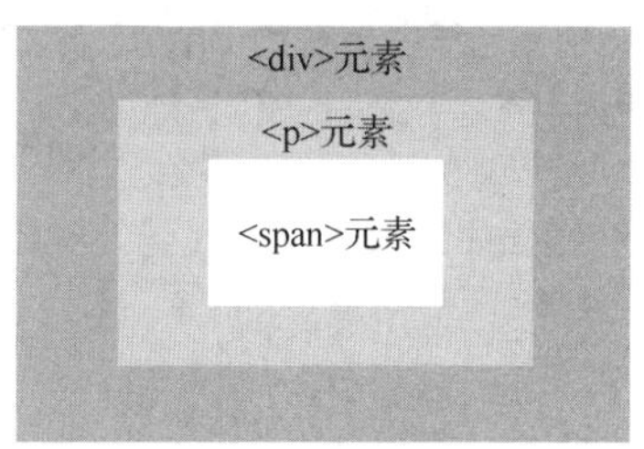

图 5-6　页面结构

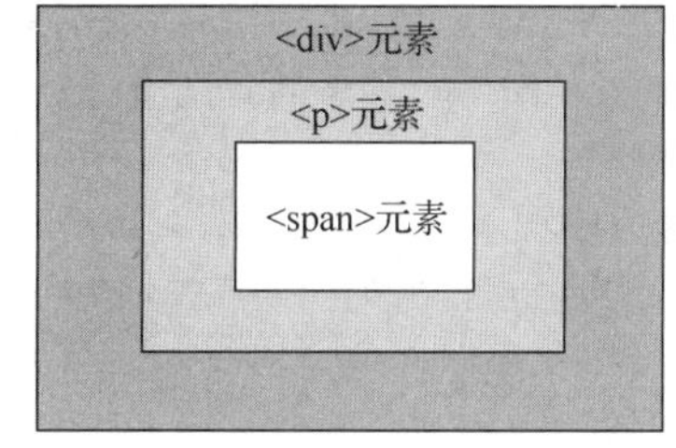

图 5-7　鼠标指针悬停在<span>元素上的效果

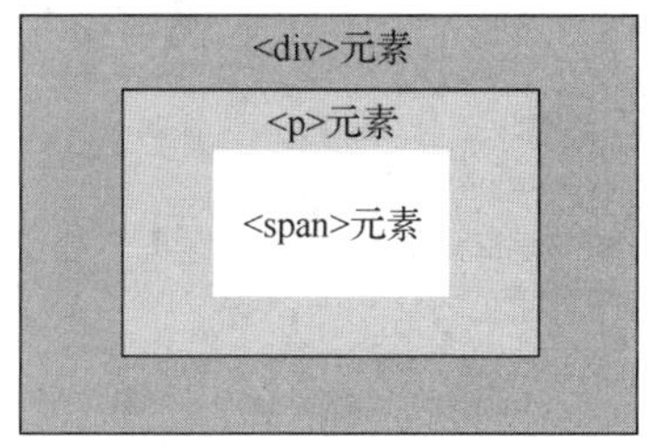

图 5-8　鼠标指针悬停在<p>元素上的效果

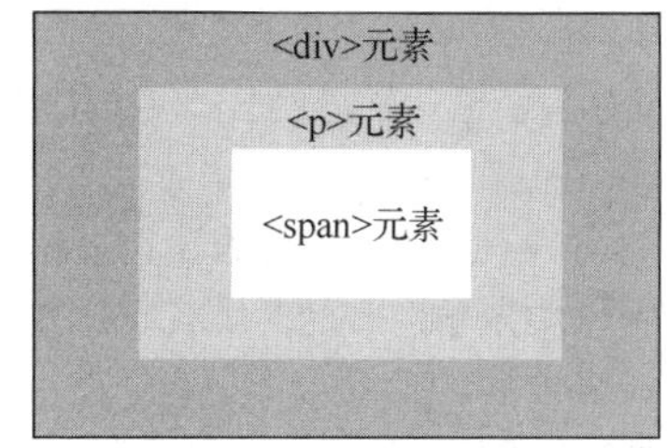

图 5-9　鼠标指针悬停在<div>元素上的效果

从图 5-7～图 5-9 中可以看到，当鼠标指针悬停在<span>元素上时，3 个元素都被加上了红色边框。这说明在触发<span>元素的 mouseover 事件的同时，其他两个元素的 mouseover 事件也被响应。在触发<span>元素的事件时，浏览器最先响应的是<span>元素的事件，其次是<p>元素的事件，最后是<div>元素的事件。在浏览器中事件响应的顺序如图 5-10 所示，这种事件响应的顺序就叫事件冒泡。事件冒泡是从 DOM 树的顶层向下进行事件响应的。

另一种相反的顺序就叫事件捕获，事件捕获是从 DOM 树的底层向上进行事件响应的，事件捕获如图 5-11 所示。

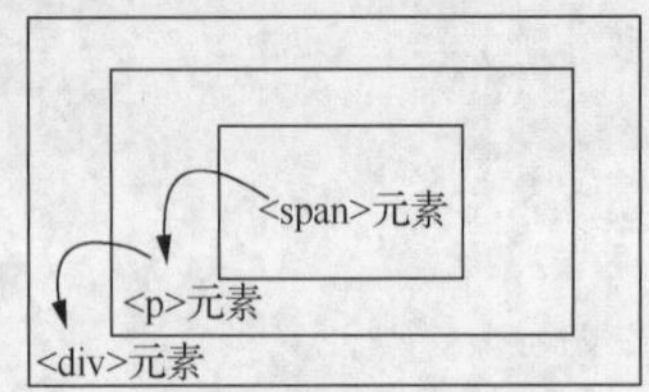

图 5-10　事件冒泡（由具体到一般）

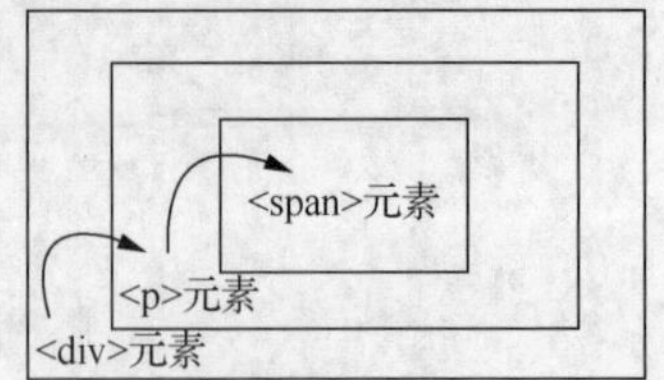

图 5-11　事件捕获（由一般到具体）

2. 事件对象

通常情况下，在不同浏览器中获取事件对象是比较困难的。针对这个问题，jQuery 进行了必要的处理，使得在任何浏览器中都能轻松地获取事件对象以及事件对象的一些属性。

在程序中使用事件对象是非常简单的，只要为函数添加一个参数即可。具体 jQuery 代码如下：

```
$("element").on("mouseout",function(event){          // event: 事件对象
             // 省略部分代码
})
```

当单击<element>元素时，事件对象就被创建，该事件对象只有事件处理函数才可以访问。事件处理函数执行完毕后，事件对象就被销毁了。

3. 阻止事件冒泡

事件冒泡经常会造成一些令开发人员头疼的问题，所以在必要的时候，需要阻止事件冒泡。要阻止事件冒泡，就必须访问事件对象。事件对象提供了 stopPropagation()方法，使用该方法可以阻止事件冒泡。

注意　**stopPropagation()方法只能阻止事件冒泡，它相当于在传统的 JavaScript 中操作原始的 event 事件对象的 event.cancelBubble=true 来阻止事件冒泡。**

阻止例 5-5 中程序的事件冒泡，可以在每个事件处理程序中加入一行代码，例如：

```
$(".test1").on("mouseover" ,function(event){
                $(".test1").addClass("redBorder");
                event.stopPropagation();                    // 阻止事件冒泡
});
```

由于 stopPropagation()方法是跨浏览器的，所以不必担心它的兼容性。

加入了阻止事件冒泡代码的例 5-5 中程序的运行效果如图 5-12 所示。

当鼠标指针悬停在<span>元素上时，只有<span>元素被加上了红色边框，说明只有<span>元素响应 mouseover 事件，程序成功阻止了事件冒泡。

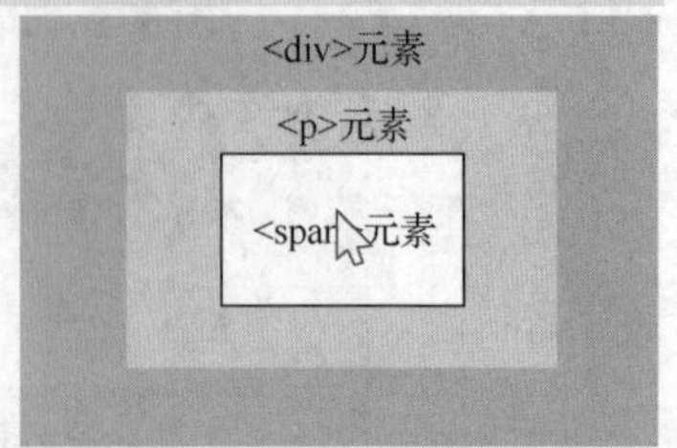

图 5-12　阻止事件冒泡后的效果

4. 阻止浏览器默认行为

网页中的元素有自己的默认行为，例如，在表单验证的时候，表单的某些内容没有通过验证，但是在单击提交按钮以后表单还会被提交。这时就需要阻止浏览器的默认行为。在 jQuery 中，使用 preventDefault()方法可以阻止浏览器的默认行为。

在事件处理程序中加入如下代码就可以阻止浏览器默认行为：

```
event. preventDefault ()                // 阻止浏览器默认行为
```

如果想同时阻止事件冒泡和浏览器默认行为，可以在事件处理程序中设置返回 false，即：

```
return false;                    // 阻止事件冒泡和浏览器默认行为
```

这是同时调用 stopPropagation()和 preventDefault()方法的一种简要写法。

【例 5-6】阻止表单提交（实例位置：源码\第 5 单元\5-6）。

（1）创建一个名为 index.html 的文件，在该文件的<head>标记中使用下面的语句引入 jQuery 库。

```
<script type="text/javascript" src="../js/jquery-3.6.4.min.js"></script>
```

（2）在页面的<body>标记中创建一个表单，其中包含用户名文本框与注册按钮。具体代码如下：

```
<form action="index.html" method="post">
    用户名：<input type="text" id="username" /><br/>
    <input type="submit" value="注册" id="subbtn" />
</form>
```

（3）在引入 jQuery 库的代码下方编写 jQuery 代码，如果用户输入的用户名为空，则弹出提示信息并阻止表单提交。具体代码如下：

```
<script type="text/javascript">
$(document).ready(function(){
     $("#subbtn").on("click",function(event){
          var username = $("#username").val();
          if(username == ""){
               alert("用户名不能为空！");          // 弹出提示信息
               $("#username").focus();           // 将焦点移至文本框中
               event.preventDefault();           // 阻止表单提交的浏览器默认行为
          }
     })
});
</script>
```

可以将本实例中的“event.preventDefault();”改写为：

```
return false;
```

也可以将例 5-5 中阻止事件冒泡的如下代码：

```
event.stopPropagation();
```

改写为：

```
return false;
```

5. 事件对象的属性

jQuery 中对事件对象的属性进行了封装，使得事件处理程序在各大浏览器下都可以正常运行而不需要对浏览器类型进行判断。下面介绍常用的事件对象的属性。

（1）event.type。

这个属性是用来获取事件类型的。例如以下代码：

```
$("a").click(function(event){
          alert(event.type);      // 获取事件类型
          return false;           // 阻止链接跳转
 })
```

以上代码运行后会输出：“click”。

（2）event.preventDefault()。

event.preventDefault()属性是用来阻止浏览器默认行为的，event.stopPrepagation()属性是用来阻止事件冒泡的，这两个方法在前面讲解过，在此不赘述。

（3）event.target。

event.target 的作用是获取触发事件的元素。jQuery 对其进行封装之后，避免了各大浏览器不同标准之间的差异。

（4）event.relatedTarget。

event.relatedTarget 属性返回与事件的目标节点相关的节点。

对于 mouseover 事件来说，该属性可以使鼠标指针移动到目标节点上时所离开的节点。

对于 mouseout 事件来说，该属性可以使鼠标指针离开目标节点时所进入的节点。

对于其他类型的事件来说，这个属性是没有用的。

（5）event.pageX 和 event.pageY。

这两个属性的作用是获取鼠标指针相对于页面的 *x* 坐标和 *y* 坐标。不使用 jQuery 时，在 IE 中使用 event.x 和 event.y，而在 Firefox 浏览器中使用 event.pageX 和 event.pageY。若页面中有滚动条，则要在属性中加上滚动条的宽度或高度。

【例 5-7】 Event 对象（实例位置：源码\第 5 单元\5-7）。

① 创建一个名为 index.html 的文件，在该文件的<head>标记中使用下面的语句引入 jQuery 库。

```
<script type="text/javascript" src="../js/jquery-3.6.4.min.js"></script>
```

② 在页面的<body>标记中，创建一个 id 属性值为“ediv”的<div>元素，令它的文本内容为“Event 对象”。具体代码如下：

```
<div id="ediv">Event 对象</div>
```

③ 在引入 jQuery 库的代码下方编写 jQuery 代码，当鼠标指针移动到<div>元素上时，弹出鼠标指针相对于页面的 *x* 坐标和 *y* 坐标。具体代码如下：

```
<script type="text/javascript">
$(document).ready(function(){
     $("#ediv").on("mouseover" ,function(event){
          // 获取鼠标指针相对于页面的 x 坐标和 y 坐标
          alert("当前鼠标指针的位置是: "+event.pageX+", "+event.pageY);
     })
});
</script>
```

运行本实例，效果如图 5-13 所示。

图 5-13　获取当前鼠标指针位置

（6）event.which。

该属性指示按下了哪个按键或按钮。按键既可以是鼠标的按键，也可以是键盘的按键。

```
$("a").on("mousedown" ,function(event){
       alert(event.which);               // 1 为鼠标左键，2 为鼠标中间键，3 为鼠标右键
})
```

以下代码为获取键盘按键的代码：

```
$("input").on("keyup" ,function(event){
                  alert(event.which);  // 获取键盘按键
 })
```

5.2　jQuery 中的动画效果

jQuery 中的动画效果

基本的动画效果指的是元素的隐藏和显示。jQuery 中提供了两种控制元素的隐藏和显示的方法，一种是分别隐藏和显示匹配元素；另一种是切换元素的可见状态（也就是如果元素为显示状态，切换为隐藏状态；如果元素为隐藏状态，切换为显示状态）。

5.2.1 隐藏匹配元素

使用 hide()方法可以隐藏匹配元素。hide()方法相当于将元素 CSS 样式属性 display 的值设置为 none，它会记住原来 display 的值。hide()方法有以下两种语法格式。

（1）不带参数的语法格式，用于实现不带任何动画效果地隐藏匹配元素，其语法格式如下：

```
hide()
```

例如，要隐藏页面中的全部图片，可以使用下面的代码：

```
$("img").hide();
```

（2）带参数的语法格式，用于以优雅的动画效果隐藏所有匹配元素，并在隐藏完成后可选择地触发一个回调函数，其语法格式如下：

```
hide(speed,[callback])
```

- speed：用于指定动画的时长。该参数可以是数字，也就是指元素在多少毫秒（1000ms=1s）后完全隐藏；也可以是默认参数 slow（600ms）、normal（400ms）和 fast（200ms）。
- callback：可选参数，用于指定隐藏完成后要触发的回调函数。

例如，要在 300ms 内隐藏页面中 id 属性值为 ad 的元素，可以使用下面的代码：

```
$("#ad").hide(300);
```

说明 **jQuery 中的任何动画效果都可以使用默认的 3 个参数，即 slow、normal 和 fast。在使用默认参数时需要加引号，例如 show("fast")；而在使用自定义参数时，不需要加引号，例如 show(300)。**

5.2.2 显示匹配元素

使用 show()方法可以显示匹配元素。show()方法相当于将元素 CSS 样式属性 display 的值设置为 block、inline 或其他除了 none 以外的值，它会恢复为应用 display:none 之前的可见属性。show()方法有以下两种语法格式。

（1）不带参数的语法格式，用于实现不带任何动画效果地显示匹配元素，其语法格式如下：

```
show()
```

例如，要显示页面中的全部图片，可以使用下面的代码：

```
$("img").show();
```

（2）带参数的语法格式，用于以优雅的动画效果显示所有匹配元素，并在显示完成后可选择地触发一个回调函数，其语法格式如下：

```
show(speed,[callback])
```

- speed：用于指定动画的时长。该参数可以是数字，也就是指元素在多少毫秒后完全显示；也可以是默认参数 slow、normal 和 fast。
- callback：可选参数，用于指定显示完成后要触发的回调函数。

例如，要在 300ms 内显示页面中 id 属性值为 ad 的元素，可以使用下面的代码：

```
$("#ad").show(300);
```

【例 5-8】 使用 hide()方法和 show()方法实现一个自动隐藏式菜单（实例位置：源码\第 5 单元\5-8）。

（1）创建一个名为 index.html 的文件，在该文件的<head>标记中使用下面的语句引入 jQuery 库。

```
<script type="text/javascript" src="../js/jquery-3.6.4.min.js"></script>
```

（2）在页面的<body>标记中，首先添加一张图片，id 属性值为 flag，用于控制菜单显示；然后添加一个 id 属性值为 menu 的<div>标记，用于显示菜单；最后在<div>标记中添加用于显示菜单项的<ul>和<li>标记。关键代码如下：

```
<div id="menu">
<ul>
```

```
    <li><a href="www.mingribook.com">图书介绍</a></li>
    <li><a href="www.mingribook.com">新书预告</a></li>
    …   <!--省略了其他菜单项的代码-->
    <li><a href="www.mingribook.com">联系我们</a></li>
</ul>
</div>
<img  src="images/title.gif" width="30" height="80" id="flag" />
```

（3）编写 CSS 样式，用于控制菜单的显示样式，具体代码请参见源码。

（4）在引入 jQuery 库的代码下方编写 jQuery 代码，当鼠标指针移动到“隐藏菜单”图片上时，如果菜单为隐藏状态，则将菜单显示；当鼠标指针移出“隐藏菜单”图片时，则将菜单隐藏。具体代码如下：

```
<script type="text/javascript">
    $(document).ready(function(){
        $("#flag").on("mouseover",function(){
            if($("#menu").is(':hidden')){    // 判断菜单是否为隐藏状态
                $("#menu").show(300);        // 如果菜单为隐藏状态，则将菜单显示
            }
        });
        $("#menu").hover(null,function(){
            $("#menu").hide(300);            // 隐藏菜单
        });
    });
</script>
```

上面的代码中，在绑定鼠标指针的移出事件时，使用了 hover()方法，而没有使用 mouseout()方法。这是因为使用 mouseout()方法时，当鼠标指针在菜单上移动时，菜单将在显示与隐藏状态间反复切换。这是 jQuery 的事件捕获与事件冒泡造成的，但是 hover()方法有效地解决了这个问题。

运行本实例，将显示图 5-14 所示的效果。将鼠标指针移动到“隐藏菜单”图片上时，将显示图 5-15 所示的效果；将鼠标指针从该菜单上移出时，又将显示图 5-14 所示的效果。

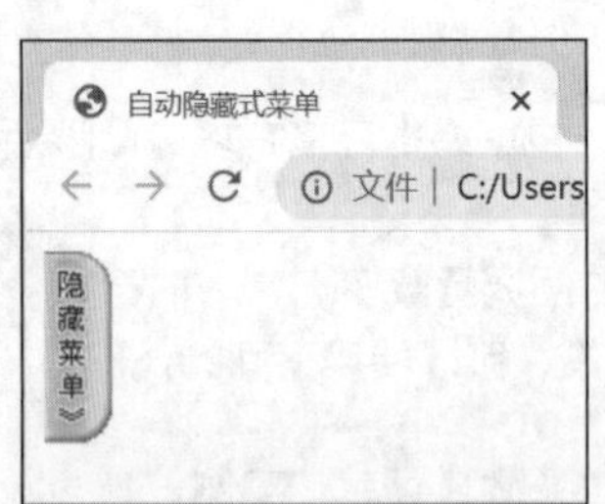

图 5-14　鼠标指针移出“隐藏菜单”图片时的效果

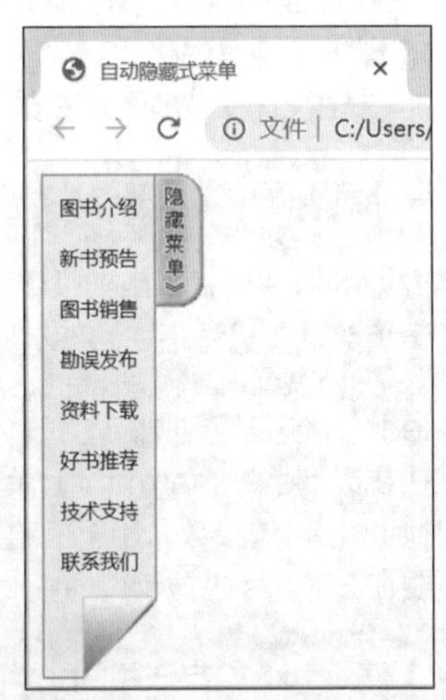

图 5-15　鼠标指针移动到“隐藏菜单”图片上时的效果

5.2.3　切换元素的可见状态

使用 toggle()方法可以切换元素的可见状态，也就是说如果元素为显示状态，切换为隐藏状态；如果元素为隐藏状态，切换为显示状态。toggle()方法的语法格式如下：

```
toggle();
```

【例 5-9】通过单击普通按钮隐藏和显示全部<div>元素（实例位置：源码\第 5 单元\5-9）。

（1）创建一个名为 index.html 的文件，在该文件的<head>标记中使用下面的语句引入 jQuery 库。

```
<script type="text/javascript" src="../js/jquery-3.6.4.min.js"></script>
```

（2）在页面的<body>标记中创建两个<div>元素，具体代码如下：

```
<div>莫凡魔方科技</div>
<div>莫凡图书</div>
```

（3）在引入 jQuery 库的代码下方编写 jQuery 代码，用来切换全部<div>元素的隐藏和显示状态。具体代码如下：

```
<script type="text/javascript">
$(document).ready(function(){
$("input[type='button']").click(function(){
     $("div").toggle();          // 切换全部<div>元素的隐藏和显示状态
});
});
</script>
```

运行本实例，单击图 5-16 中所示的“切换状态”按钮，可以看到两个<div>元素的内容都被隐藏，如图 5-17 所示。此时再单击“切换状态”按钮，可以看到两个<div>元素的内容再次显示。

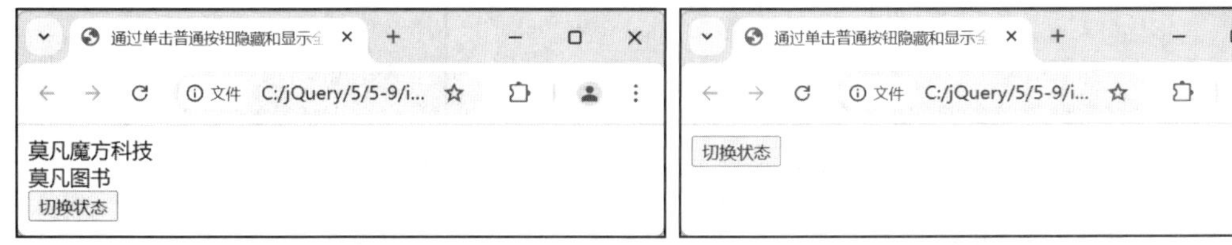

图 5-16　页面初始状态　　图 5-17　隐藏<div>元素内容

5.2.4　淡入淡出的动画效果

如果在显示或隐藏元素时不需要改变元素的高度和宽度，只单独改变元素的透明度，就需要使用淡入淡出的动画效果。jQuery 中提供了表 5-2 所示的实现淡入淡出的动画效果的方法。

表 5-2　实现淡入淡出的动画效果的方法

方法	说明	示例
fadeIn(speed,[callback])	通过提高不透明度实现匹配元素淡入的动画效果	$("img").fadeIn(300);　//淡入的动画效果
fadeOut(speed,[callback])	通过降低不透明度实现匹配元素淡出的动画效果	$("img").fadeOut(300); //淡出的动画效果
fadeTo(speed,opacity,[callback])	将匹配元素的不透明度以渐进的方式调整到指定的参数	$("img").fadeTo(300,0.15);//在 0.3s 内将图片不透明度逐渐降低至 15%
fadeToggle([speed,[easing],[fn]])	通过不透明度的变化来开关所有匹配元素的淡入淡出的动画效果	$("p").fadeToggle(300,"linear");// 缓慢地将段落淡入

这 4 种方法都可以为其指定 speed 参数，speed 参数规则与 hide()方法和 show()方法的 speed 参数规则一致。在使用 fadeTo()方法指定不透明度时，opacity 参数只能是 0～1 的数值（0 表示完全透明，1 表示完全不透明），数值越小，则图片的可见性就越差。

【例 5-10】把例 5-8 中的自动隐藏式菜单修改成带淡入淡出的动画效果的自动隐藏式菜单（实例位置：源码\第 5 单元\5-10）。

在引入 jQuery 库的代码下方编写 jQuery 代码，实现菜单淡入淡出的动画效果。具体代码如下：

```
<script type="text/javascript">
     $(document).ready(function(){
          $("#flag").on("mouseover" ,function(){
```

```
                $("#menu").fadeIn(700);        // 淡入的动画效果
            });
            $("#menu").hover(null,function(){
                $("#menu").fadeOut(700);       // 淡出的动画效果
            });
        });
</script>
```

修改后的运行效果如图 5-18 所示。

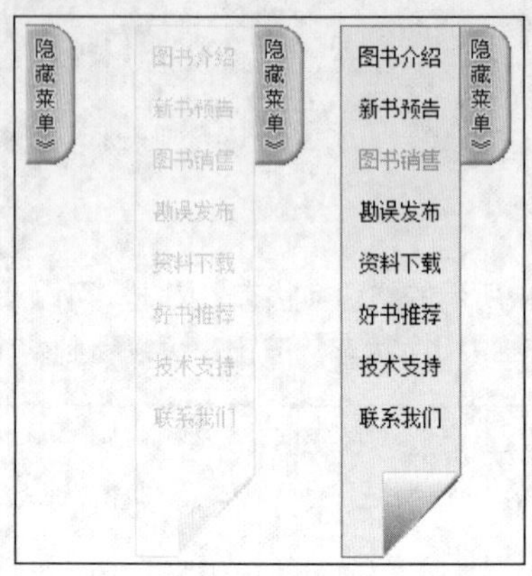

图 5-18　带淡入淡出动画效果的自动隐藏式菜单

5.2.5　滑动的动画效果

jQuery 提供了 slideDown()方法（用于滑动显示匹配的元素）、slideUp()方法（用于滑动隐藏匹配的元素）和 slideToggle()方法（用于通过元素高度的变化动态切换元素的可见状态）来实现滑动的动画效果。下面分别进行介绍。

1．滑动显示匹配的元素

使用 slideDown()方法可以向下增加元素高度，动态显示匹配的元素。slideDown()方法会逐渐向下增加匹配的隐藏元素的高度，直到元素完全显示为止。slideDown()方法的语法格式如下：

```
slideDown(speed,[callback])
```

- speed：用于指定动画的时长。该参数可以是数字，也就是指元素在多少毫秒后完全显示；也可以是默认参数 slow、normal 和 fast。
- callback：可选参数，用于指定显示完成后要触发的回调函数。

例如，要在 300ms 内滑动显示页面中 id 属性值为 ad 的元素，可以使用下面的代码：

```
$("#ad").slideDown(300);
```

【例 5-11】滑动显示 id 属性值为 ad 的<div>元素（实例位置：源码\第 5 单元\5-11）。

（1）创建一个名为 index.html 的文件，在该文件的<head>标记中使用下面的语句引入 jQuery 库。

```
<script type="text/javascript" src="../js/jquery-3.6.4.min.js"></script>
```

（2）在页面中创建两个<div>元素，其中 id 属性值为 ad 的<div>元素是外层<div>元素的子元素，并且元素内容是隐藏的。具体代码如下：

```
<div>
    <div id="ad" style="display:none;">
        莫凡魔方科技
    </div>
    莫凡图书
</div>
```

（3）在引入 jQuery 库的代码下方编写 jQuery 代码，实现滑动显示效果。具体代码如下：

```
<script type="text/javascript">
    $(document).ready(function(){
```

```
        $("#ad").slideDown(600);
    });
</script>
```

运行效果如图 5-19 所示。

图 5-19　滑动显示效果

2. 滑动隐藏匹配的元素

使用 slideUp()方法可以向上减少元素高度，动态隐藏匹配的元素。slideUp()方法会逐渐向上减少匹配的显示元素的高度，直到元素完全隐藏为止。slideUp()方法的语法格式如下：

```
slideUp(speed,[callback])
```

- speed：用于指定动画的时长。该参数可以是数字，也就是指元素在多少毫秒后完全隐藏；也可以是默认参数 slow、normal 和 fast。
- callback：可选参数，用于指定隐藏完成后要触发的回调函数。

【例 5-12】滑动隐藏 id 属性值为 ad 的<div>元素（实例位置：源码\第 5 单元\5-12）。

在引入 jQuery 库的代码下方编写 jQuery 代码，实现滑动隐藏效果。具体代码如下：

```
<script type="text/javascript">
    $(document).ready(function(){
        $("#ad").slideUp(600);
    });
</script>
```

运行效果如图 5-20 所示。

图 5-20　滑动隐藏效果

3. 通过元素高度的变化动态切换元素的可见状态

通过 slideToggle()方法可以实现通过元素高度的变化动态切换元素的可见状态。在使用 slideToggle()方法时，如果元素为显示状态，就减少元素高度使全部元素隐藏；如果元素为隐藏状态，就增加元素高度使元素最终全部显示。slideToggle()方法的语法格式如下：

```
slideToggle(speed,[callback])
```

- speed：用于指定动画的时长。该参数可以是数字，也就是指元素在多少毫秒后完全显示或隐藏；也可以是默认参数 slow、normal 和 fast。
- callback：可选参数，用于指定动画完成后要触发的回调函数。

例如，要实现单击 id 属性值为 flag 的图片时，控制菜单的显示或隐藏（默认隐藏菜单，奇数次单击时显示菜单，偶数次单击时隐藏菜单），可以使用下面的代码：

```
$("#flag").click(function(){
    $("#menu").slideToggle(300);          // 显示或隐藏菜单
});
```

【例 5-13】将例 5-10 中的动画效果改为通过单击图片控制菜单的显示或隐藏（实例位置：源码\第 5 单元\5-13）。

在引入 jQuery 库的代码下方编写 jQuery 代码，实现滑动显示或隐藏效果。具体代码如下：

```
<script type="text/javascript">
$(document).ready(function(){
     $("#flag").click(function(){
          $("#menu").slideToggle(300);         // 显示或隐藏菜单
       });
});
</script>
```

4．实战模拟：伸缩式导航菜单

下面我们通过一个具体的实例介绍使用 jQuery 实现滑动动画效果的具体应用。

【例 5-14】伸缩式导航菜单（实例位置：源码\第 5 单元\5-14）。

（1）创建一个名为 index.html 的文件，在该文件的<head>标记中使用下面的语句引入 jQuery 库。

```
<script type="text/javascript" src="../js/jquery-3.6.4.min.js"></script>
```

（2）在页面的<body>标记中，首先添加一个<div>标记，用于显示导航菜单的标题；然后添加一个字典列表，用于添加主菜单项及其子菜单项，其中主菜单项由<dt>标记定义，子菜单项由<dd>标记定义；最后再添加一个<div>标记，用于显示导航菜单的结尾。关键代码如下：

```
<div id="top"></div>
<dl>
     <dt>员工管理</dt>
     <dd>
        <div class="item">添加员工信息</div>
        <div class="item">管理员工信息</div>
     </dd>
     <dt>招聘管理</dt>
     <dd>
        <div class="item">浏览应聘信息</div>
        <div class="item">添加应聘信息</div>
        <div class="item">浏览人才库</div>
     </dd>
     <dt>薪酬管理</dt>
     <dd>
        <div class="item">薪酬登记</div>
        <div class="item">薪酬调整</div>
        <div class="item">薪酬查询</div>
     </dd>
   <dt class="title"><a href="#">退出系统</a></dt>
</dl>
<div id="bottom"></div>
```

（3）编写 CSS 样式，用于控制导航菜单的显示样式，具体代码请参见源码。

（4）在引入 jQuery 库的代码下方编写 jQuery 代码，首先隐藏全部子菜单，然后为每个包含子菜单的主菜单项添加 click 事件，当主菜单为隐藏状态时，滑动显示主菜单，否则滑动隐藏主菜单。具体代码如下：

```
<script type="text/javascript">
$(document).ready(function(){
     $("dd").hide();                          // 隐藏全部子菜单
     $("dt[class!='title']").click(function(){
          if($(this).next().is(":hidden")){
          // slideDown()：通过高度变化（向下增长）动态地显示所有匹配的元素
          $(this).css("backgroundImage","url(images/title_hide.gif)");
// 改变主菜单的背景
               $(this).next().slideDown("slow");
          }else{
          $(this).css("backgroundImage","url(images/title_show.gif)");
```

```
// 改变主菜单的背景
                    $(this).next().slideUp("slow");
                }
    });
    });
    </script>
```

运行本实例，将显示图 5-21 所示的效果。单击某个主菜单项时，将展开该主菜单的子菜单，例如单击“招聘管理”主菜单项，将显示图 5-22 所示的子菜单。通常情况下，“退出系统”主菜单没有子菜单，所以单击“退出系统”主菜单将不展开对应的子菜单，而是激活一个超链接。

图 5-21　未展开任何主菜单的效果

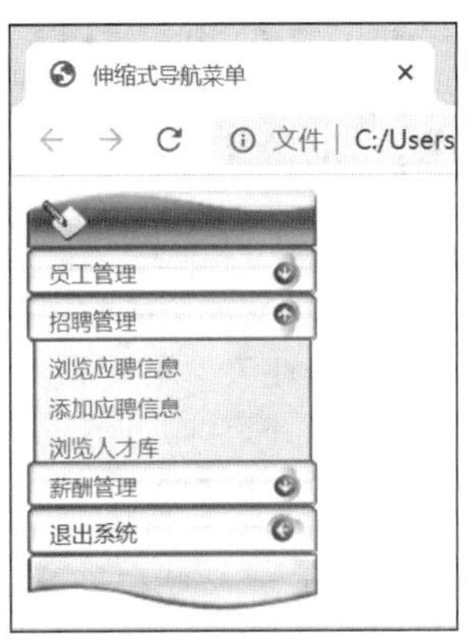

图 5-22　展开“招聘管理”主菜单的效果

5.2.6　自定义的动画效果

前面我们已经介绍了 3 种类型的动画效果，但是有些时候，开发人员会需要一些更加高级的动画效果，这时就需要采用高级的自定义动画效果来解决这个问题。在 jQuery 中，要实现自定义动画效果，主要使用 animate()方法创建自定义动画，使用 stop()方法停止动画。下面我们分别进行介绍。

1. 使用 animate()方法创建自定义动画

animate()方法的操作更加自由，可以随意控制元素的属性，实现更加绚丽的动画效果。jQuery 1.8 中加入了该方法。animate()方法的基本语法格式如下：

```
animate(params,speed,callback)
```

- params：表示一个包含属性和值的映射，可以同时包含多个属性和值，例如{left:"200px", top:"100px"}。
- speed：表示动画运行的速度，参数规则同其他动画效果的 speed 参数规则一致，它是一个可选参数。
- callback：表示一个回调函数，当动画运行完毕后执行该回调函数，它也是一个可选参数。

【例 5-15】将元素在页面中移动一圈（实例位置：源码\第 5 单元\5-15）。

（1）创建一个名为 index.html 的文件，在该文件的<head>标记中使用下面的语句引入 jQuery 库。

```
<script type="text/javascript" src="../js/jquery-3.6.4.min.js"></script>
```

（2）在页面的<body>标记中，首先添加一个<div>标记，在<div>标记中放置一张图片。代码如下：

```
<div id="fish"><img src="images/fish.jpg" /></div>
```

（3）在引入 jQuery 库的代码下方编写 jQuery 代码，让图片先向右移动，再向下移动，最后返回原点。具体代码如下：

```
<script type="text/javascript">
$(document).ready(function(){
     $("#fish").animate({left:300},1000)
     .animate({top:200},1000)
     .animate({left:0},200)
```

```
        .animate({top:0},200);
});
</script>
```

注意 **在使用 animate()方法时，必须设置元素的定位属性 position 的值为 relative 或 absolute，元素才能动起来。如果没有明确定义元素的定位属性 position，并试图使用 animate()方法移动元素，元素只会静止不动。**

说明 **在 animate()方法中可以使用属性 opacity 来设置元素的不透明度。**
如果在{left:"400px"}中的 400px 前加上“+=”就表示在当前位置累加，加上“-=”就表示在当前位置累减。

2. 使用 stop()方法停止动画

stop()方法也属于自定义动画函数，它会停止匹配元素正在运行的动画，并立即运行动画队列中的下一个动画。jQuery 1.7 中加入了该方法。stop()方法的语法格式如下：

```
stop(clearQueue,gotoEnd)
```

- clearQueue：表示是否清空尚未运行完的动画队列（值为 true 时表示清空尚未运行完的动画队列）。
- gotoEnd：表示是否让正在运行的动画直接到达动画结束时的状态（值为 true 时表示让正在运行的动画直接到达动画结束时的状态）。

【例 5-16】停止正在运行的动画，清空动画队列并直接到达动画结束时的状态（实例位置：源码\第 5 单元\5-16）。

第（1）、（2）步同例 5-15。

（3）在引入 jQuery 库的代码下方编写 jQuery 代码，加入停止动画的代码。具体代码如下：

```
<script type="text/javascript">
$(document).ready(function(){
    $("#fish").animate({left:300},1000)
    .animate({top:200},1000)
    .animate({left:0},200)
    .animate({top:0},200);
    $("#btn").click(function(){
            $("#fish").stop(true,true);           // 停止动画
    });
});
</script>
```

注意 **参数 gotoEnd 的值设置为 true 时，只能直接到达正在运行的动画结束时的状态，并不能到达动画队列所设置的动画结束时的状态。**

3. 判断元素是否处于动画状态

在使用 animate()方法时，当用户快速在某个元素上执行 animate()为元素添加新的动画时，就会出现动画累积。解决这个问题的方法是判断元素是否处于动画状态，如果不处于动画状态，则为元素添加新的动画，否则不添加。具体代码如下：

```
    if(!$(element).is(":animated")){      // 判断元素是否处于动画状态，如果不处于动画状态，则为元素添加新的动画
    }
```

判断元素是否处于动画状态的方法在使用 animate()为元素添加新的动画中会经常使用，读者需要特别注意并掌握。

4. 延迟动画的运行

在动画运行的过程中，我们经常会对动画进行延迟操作，这时就需要使用 delay()方法。下面我们通过一个具体的实例来演示它的使用方法。

【例 5-17】延迟运行动画（实例位置：源码\第 5 单元\5-17）。

第（1）、（2）步同例 5-15。

（3）在引入 jQuery 库的代码下方编写 jQuery 代码，加入延迟动画运行的代码。具体代码如下：

```
<script type="text/javascript">
$(document).ready(function(){
     $("#fish").animate({left:300},1000)
     .delay(300)
     .animate({top:200},1000)
     .delay(1500)
     .animate({left:0},200)
     .animate({top:0},200);
     $("#btn").click(function(){
          $("#fish").stop(true,true);          // 延迟运行动画
     });
});
</script>
```

delay()方法允许将队列中的动画延迟运行，它既可以用于延迟动画队列中动画的运行，也可以用于自定义队列。

5. 使用 finish()停止当前正在运行的动画

使用 finish ()方法可以停止当前正在运行的动画，并且删除所有其他的动画。.finish()方法和.stop(true, true)类似，.stop(true, true)将清除动画队列，并且将目前的动画跳转到其最终值；而.finish() 会导致所有排队的动画的 CSS 属性跳转到它们的最终值。finish()方法是在 jQuery 1.9 中加入的。

具体代码如下：

```
$(".container ").click(function(){
       $("div").finish();
});
```

5.3 项目实战：实现图片传送带

图片传送带是指在页面的指定位置固定显示一定数量的图片（其他图片隐藏），单击左边的图片时，全部图片均向左移动一张图片的位置；单击右边的图片时，全部图片均向右移动一张图片的位置。这样既可以查看全部图片，又可以节省页面空间，比较实用。运行本项目，将显示图 5-23 所示的效果，将鼠标指针移动到左边的图片上，将显示图 5-24 所示的向左的箭头，单击该图片则全部图片将向左移动一张图片的位置；将鼠标指针移动到右边的图片上时，将显示向右的箭头，单击该图片则全部图片将向右移动一张图片的位置；单击中间位置的图片，可以打开新窗口查看该图片的原图。

项目实战：实现图片传送带

图 5-23　鼠标指针不在任何图片上的效果

图 5-24　将鼠标指针移动到左边的图片上的效果

说明 图片传送带还可以通过 jQuery 插件来实现，通过插件实现起来更加容易，而且效果更加丰富。

程序开发步骤如下。

（1）创建一个名为 index.html 的文件，在该文件的<head>标记中使用下面的语句引入 jQuery 库。

```
<script type="text/javascript" src="../js/jquery-3.6.4.min.js"></script>
```

（2）在页面的<body>标记中，首先添加一个<div>标记，用于包裹一组图片链接。每个图片都是通过<a>标记包裹的<img>元素来展示的，这些<img>元素指定了图片的高度、宽度以及源地址（src），并且每个<a>标记的 href 属性指向了图片的完整路径，使得单击图片时可以打开或在新标签页中查看该图片的原图。关键代码如下：

```
<div id="container">
<div class="box">
    <a href="images/01.jpg"><img height=60 src="images/01.jpg" width=80></a>
    <a href="images/02.jpg"><img height=60 src="images/02.jpg" width=80></a>
    <a href="images/03.jpg"><img height=60 src="images/03.jpg" width=80></a>
    <a href="images/04.jpg"><img height=60 src="images/04.jpg" width=80></a>
    <a href="images/05.jpg"><img height=60 src="images/05.jpg" width=80></a>
    <a href="images/06.jpg"><img height=60 src="images/06.jpg" width=80></a>
</div>
</div>
```

（3）编写 CSS 样式，用于控制图片传送带容器及图片的样式，具体代码请参见源码。

（4）在引入 jQuery 库的代码下方编写 jQuery 代码，实现图片传送带效果。具体代码如下：

```
<script type="text/javascript">
$(document).ready(function() {
  var spacing = 90;                          // 定义保存间距的变量
  function createControl(src) {              // 定义创建控制图片的函数
    return $('<img/>')
      .attr('src', src)                      // 设置图片的来源
        .attr("width",80)
        .attr("height",60)
      .addClass('control')
      .css('opacity', 0.6)                   // 设置不透明度
      .css('display', 'none');               // 默认为隐藏状态
  }
  var $leftRollover = createControl('images/left.gif');  // 创建向左移动的控制图片
  var $rightRollover = createControl('images/right.gif'); // 创建向右移动的控制图片
  $('#container').css({                      // 改变图片传送带容器的 CSS 样式
    'width': spacing * 3,
    'height': '70px',
    'overflow': 'hidden'                     // 溢出时隐藏
  }).find('.box a').css({
    'float': 'none',
    'position': 'absolute',                  // 设置为绝对布局
    'left': 1000                             // 将左边距设置为 1000px
  });
  var setUpbox = function() {
    var $box = $('#container .box a');
    $box.off ('click mouseenter mouseleave'); // 移除绑定的事件
    /****************************左边的图片********************************/
    $box.eq(0)
      .css('left', 0)
      .click(function(event) {
        $box.eq(0).animate({'left': spacing}, 'fast');      // 为第 1 张图片添加动画
        $box.eq(1).animate({'left': spacing * 2}, 'fast');  // 为第 2 张图片添加动画
        $box.eq(2).animate({'left': spacing * 3}, 'fast');  // 为第 3 张图片添加动画
        $box.eq($box.length - 1)
```

```
        .css('left', -spacing)          // 设置左边距
        .animate({'left': 0}, 'fast', function() {
          $(this).prependTo('#container .box');
          setUpbox();
        });                             // 添加动画
      event.preventDefault();           // 取消事件的默认行为
    }).hover(function() {                            // 设置鼠标指针的悬停事件
      $leftRollover.appendTo(this).fadeIn(200);      // 显示向左移动的控制图片
    }, function() {
      $leftRollover.fadeOut(200);       // 隐藏向左移动的控制图片
    });
  /****************************右边的图片*******************************/
  $box.eq(2)
    .css('left', spacing * 2)           // 设置左边距
    .click(function(event) {            // 绑定 click 事件
      $box.eq(0)                        // 获取左边的图片，也就是第 1 张图片
        .animate({'left': -spacing}, 'fast', function() {
          $(this).appendTo('#container .box');
          setUpbox();
        });
      $box.eq(1).animate({'left': 0}, 'fast');       // 添加动画
      $box.eq(2).animate({'left': spacing}, 'fast'); // 添加动画
      $box.eq(3)
        .css('left', spacing * 3)                    // 设置左边距
        .animate({'left': spacing * 2}, 'fast');     // 添加动画
      event.preventDefault();                        // 取消事件的默认行为
    }).hover(function() {                            // 设置鼠标指针的悬停事件
      $rightRollover.appendTo(this).fadeIn(200);     // 显示向右移动的控制图片
    }, function() {
      $rightRollover.fadeOut(200);      // 隐藏向右移动的控制图片
    });
  /**********************中间的图片************************************/
  $box.eq(1).css('left', spacing);      // 设置左边距
    };
  setUpbox();
  $("a").attr("target","_blank");       // 查看原图时，在新的窗口中打开
});
</script>
```

5.4 小结

（1）$(document).ready()方法是事件模块中最重要的一个方法，它极大地提高了 Web 响应速度。

（2）在 jQuery 中，事件绑定通常可以分成为元素绑定事件、移除绑定事件和绑定一次性事件处理 3 种情况。

（3）在 jQuery 中，为元素绑定事件可以使用 on()方法，移除绑定事件可以使用 off()方法，绑定一次性事件处理可以使用 one()方法。

（4）在 jQuery 中一般常用 triggerHandler()方法和 trigger()方法来模拟用户的操作触发事件。

（5）模拟悬停事件是指模拟鼠标指针移入一个对象面又从该对象移出的事件，可以通过 jQuery 提供的 hover()方法实现。

（6）事件对象提供了 stopPropagation()方法，使用该方法可以阻止事件冒泡。

（7）在 jQuery 中，使用 preventDefault()方法可以阻止浏览器默认行为。

（8）使用 hide()方法可以隐藏匹配元素。hide()方法相当于将元素 CSS 样式属性 display 的值设置为 none。

（9）使用 show()方法可以显示匹配元素。show()方法相当于将元素 CSS 样式属性 display 的值设置为 block、inline 或其他除了 none 以外的值。

（10）使用 toggle()方法可以切换元素的可见状态。

（11）jQuery 提供了 slideDown()方法（用于滑动显示匹配的元素）、slideUp()方法（用于滑动隐藏匹配的元素）和 slideToggle()方法（用于通过元素高度的变化动态切换元素的可见状态）来实现滑动动画效果。

（12）在 jQuery 中，要实现自定义的动画效果，主要使用 animate()方法创建自定义动画，使用 stop()方法停止动画。

5.5 习题

1. 选择题

（1）下列（　　）不是 jQuery 事件绑定方法。

A. on()　　B. off()　　C. one()　　D. onclick()

（2）下列关于 jQuery 淡入淡出的动画效果的方法说法有误的是（　　）。

A. fadeIn()淡入操作　　B. fadeOut()淡出操作

C. fadeTo()显示、隐藏操作　　D. fadeToggle()淡入、淡出操作

（3）下列关于 jQuery 自定义的动画效果提供的方法不包括的是（　　）。

A. animate()　　B. stop()　　C. hide()　　D. delay()

2. 填空题

（1）页面加载响应事件是________________。

（2）jQuery 滑动动画效果方法包括________、________、________。

（3）jQuery 事件对象的属性包括________、________、________、________、________、________、________。

3. 简答题

（1）简述$(document).ready()方法和 window.onload()方法的区别。

（2）如何为元素绑定事件和移除绑定事件？

（3）模拟鼠标指针悬停的事件需要使用什么方法？

（4）简述事件捕获与事件冒泡的主要区别。

（5）如何对指定的元素进行显示与隐藏？

（6）如何实现淡入淡出的动画效果？

（7）在 jQuery 中实现滑动动画效果主要用到哪几种方法？

（8）如何停止自定义的动画？

第6单元 使用jQuery操作表单和表格

06

情景引入

假设我们在开发一个管理系统，需要对大量表单和表格进行操作和处理，我们希望能够简化用户输入验证、动态添加/删除表格行以及对表单数据进行实时处理的工作。借助jQuery，我们可以轻松地操作表单元素，进行实时验证和数据提取；同时通过动态操作表格，实现灵活的行级操作和数据交互。使用jQuery操作表单和表格可以给管理系统带来便捷、高效的交互界面，给用户提供良好的数据管理体验。本单元将介绍表单概述、使用jQuery操作表单元素、使用jQuery操作表格等内容。

学习目标

知识目标

1. 掌握HTML表单中各种标记的使用。
2. 掌握使用jQuery操作表单元素的方法。
3. 掌握使用jQuery操作表格的方法。

能力目标

1. 能够熟练使用jQuery操作表单元素。
2. 能够熟练使用jQuery操作表格。

素质目标

掌握表单与表格交互设计的技巧，增强细节处理能力和规范化意识，根据实际需求设计并实现功能性强的界面，提高服务意识与执行能力。

思维导图

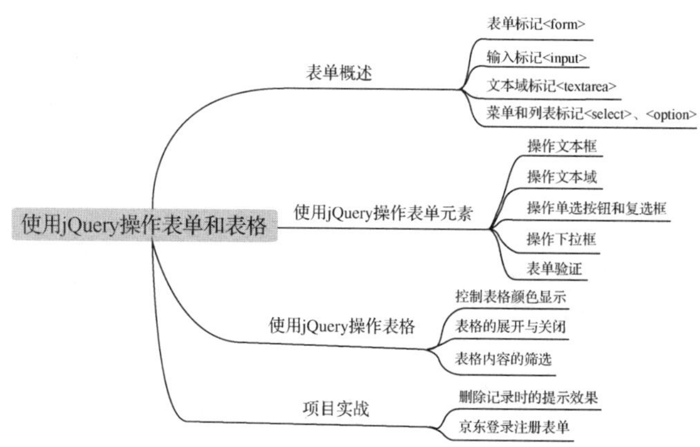

6.1 表单概述

表单通常设计在一个 HTML 文档中，当用户填写完表单的信息后会进行提交操作，将表单的信息从客户端的浏览器传送到服务器，经过服务器处理程序处理后，再将用户所需信息传送回客户端的浏览器，这样网页就具有了交互性。HTML 表单是 HTML 页面与浏览器实现交互的重要手段。

表单的主要功能是收集信息，具体来说是收集用户的信息。例如用户在网上注册一个账号，就必须按要求填写网站提供的表单网页的信息，如用户名、密码、联系方式等信息，如图 6-1 所示。在网页中，最常见的表单形式主要包括文本框、复选框、按钮等。

图 6-1 用来注册的表单

6.1.1 表单标记<form>

表单是网页中的一个特定区域。这个区域是由一对<form>标记定义的。在<form>与</form>之间的一切内容都属于表单的内容。

每个表单元素都开始于<form>元素，其中可以包含所有的表单控件，还可以包含其他必需的伴随数据，例如控件的标签、处理数据的脚本或程序的位置等。在表单的<form>标记中，还可以设置表单的基本属性，包括表单名称、处理程序、提交方式等。一般情况下，表单的 action 属性和 method 属性是必不可少的属性。

1. action 属性

action 属性指定处理表单提交数据的脚本文件。该脚本文件可以是 JSP、ASP.NET 或 PHP 脚本文件等。具体语法如下：

```
<form action="URL">…</form>
```

URL：表单提交的地址。

说 明 **在使用 action 属性指定处理表单提交数据的脚本文件时，可以指定文件在 Web 服务器上的路径。该路径可以是绝对路径，也可以是相对路径。**

2. 表单名称 name 属性

表单名称属性 name 用于给表单命名。这个属性不是表单的必需属性，但是为了防止表单数据在提交到服务器处理程序时出现混乱，一般要为表单设置一个与表单功能相符的名称。例如，登录的表单可以命名为 loginForm。不同的表单尽量用不同的名称，以避免出现混乱。具体语法如下：

```
<form name="form_name">…</form>
```

form_name：表单名称。

3. 提交方式 method 属性

表单的提交方式 method 属性用来定义服务器从表单中获得数据的方式，可取值为 get 或 post，这两种取值决定了表单中已收集的数据是用什么方式提交到服务器的。具体语法如下：

```
<form method="method">…</form>
```

method：提交方式，它的值可以为 get 或 post。

> **说明** method=get：使用这种方式提交表单时，表单数据会附加在 URL（Uniform Resource Locator，统一资源定位符）后，由客户端直接提交至服务器，所以该方式的速度会比 post 方式的速度快。该方式的缺点是数据长度不能太长，在没有指定 method 属性值的情况下，一般都会视 get 为默认值。
> method=post：使用这种方式提交表单时，表单数据是与 URL 分开提交的，客户端的计算机会通知服务器来读取数据，所以通常没有对数据长度的限制。该方式的缺点是速度会比 get 方式的速度慢。

4. 编码方式 enctype 属性

表单的 enctype 属性用于设置表单数据提交的编码方式。具体语法如下：

```
<form enctype="value">…</form>
```

value：取值如表 6-1 所示。

表 6-1　enctype 属性的取值

取值	描述
test/plain	以纯文本的方式编码
application/x-www-form-urlencoded	默认的编码方式
multipart/form-data	MIME（Multipurpose Internet Mail Extension，多用途互联网邮件扩展）编码，上传文件的表单必须选择该取值

5. 目标显示方式 target 属性

target 属性用来指定目标窗口的显示方式。表单的目标窗口往往用来显示表单的返回信息，例如是否成功提交了表单的内容、是否出错等。具体语法如下：

```
<form target="target_win">…</form>
```

target_win：取值如表 6-2 所示。

表 6-2　target 属性的取值

取值	描述
_blank	将返回信息显示在新打开的浏览器窗口中
_parent	将返回信息显示在父级浏览器窗口中
_self	将返回信息显示在当前浏览器窗口中
_top	将返回信息显示在顶级浏览器窗口中

6.1.2 输入标记<input>

输入标记<input>是表单中最常用的标记之一。常用的文本域、按钮等都使用这个标记。具体语法如下：

```
<form>
    <input name="field_name" type="type_name">
</form>
```

- field_name：控件名称。
- type_name：控件类型，可选的控件类型如表 6-3 所示。

表 6-3　可选的控件类型

取值	描述
text	文本框
password	密码域，用户在页面中输入密码时不显示具体的内容，以*代替
radio	单选按钮
checkbox	复选框
button	普通按钮
submit	提交按钮
reset	重置按钮
image	图形域，也称为图像提交按钮
hidden	隐藏域，隐藏域将不显示在页面中，只将内容传递到服务器中
file	文件域

下面介绍常用的控件。

1. 文本框 text

文本框 text 用来设定在表单的文本域中，可输入的文本、数字或字母。具体语法如下：

```
<input type="text" name="field_name" maxlength=max_value size=size_value
value="field_ value">
```

文本框属性如表 6-4 所示。

表 6-4　文本框属性

取值	描述
name	文本框的名称
maxlength	文本框的最大输入字符数
size	文本框的宽度（以字符为单位）
value	文本框的默认值

【例 6-1】在页面中使用文本框，创建一个人口调查的表单页面（实例位置：源码\第 6 单元\6-1）。代码如下：

```
<form>
<h3 align="center">人口调查</h3>
<!-- 设置表示姓名的文本框 -->
    姓名：<input type="text" name="username" size=20 ><br />
    <!-- 设置表示性别的文本框宽度为 4，最大输入字符数为 1 -->
 性别：<input type="text" name="sex" size=4 maxlength=1 >  
    <!-- 设置表示年龄的文本框宽度为 4，最大输入字符数为 3 -->
    年龄：<input  type="text" name="age" size=4 maxlength=3 > <br />
        <!-- 设置表示居住地址的文本框宽度为 50，文本框的默认值为吉林省长春市-->
    居住地址：<input type="text" name="address" size=50 value="吉林省长春市">
</form>
```

运行效果如图 6-2 所示。

图 6-2　在页面中添加文本框

2. 密码域 password

在表单中还有一种文本域的形式为密码域，输入密码域的内容均以星号“*”或圆点“.”显示。具体语法如下：

```
<input type="password"name="field_name" maxlength=max_value size=size_value >
```

密码域属性如表 6-5 所示。

表 6-5　密码域属性

取值	描述
name	密码域的名称
maxlength	密码域的最大输入字符数
size	密码域的宽度（以字符为单位）
value	密码域的默认值

【例 6-2】在网络中常常有需要修改密码的时候，现在使用密码域创建一个修改密码的表单页面（实例位置：源码\第 6 单元\6-2）。代码如下：

```
< form>
<h3 align="center">修改密码</h3>
用  户  名：<input type="text" name="username" size=15><br>
原  密  码：<input type="password" name="oldpassword" 
maxlength=8 size=15><br>
新  密  码：<input type="password" name="newpassword1" 
maxlength=8 size=15><br>
确认新密码：<input type="password" name="newpassword2" maxlength=8 size=15  >
</ form>
```

运行效果如图 6-3 所示。

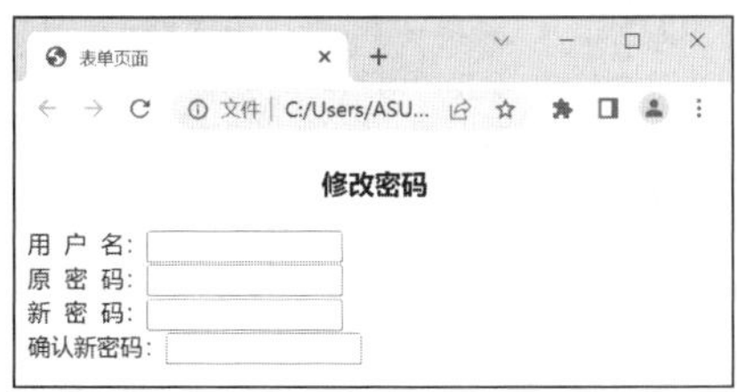

图 6-3　在页面中添加密码域

3. 单选按钮 radio

在网页中，单选按钮用来让用户进行单一选择，在页面中以圆框表示。单选按钮必须设置属性 value 的值。而对于一个选择中的所有单选按钮，往往要为其设定同样的名称，这样在传递数值时才能更好地对某一个选择内容的取值进行判断。具体语法如下：

```
<input type="radio" name="field_name" checked value="value">
```

- checked：表示此项为默认选中。
- value：表示选中项目后传递到服务器端的值。

【例 6-3】在页面中使用单选按钮，创建一个外来人员登记的表单页面（实例位置：源码\第 6 单元\6-3）。代码如下：

```
<form>
<h3 align="center">外来人员登记表</h3>
    姓名：<input type="text" name="username" size=15 /><br>
    性别：<input type="radio" name="field_name" checked value="男"/>男
    <input type="radio" name="field_name" value="女" />女 <br>
    身份证号：<input type="text" name="IDcard" size=20 /> <br>
    原因：<input type="text" name="causation" size=50  />
</form>
```

运行效果如图 6-4 所示。

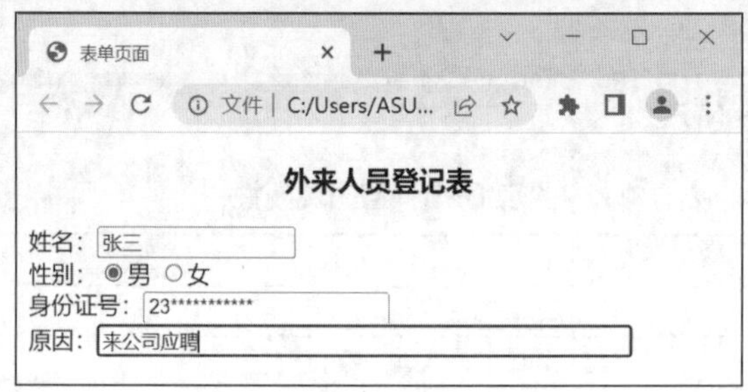

图 6-4　在页面中使用单选按钮

4. 复选框 checkbox

在用户在填写表单时，有一些内容可以通过让用户进行选择的形式来填写。例如在常见的网上调查中，首先提出调查的问题，然后让用户在若干项目中进行选择。又例如在收集个人信息时，要求用户在个人爱好的若干项目中进行选择等。复选框能用于进行项目的多项选择，以方框表示。具体语法如下：

```
<input type="checkbox" name="field_name" checked value="value">
```

- checked：表示此项为默认选中。
- value：表示选中项目后传递到服务器端的值。

【例 6-4】在页面中使用复选框，选择你喜欢的运动（实例位置：源码\第 6 单元\6-4）。代码如下：

```
<form>
<h3 align="center">选择你喜欢的运动</h3>
<input type="checkbox" name="hobby" value="游泳">游泳
<input type="checkbox" name="hobby" value="足球">足球
<input type="checkbox" name="hobby" value="篮球">篮球<br/>
<input type="checkbox" name="hobby" value="滑冰">滑冰
<input type="checkbox" name="hobby" value="滑雪">滑雪
<input type="checkbox" name="hobby" value="乒乓球">乒乓球
</ form>
```

运行效果如图 6-5 所示。

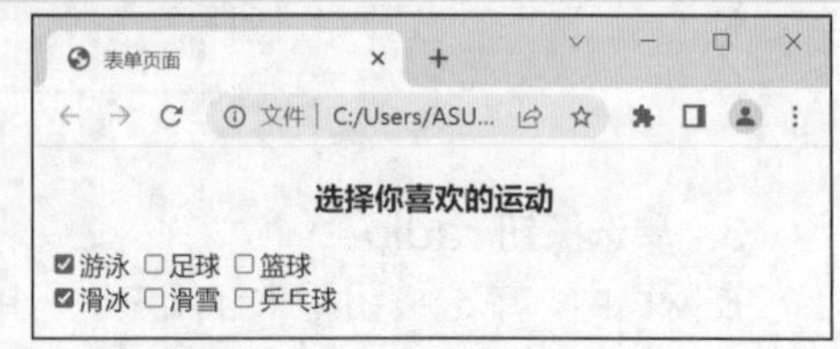

图 6-5　在页面中使用复选框

5. 普通按钮 button

在网页中按钮也很常见，其在提交页面、恢复选项时常常会用到。普通按钮一般情况下要配合脚本来进行表单处理。具体语法如下：

```
<input type="button" name="field_name" value="button_text">
```

- field_name：普通按钮的名称。

- button_text：按钮上显示的文字。

6. 提交按钮 submit

提交按钮是一种特殊的按钮，在单击该按钮时可以实现表单内容的提交。具体语法如下：

```
<input type="submit" name="field_name" value="submit_text">
```

- field_name：提交按钮的名称。
- submit_text：按钮上显示的文字。

【例 6-5】在页面中分别创建一个普通按钮和一个提交按钮，普通按钮用来关闭当前页面，提交按钮用来提交表单页面（实例位置：源码\第 6 单元\6-5）。代码如下：

```
<!–将表单页面提交到一个邮箱地址 -->
<form  action="mailto:muxi@muxi.com">
<!-- 使用提交按钮提交表单页面 -->
提交按钮：<input type="submit" value="提交表单页面" /><br />
   <!-- onclick 为鼠标单击事件，window.close()为关闭当前页面的方法 -->
普通按钮：<input type="button" value="关闭当前页面" onclick="window.close();" />
</form>
```

运行效果如图 6-6 所示。

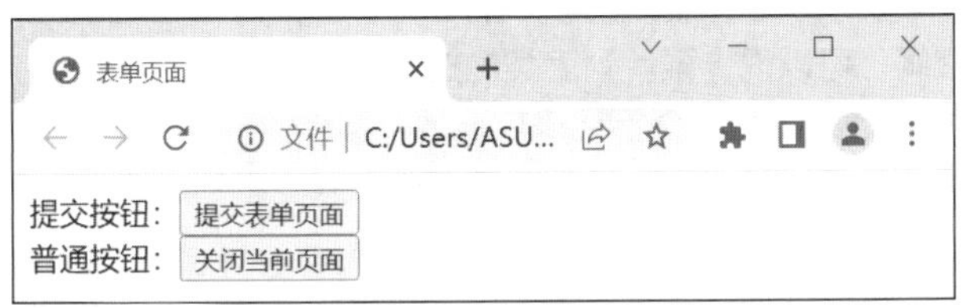

图 6-6　创建普通按钮和提交按钮的效果

6.1.3　文本域标记<textarea>

在 HTML 中还有一种特殊定义的文本样式，称为文字域或文本域。它与文字字段的区别在于它可以添加多行文字，从而可以输入更多文本。这种文本样式在留言板中最为常见。具体语法如下：

```
<textarea name="textname" value="text_value" rows=rows_value cols=cols_value value="value">
```

文本域属性如表 6-6 所示。

表 6-6　文本域属性

取值	描述
name	文本域的名称
rows	文本域的行数
cols	文本域的列数
value	文本域的默认值

【例 6-6】创建一个留言板页面，在页面中使用文本域（实例位置：源码\第 6 单元\6-6）。代码如下：

```
<form>
<h3 align="center">留言板</h3>
标题：<input type="text" name="username" size=50><br /><br />
<!-- 设置一个文本域，设置该文本域的行数为 10，列数为 70 -->
内容：<br /><textarea name="word" rows=10 cols=70></textarea>
</form>
```

运行效果如图 6-7 所示。

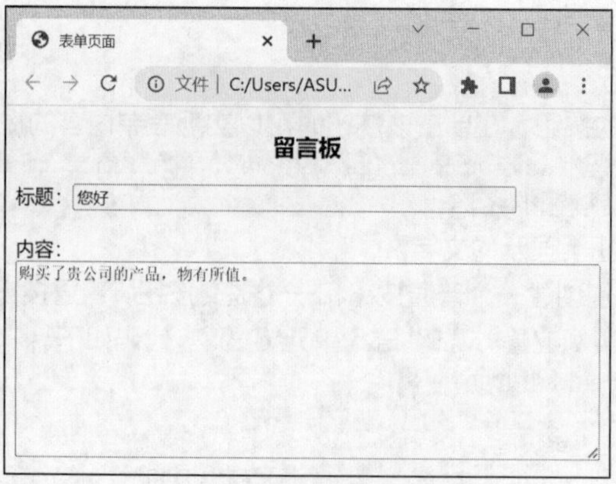

图 6-7　在页面中使用文本域

6.1.4　菜单和列表标记<select>、<option>

菜单列表类的控件主要用来选择给定选项中的一种，这类控件往往给定的选项比较多，使用单选按钮比较浪费页面空间。可以说，菜单列表类的控件主要是为了节省页面空间而设计的。菜单和列表分别通过<select>标记和<option>标记来实现。

菜单是一种最节省页面空间的控件，正常状态下用户只能看到一个选项，单击按钮打开菜单后才能看到全部的选项。

列表可以显示一定数量的选项，如果超出了这个数量，会自动出现滚动条，用户可以通过拖动滚动条来查看各选项。具体语法如下：

```
<select name='select_name' size=select_size multiple>
    <option value="option_value" selected>选项</option>
<option value="option_value" >选项</option>
</select>
```

菜单和列表属性如表 6-7 所示。

表 6-7　菜单和列表属性

取值	描述
name	菜单和列表的名称
size	显示的选项数量
multiple	可同时选择列表中的多个项目
value	选项值
selected	默认选项

【例 6-7】利用<select>标记创建一个用于学生业余生活调查的表单页面（实例位置：源码\第 6 单元\6-7）。代码如下：

```
<form>
<h3>学生业余生活调查</h3>
调查人姓名：<input type="text" name="username" size="10" /><br><br>
爱好的体育运动：<select name="hobby">
   <option value="游泳" selected>游泳</option>
   <option value="足球">足球</option>
   <option value="篮球">篮球</option>
   <option value="跑步">跑步</option>
</select><br><br>
周末一般都在做什么：<br><br>
<select name="where" size="4">
```

```
        <option value="在家" selected>在家</option>
        <option value="去逛街">去逛街</option>
        <option value="去访友">去访友</option>
        <option value="去郊游">去郊游</option>
    </select>
    </form>
```

运行效果如图 6-8 所示。

图 6-8　学生业余生活调查

6.2　使用 jQuery 操作表单元素

使用 jQuery 操作表单元素

6.2.1　操作文本框

文本框是表单中比较常见的一种元素，在 jQuery 中获取文本框的值的代码如下：

```
var textCon = $("#id").val();
```

或者

```
var textCon = $("#id").attr("value");
```

设置文本框的值，可以使用 attr()方法，代码如下：

```
$("#id").attr("value", "要设定的值");
```

设置文本框不可编辑的代码如下：

```
$("#id").attr("disabled", "disabled");
```

设置文本框可编辑的代码如下：

```
$("#id").removeAttr("disabled");
```

【例 6-8】获取文本框的值以及切换文本框的编辑状态（实例位置：源码\第 6 单元\6-8）。

（1）创建一个名为 index.html 的文件，在该文件的<head>标记中使用下面的语句引入 jQuery 库。

```
<script type="text/javascript" src="../js/jquery-3.6.4.min.js"></script>
```

（2）在页面的<body>标记中创建一个文本框，用来输入用户名。然后创建两个按钮，其中一个是“提交”按钮，另一个是普通按钮。关键代码如下：

```
用户名：<input type="text" name="testInput" id="testInput" /> <br/><br/>
<input type="submit" name="vbtn" id="vbtn" value="提交" />  
<input type="button" name="dbtn" id="dbtn" value="修改" />
```

（3）在引入 jQuery 库的代码下方编写 jQuery 代码，实现当单击“提交”按钮时，如果文本框内容不为空，则弹出文本框的值，并且将文本框的编辑状态切换为不可编辑状态；如果文本框内容为空，则给出提示信息。当单击“修改”按钮时，如果文本框的编辑状态为不可编辑状态，则将其切换为可编辑状态。具体代码如下：

```
$(document).ready(function(){
```

```
        $("#vbtn").click(function(){
            if($("#testInput").val() != ""){
                alert($("#testInput").val());                    // 弹出文本框的值
                $("#testInput").attr("disabled","disabled");    // 将文本框的编辑
状态切换为不可编辑状态
            }else{
                alert("请输入文本内容！");
                $("#testInput").focus();                    // 将焦点设置在文本框处
                return false;
            }
        });
        $("#dbtn").click(function(){
            if($("#testInput").attr("disabled") == "disabled"){
                $("#testInput").removeAttr("disabled");  // 移除文本框的disabled属性
            }
        });
    })
```

运行本实例，输入用户名，单击“提交”按钮，将显示图6-9所示的运行结果。单击“确定”按钮可以看到，文本框的编辑状态切换为不可编辑状态，如图6-10所示。提交完毕后，单击“修改”按钮可以看到，文本框的编辑状态切换为可编辑状态，如图6-11所示。

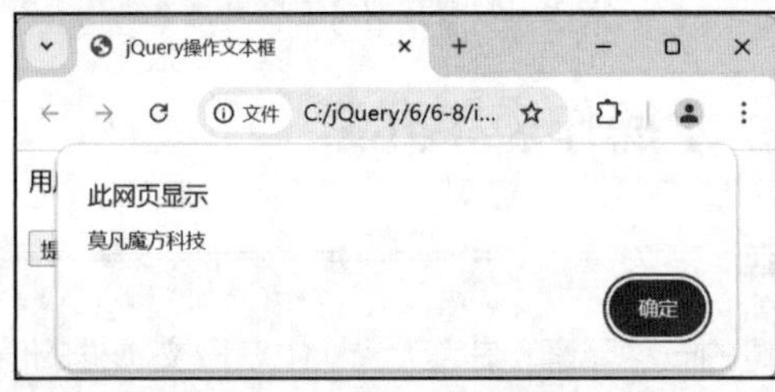

图6-9　弹出文本框的值

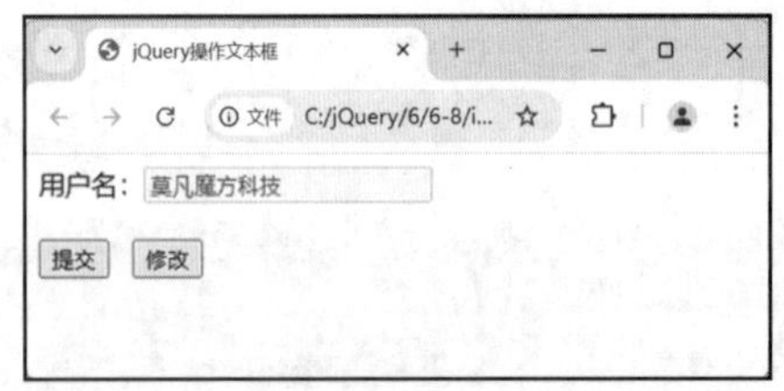

图6-10　文本框的编辑状态切换为不可编辑状态

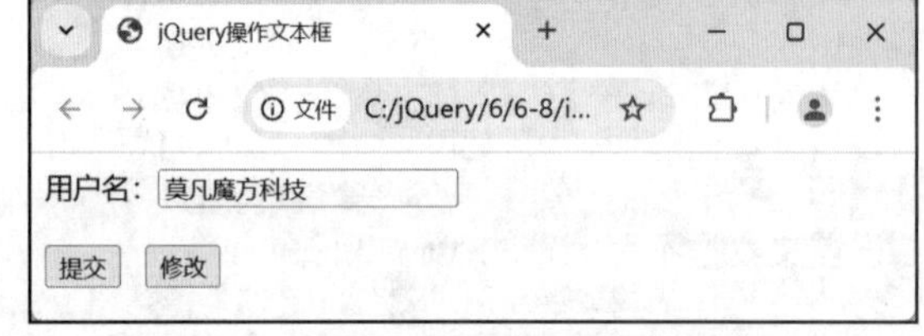

图6-11　文本框的编辑状态切换为可编辑状态

6.2.2　操作文本域

文本域的属性设置、值的获取以及编辑状态的切换与文本框的都相同。本小节我们来介绍文本域的实际操作。

1. 文本域的高度变化

【例6-9】制作一个高度可变的评论框（实例位置：源码\第6单元\6-9）。

（1）创建一个名为index.html的文件，在该文件的<head>标记中使用下面的语句引入jQuery库。

```
<script type="text/javascript" src="../js/jquery-3.6.4.min.js"></script>
```

（2）在页面的<body>标记中放置一个评论框，即文本域。在评论框上方放置两个按钮，用来控制评论框的高度。关键代码如下：

```
<div class="message">
    <div class="msg_top">
        <input type="button" value="放大" id="bigBtn"/>  <input type=
"button" value="缩小" id="smallBtn"/>
```

```
        </div>
        <div class="tt">
            <textarea id="content" rows="4" cols="35"> jQuery是一个轻量级的JavaScript
脚本库，它是目前最热门的Web前端开发技术之一，它的核心理念是“Write less, do more!”。
            </textarea>
        </div>
    </div>
```

（3）该文件的 CSS 样式详见源码。

（4）在引入 jQuery 库的代码下方编写 jQuery 代码，实现当单击“放大”按钮时，判断评论框是否处于动画中，如果未处于动画中，则判断评论框高度是否小于 350px（像素），如果小于 350px 则将评论框高度在原来基础上增加 70px；单击“缩小”按钮时，仍然先判断评论框是否处于动画中，如果未处于动画中，则判断评论框高度是否大于 70px，如果大于 70px 则将评论框高度在原来基础上减少 70px。具体代码如下：

```
$(document).ready(function(){
    var $content = $("#content");                       // 获取文本域对象
    $("#bigBtn").click(function(){                      // “放大按钮”click事件
        if(!$content.is(":animated")){                  // 是否处于动画中
            if($content.height() < 350){
                // 将文本域高度在原来基础上增加70px
                $content.animate({height:"+=70"},500);
            }
        }
    })
    $("#smallBtn").click(function(){                    // “缩小”按钮click事件
    if(!$content.is(":animated")){                      // 是否处于动画中
        if($content.height() > 70){
            // 将文本域高度在原来基础上减少70px
            $content.animate({height:"-=70"},500);
        }
    }
    })
})
```

运行本实例，单击“放大”按钮后，可以看到图 6-12 所示效果；单击“缩小”按钮后，可以看到图 6-13 所示效果。

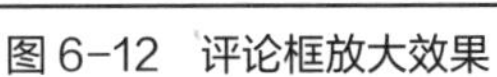
图 6-12 评论框放大效果

图 6-13 评论框缩小效果

2. 文本域的滚动条高度变化

【例 6-10】 控制评论框的滚动条（实例位置：源码\第 6 单元\6-10）。

（1）创建一个名为 index.html 的文件，在该文件的<head>标记中使用下面的语句引入 jQuery 库。

```
<script type="text/javascript" src="../js/jquery-3.6.4.min.js"></script>
```

（2）在页面的<body>标记中放置一个评论框，即文本域。在评论框上方放置两个按钮，用来控制滚动条滚动。关键代码如下：

```
<div class="message">
  <div class="msg_top">
```

```
            <input type="button" value="向上" id="upBtn"/>  <input
type="button" value="向下" id="downBtn"/>
        </div>
        <div class="tt">
            <textarea id="content" rows="4" cols="35"> jQuery 是一个轻量级的
JavaScript 脚本库，它是目前最热门的 Web 前端开发技术之一。jQuery 的语法非常简单，它的核心理念是
"write less,do more!"（事半功倍）。目前，很多高校的计算机专业和 IT 培训学校都将 jQuery 作为教学
内容之一，这对于培养学生的计算机应用能力具有非常重要的意义。
        </textarea>
        </div>
    </div>
```

（3）该文件的 CSS 样式详见源码。

（4）在引入 jQuery 库的代码下方编写 jQuery 代码，实现当单击“向上”或“向下”按钮时，滚动条滚动到指定位置。具体代码如下：

```
$(document).ready(function(){
    var $content = $("#content");                    // 获取文本域对象
    $("#upBtn").click(function(){                    // “向上”按钮的 click 事件
        if(!$content.is(":animated")){               // 是否处于动画中
            if($content.height() < 350){
                $content.animate({scrollTop:"-=40"},500);
            }
        }
    })
    $("#downBtn").click(function(){                  // “向下”按钮的 click 事件
    if(!$content.is(":animated")){                   // 是否处于动画中
        if($content.height() > 40){
            $content.animate({scrollTop:"+=40"},500);
        }
    }
    })
})
```

运行本实例，单击“向下”按钮后，可以看到图 6-14 所示效果；单击“向上”按钮后，可以看到图 6-15 所示效果。

图 6-14　评论框的滚动条向下滚动效果

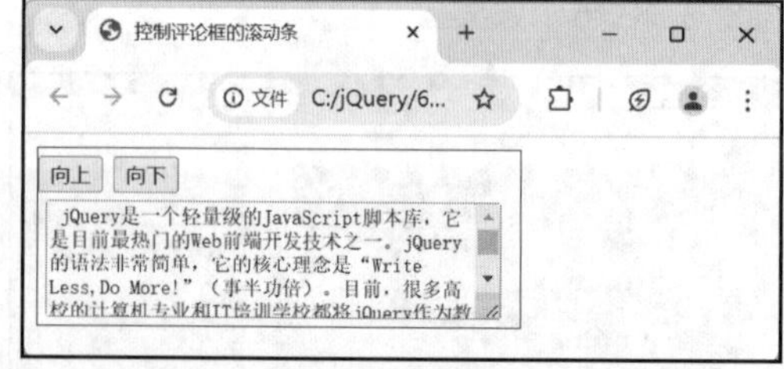

图 6-15　评论框的滚动条向上滚动效果

6.2.3　操作单选按钮和复选框

单选按钮和复选框的常用操作类似，都是选中、取消选中、判断选中状态等。

1．选中单选按钮和复选框

使用 attr()方法可以设置选中单选按钮和复选框，代码如下：

```
$("#id").attr("checked",true);
```

2．取消选中单选按钮和复选框

使用 removeAttr()方法可以取消选中单选按钮和复选框，代码如下：

```
$("#id").removeAttr("checked");
```

3．判断选中状态

判断单选按钮和复选框的选中状态，代码如下：

```
if($("#id")..attr("checked") == 'checked'){
        // 省略部分代码
}
```

【例 6-11】使用普通按钮控制单选按钮的选中状态（实例位置：源码\第 6 单元\6-11）。

（1）创建一个名为 index.html 的文件，在该文件的<head>标记中使用下面的语句引入 jQuery 库。

```
<script type="text/javascript" src="../js/jquery-3.6.4.min.js"></script>
```

（2）在页面的<body>标记中放置两个单选按钮，再创建两个普通按钮控制单选按钮的选中状态。代码如下：

```
<form>
<h3>选择你喜欢吃的水果</h3>
<input type="radio" name="fruit" value="香蕉" />香蕉
<input type="radio" name="fruit" value="葡萄" />葡萄<br/>
<input type="button" id="bbtn" value="香蕉" /> <input type="button"
id="gbtn" value="葡萄" />
</form>
```

（3）在引入 jQuery 库的代码下方编写 jQuery 代码，当单击普通按钮“香蕉”时，选中“香蕉”单选按钮；当单击普通按钮“葡萄”时，选中“葡萄”单选按钮。具体代码如下：

```
$(function(){
    $("#bbtn").click(function(){
        $("input[type=radio]").eq(0).attr("checked",true);
    })
    $("#gbtn").click(function(){
        $("input[type=radio]").eq(1).attr("checked",true);
    })
})
```

运行本实例，可以看到图 6-16 所示效果。

图 6-16　单选按钮效果

【例 6-12】控制复选框的全选、全不选和反选（实例位置：源码\第 6 单元\6-12）。

（1）创建一个名为 index.html 的文件，在该文件的<head>标记中使用下面的语句引入 jQuery 库。

```
<script type="text/javascript" src="../js/jquery-3.6.4.min.js"></script>
```

（2）在页面的<body>标记中创建表单，在表单中放置一组复选框，再创建 4 个按钮，分别控制复选框的全选、全不选和反选以及表单的提交。代码如下：

```
<form>
<h3 align="center">选择你喜欢的运动</h3>
<input type="checkbox" name="hobby" value="游泳">游泳
<input type="checkbox" name="hobby" value="足球">足球
<input type="checkbox" name="hobby" value="篮球">篮球
<input type="checkbox" name="hobby" value="滑冰">滑冰
<input type="checkbox" name="hobby" value="滑雪">滑雪
<input type="checkbox" name="hobby" value="乒乓球">乒乓球<br/><br/>
<input type="button" id="checkAll" value="全选"> <input type="button"
id="unCheck All" value="全不选"> 
<input type="button" id="revBtn" value=" 反 选 "> <input type="button"
```

```
id="subBtn" value="提交"> 
    </form>
```

（3）在引入 jQuery 库的代码下方编写 jQuery 代码，控制复选框的全选、全不选和反选以及表单的提交。具体代码如下：

```
    $(function(){
        $("#checkAll").click(function(){
            $("input[type=checkbox]").attr("checked",true);
        })
        $("#unCheckAll").click(function(){
            $("input[type=checkbox]").removeAttr("checked");
        })

        $("#revBtn").click(function(){
            $("input[type=checkbox]").each(function(){
                this.checked = !this.checked;
            });
        })
        $("#subBtn").click(function(){
            var msg = "你喜欢的运动是: \r\n";
            $("input[type=checkbox]:checked").each(function(){
                msg+=$(this).val()+"\r\n";
            });
            alert(msg);
        })
    })
```

运行本实例，可以看到图 6-17 所示效果。

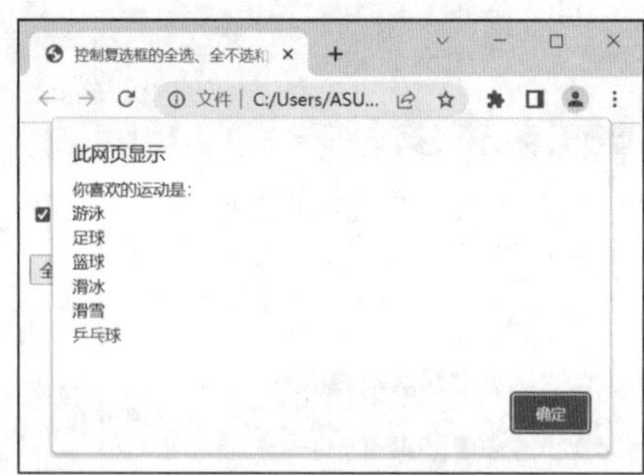

图 6-17　复选框效果

运行本实例可以看到，全选操作就是将复选框全部选中，因此为“全选”按钮绑定 click 事件，将全部 type 属性值为 checkbox 的<input>元素的 checked 属性值设置为 true。同理，全不选操作是将全部 type 属性值为 checkbox 的<input>元素的 checked 属性移除。

反选操作相对复杂一些，需要遍历每个复选框，将元素的 checked 属性值设置为与当前值相反的值。注意，此处的 this.checked = !this.checked;使用的是原生 JavaScript 的 DOM 方法，this 为 JavaScript 对象，而非 jQuery 对象，这样书写更加简单、易懂。

最后实现“提交”按钮的功能，将选中复选框的值弹出，获取复选框的值可以通过 val()方法实现。

6.2.4　操作下拉框

通常对下拉框的常用操作包括读取下拉框的值和设置下拉框的选中项、清空下拉框、向下拉框中添加选项等。

1．读取下拉框的值

可以使用 val()方法读取下拉框的值，代码如下：

```
var selVal = $("#id").val();
```

2. 设置下拉框的选中项

可以使用 attr()方法设置下拉框的选中项，代码如下：

```
$("#id").attr("value",选中项的值);
```

3. 清空下拉框

可以使用 empty()方法清空下拉框，代码如下：

```
if($("#id").empty();
```

4. 向下拉框中添加选项

可以使用 append()方法向下拉框中添加选项，代码如下：

```
if($("#id").append("<option value='值'>文本</option>");
```

【例 6-13】 jQuery 操作下拉框（实例位置：源码\第 6 单元\6-13）。

（1）创建一个名为 index.html 的文件，在该文件的<head>标记中使用下面的语句引入 jQuery 库。

```
<script type="text/javascript" src="../js/jquery-3.6.4.min.js"></script>
```

（2）在页面的<body>标记中，创建两个下拉框以及 4 个功能按钮，代码如下：

```
<div class="first">
    <select multiple name="hobby" id="hobby" class="sel">
            <option value="游泳">游泳</option>
            <option value="足球">足球</option>
            <option value="篮球">篮球</option>
            <option value="跑步">跑步</option>
            <option value="滑冰">滑冰</option>
            <option value="乒乓球">乒乓球</option>
            <option value="游泳">游泳</option>
            <option value="跳远">跳远</option>
            <option value="跳高">跳高</option>
      </select>
      <div class="sd">
            <button id="add">添加>></button><br/><br/>
            <button id="add_all">全部添加>></button>
      </div>
</div>
<div class="second">
      <select multiple name="other" id="other" class="sel"></select>
      <div class="sd">
           <button id="to_left"><<删除</button><br/><br/>
           <button id="all_to_left"><<全部删除</button>
           </div>
</div>
```

（3）编写 CSS 样式，具体内容请参见源码。

（4）在引入 jQuery 库的代码下方编写 jQuery 代码，单击“添加”按钮，将下拉框的选中项追加到另一个下拉框中；单击“全部添加”按钮，将下拉框的全部选项追加到另一个下拉框中；双击某个下拉框的选项，将其追加到另一个下拉框中。具体代码如下：

```
$(function(){
    $("#add").click(function(){
          var $options = $("#hobby option:selected");   // 获取左边下拉框的选中项
          $options.appendTo("#other");                   // 追加到右边下拉框中
    })
    $("#add_all").click(function(){
          var $options = $("#hobby option");             // 获取左边全部选项
          $options.appendTo("#other");                   // 追加到右边下拉框中
    })
    $("#hobby").dblclick(function(){                     // 鼠标双击事件
          var $options = $("option:selected",this);      // 获取左边选中项
          $options.appendTo("#other");                   // 追加到右边下拉框中
    })
```

```
    $("#to_left").click(function(){
         var $options = $("#other option:selected");   // 获取右边下拉框的选中项
         $options.appendTo("#hobby");                  // 追加到左边下拉框中
    })
    $("#all_to_left").click(function(){
         var $options = $("#other option");            // 获取右边全部选项
         $options.appendTo("#hobby");                  // 追加到左边下拉框中
    })
    $("#other").dblclick(function(){                   // 鼠标双击事件
         var $options = $("option:selected",this);     // 获取右边选中项
         $options.appendTo("#hobby");                  // 追加到左边下拉框中
    })
    })
```

运行本实例，可以看到图 6-18 所示效果。

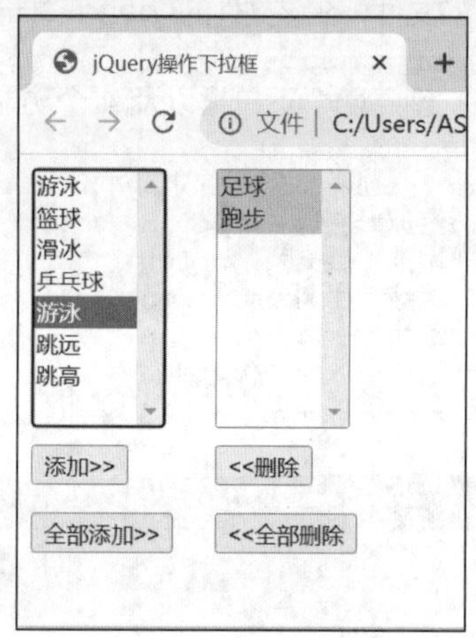

图 6-18　下拉效果

6.2.5　表单验证

表单是 HTML 页面中非常重要的部分，几乎每个网页中都有表单，例如用户提交的信息表单、查询信息表单等。在表单中，表单验证也是至关重要的。

【例 6-14】表单验证（实例位置：源码\第 6 单元\6-14）。

（1）创建一个名为 index.html 的文件，在该文件的<head>标记中使用下面的语句引入 jQuery 库。

```
<script type="text/javascript" src="../js/jquery-3.6.4.min.js"></script>
```

（2）在页面的<body>标记中创建一个表单，用来实现用户注册，给予必填的字段样式 required。关键代码如下：

```
<form>
    <h3 align="center">用户注册</h3>
    <div class="dt">用户名：<input type="text" id="username" name="username" 
size=20 class="required" /></div>
    <div class="dt">密  码：<input type="password" id="pwd" name="pwd" 
size=20 class="required" /></div>
    <div class="dt">性  别：<input type="text" id="sex" name="sex" 
size=4 maxlength=3 /></div>
    <div class="dt">年  龄：<input type="text" id="age" name="age" 
size=4 maxlength=3 /></div>
    <div class="dt">
            <input type="submit" name="sub" value="注册" />
    </div>
</form>
```

（3）该文件的 CSS 样式详见源码。

（4）在引入 jQuery 库的代码下方编写 jQuery 代码，给表单中样式为 required 的<input>元素添加一个红色的*号，表示必填。当鼠标指针的焦点从用户名文本框移出时，需要判断用户名是否符合表单验证规则，因此要给元素添加失去焦点事件，即 blur 事件。用 blur 事件确定用户名和密码不能为空，并且密码不能少于 8 位。具体代码如下：

```
$(function(){
    $("form :input.required").each(function(){
        var $required = $("<strong class='star'>*</strong>");    // 创建元素
        $(this).parent().append($required);      // 将其追加到文档中
    })
    $("form :input").blur(function(){
        if($(this).is("#username")){                    // 判断元素是否为用户名文本框
                if($(this).val() == ""){                // 判断用户名是否为空
                        alert("用户名不能为空！");
                }
        }
        if($(this).is("#pwd")){                         // 判断元素是否为密码域
                if($(this).val() == ""){                // 判断密码是否为空
                        alert("密码不能为空！");
                }
                if(this.value.length < 8){              // 判断密码是否少于 8 位
                        alert("密码不能少于 8 位，请重新输入！");
                }
        }
        })
})
```

运行本实例，输入用户名 mx，密码 123456，可以看到图 6-19 所示效果。

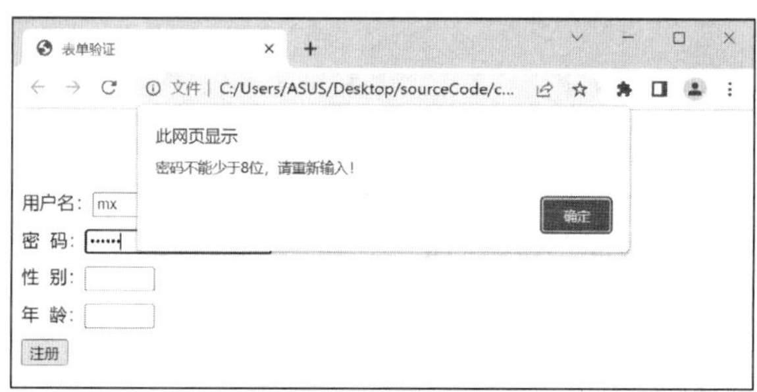

图 6-19　表单验证效果

6.3 使用 jQuery 操作表格

使用 jQuery 操作表格

在使用 DIV+CSS 页面布局之前，网页布局几乎都是使用表格完成的。现在 CSS 已经成熟，表格的使用终于可以回归到显示表格型数据上。下面介绍表格的常用操作。

6.3.1 控制表格颜色显示

1. 隔行换色

实现表格的隔行换色，首先需要为表格的奇数行和偶数行设定样式，然后使用 jQuery 为表格的奇数行和偶数行分别添加样式。代码如下：

```
$("tr:odd").addClass("odd");      // 为表格的奇数行添加样式
$("tr:even").addClass("even");    // 为表格的偶数行添加样式
```

注意 $("tr:odd")和$("tr:even")选择器中索引值是从0开始的，因此表格的第1行是偶数行。

【例6-15】表格的隔行换色（实例位置：源码\第6单元\6-15）。

（1）创建一个名为index.html的文件，在该文件的<head>标记中使用下面的语句引入jQuery库。

```
<script type="text/javascript" src="../js/jquery-3.6.4.min.js"></script>
```

（2）在页面的<body>标记中，创建一个6行2列的表格，其中第1行是表头。关键代码如下：

```
<table border="1" align="center">
  <caption>IT 图书</caption>
  <thead bgcolor="#B2B2B2" align="center" valign="bottom">
     <tr>
       <th>书名</th>
       <th>出版单位</th>
     </tr>
  </thead>
 <tbody>
  <tr>
    <td width="255">Axure RP8 原型设计图解视频教程</td>
    <td width="220">人民邮电出版社</td>
  </tr>
  <tr>
    <td>微信小程序开发图解案例教程</td>
    <td>人民邮电出版社</td>
  </tr>
  <tr>
    <td>Java 程序设计</td>
    <td>人民邮电出版社</td>
  </tr>
  <tr>
    <td>jQuery 开发基础教程</td>
    <td>人民邮电出版社</td>
  </tr>
  <tr>
    <td>微信小程序开发全案精讲</td>
    <td>人民邮电出版社</td>
  </tr>
  </tbody>
</table>
```

（3）编写CSS样式，详细请参见源码。

（4）在引入jQuery库的代码下方编写jQuery代码，实现表格隔行换色，除表头外表格的奇数行为黄色，偶数行为浅蓝色。具体代码如下：

```
$(function(){
     $("tbody>tr:odd").addClass("odd");      // 为表格的奇数行添加样式
     $("tbody>tr:even").addClass("even");   // 为表格的偶数行添加样式
})
```

运行本实例，可以看到图6-20所示运行结果。

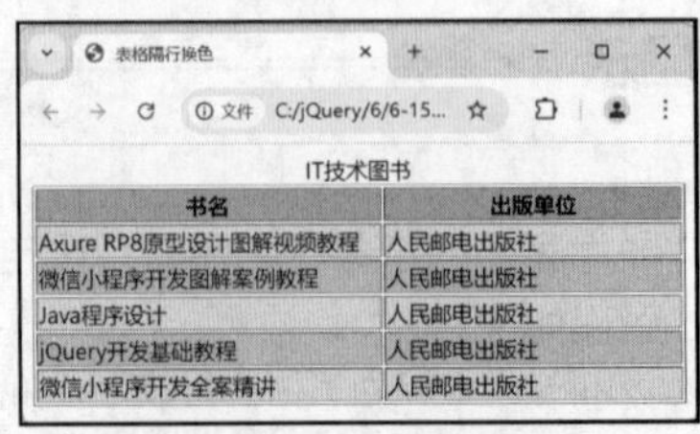

图6-20 表格隔行换色

说 明　使用$("tbody>tr:odd")是因为$("tr:odd")会将表头也算进去，因此需要排除表头即<thead>标记下的<tr>标记中的内容。

2. 控制表格行的高亮显示

实现表格某一行的高亮显示，可以使用:contains 选择器实现。例如实现“Java 程序设计”这一行高亮显示，代码如下：

```
$("tr:contains('程序设计')").addClass("selected");
```

效果如图 6-21 所示。

【例 6-16】鼠标单击表格行高亮显示（实例位置：源码\第 6 单元\6-16）。

本实例中的表格与例 6-15 中的相同，编写样式.selected，代码如下：

```
.selected{
     background:pink;
}
```

编写 jQuery 代码，令鼠标单击某一行，该行高亮显示，并且清除该行兄弟元素的高亮显示。具体代码如下：

```
$(function(){
     $("tbody>tr").click(function(){
// 使鼠标单击的行高亮显示，并且清除其兄弟元素的高亮显示
     $(this).addClass("selected").siblings().removeClass("selected");
})
})
```

运行本实例，可以看到图 6-22 所示运行结果。

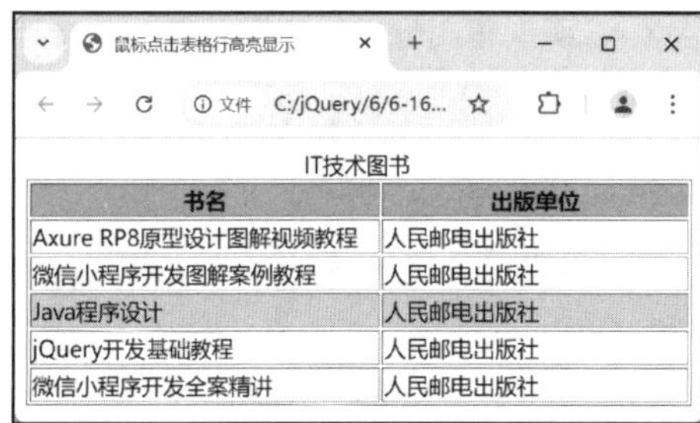

IT技术图书

书名	出版单位
Axure RP8原型设计图解视频教程	人民邮电出版社
微信小程序开发图解案例教程	人民邮电出版社
Java程序设计	人民邮电出版社
jQuery开发基础教程	人民邮电出版社
微信小程序开发全案精讲	人民邮电出版社

图 6-21　控制表格行的高亮显示

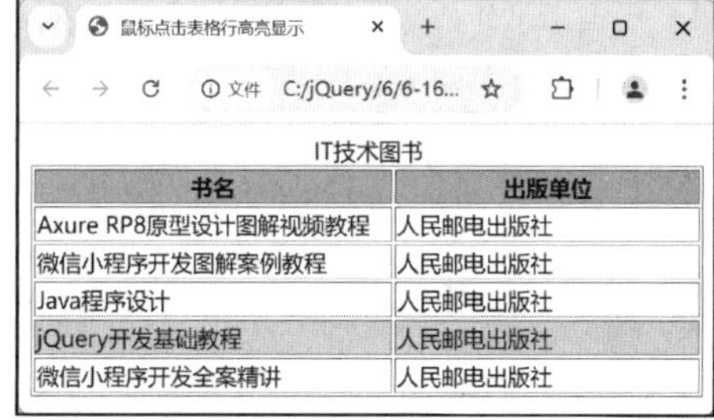

IT技术图书

书名	出版单位
Axure RP8原型设计图解视频教程	人民邮电出版社
微信小程序开发图解案例教程	人民邮电出版社
Java程序设计	人民邮电出版社
jQuery开发基础教程	人民邮电出版社
微信小程序开发全案精讲	人民邮电出版社

图 6-22　表格行的高亮显示

6.3.2　表格的展开与关闭

表格的展开与关闭在网页开发中也经常会被使用，本小节我们通过具体实例来讲解相关内容。

【例 6-17】表格的展开与关闭（实例位置：源码\第 6 单元\6-17）。

（1）创建一个名为 index.html 的文件，在该文件的<head>标记中使用下面的语句引入 jQuery 库。

```
<script type="text/javascript" src="../js/jquery-3.6.4.min.js"></script>
```

（2）在例 6-15 创建的表格中添加分类行，为分类行增加 id 属性。主要代码如下：

```
<table border="1" align="center" width="405">
  <caption>IT 图书</caption>
  <thead bgcolor="#B2B2B2" align="center" valign="bottom">
      <tr>
        <th width="185">书名</th>
        <th width="220">出版单位</th>
      </tr>
  </thead>
 <tbody>
  <tr class="type" id="t1">
    <td colspan="2">微信小程序图书</td>
  </tr>
```

```
    <tr class="line_t1">
      <td width="185">微信小程序开发图解案例教程</td>
      <td width="220">人民邮电出版社</td>
    </tr>
    <tr class="line_t1">
      <td>微信小程序开发全案精讲</td>
      <td>人民邮电出版社</td>
    </tr>
    <tr class="line_t1">
      <td>微信小程序开发图解案例教程（第二版）</td>
      <td>人民邮电出版社</td>
    </tr>

     <tr class="type" id="t2">
      <td colspan="2">jQuery图书</td>
    </tr>
    <tr class="line_t2">
      <td>jQuery开发基础教程</td>
      <td>人民邮电出版社</td>
    </tr>
    <tr class="line_t2">
      <td>jQuery从入门到精通</td>
      <td>人民邮电出版社</td>
    </tr>
    </tbody>
  </table>
```

（3）编写 CSS 样式，详细请参见源码。

（4）在引入 jQuery 库的代码下方编写 jQuery 代码，实现单击分类行控制分类的展开与关闭。具体代码如下：

```
  $(function(){
      $("tr.type").click(function(){    // 获取分类行
              // 获取本分类下的行元素
                  $(this).toggleClass("selected").siblings(".line_"+this.id).toggle();
              })
  })
```

运行本实例，在图6-23 所示页面中单击“jQuery 图书”分类行，可以看到图6-24 所示运行结果。

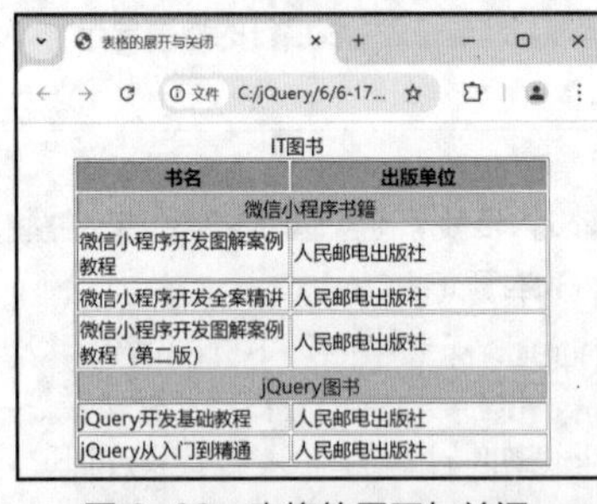

图6-23　表格的展开与关闭

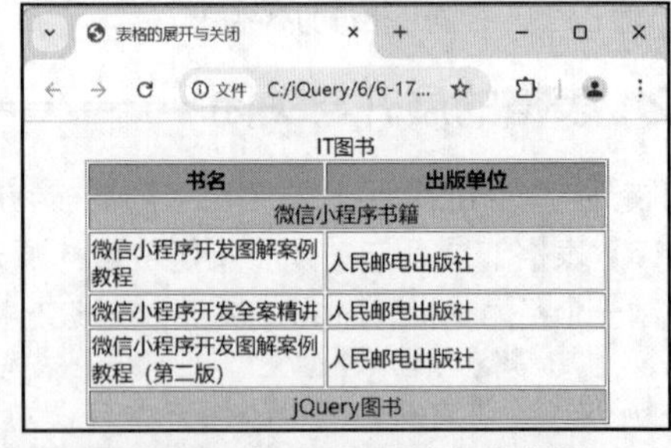

图6-24　“jQuery 图书”分类关闭

其中需要注意的是，给每个<tr>元素设置属性是非常重要的，读者可以从本实例的 HTML 代码中看出一些端倪，即给每个分类行设置了 class="type"样式属性，同时给它们设置了 id 属性，而它们下方的行，只设置了样式属性，并且这个样式属性的值是以 line_开头的，后面紧接的是分类行的 id 属性值，这样设计便于获取分类行的子元素，进而设置子元素的展开与关闭效果。

6.3.3　表格内容的筛选

在 6.3.1 小节我们讲过了要高亮显示“Java 程序设计”这一行，可以使用:contains 选择器来完成，而使用它再结合 jQuery 的 filter()方法则可以实现对表格内容的筛选。

【例 6-18】筛选表格中的指定内容（实例位置：源码\第 6 单元\6-18）。

（1）创建一个名为 index.html 的文件，在该文件的<head>标记中使用下面的语句引入 jQuery 库。

```
<script type="text/javascript" src="../js/jquery-3.6.4.min.js"></script>
```

（2）创建表格，在表头增加搜索框。具体代码如下：

```
<table width="260" border="1" align="center">
  <thead align="center" valign="bottom">
  <tr>
    <td colspan="2">搜索：<input type="texr" name="keyword" id="keyword" /></td>
  </tr>
    <tr bgcolor="#B2B2B2">
    <td>姓名</td>
    <td>成绩</td>
  </tr>
  </thead>
  <tbody align="center" bgcolor="#FFFF88">
  <tr>
    <td>王帅</td>
    <td>97</td>
  </tr>
  <tr>
    <td>李雷</td>
    <td>91</td>
  </tr>
  <tr>
    <td>高天</td>
    <td>97</td>
  </tr>
  <tr>
    <td>赵卫</td>
    <td>84</td>
  </tr>
  <tr>
    <td>王强</td>
    <td>97</td>
  </tr>
  <tr>
    <td>陈美</td>
    <td>88</td>
  </tr>
  </tbody>
</table>
```

（3）在引入 jQuery 库的代码下方编写 jQuery 代码，实现当按下的键盘按键被释放时，如果搜索框内容不为空，则筛选包含搜索框内容的行。具体代码如下：

```
$(function(){
    $("#keyword").keyup(function(){
         if($("#keyword").val() != ''){
               $("table tbody tr").hide().filter(":contains('"+($(this).
val())+"')").show();   // 显示指定元素
         }
    })
})
```

运行本实例，在搜索框中输入“王”，可以看到图 6-25 所示运行结果。

搜索：王

姓名	成绩
王帅	97
王强	97

图 6-25　筛选表格中的指定内容

在以上代码中，$("table tbody tr").hide().filter(":contains(' "+($(this). val())+" ')").show();用来将<tbody>标记下的全部<tr>元素

隐藏，再将包含内容的行显示出来。如果不加最后的.keyup()方法，内容筛选完毕后，刷新页面时页面会闪动一下，先显示全部内容，再显示筛选之后的内容，效果不太理想。因此要解决这个问题，只需要在 DOM 元素刚加载完毕时，为表单元素绑定事件并且立即触发该事件。

6.4 项目实战：删除记录时的提示效果

项目实战：删除记录时的提示效果

在删除数据时，页面通常会给出友好的用户提示信息，待用户确认后再删除数据。这种用户提示信息可以使用 JavaScript 的 confirm 确认框实现，也可以使用 DIV+CSS 自己制作，之后通过 jQuery 来操作<div>元素的显示与隐藏。

本项目的要求如下。

（1）当用户单击“删除”按钮时，显示“删除提示”对话框，用户可以单击“确定”或“取消”按钮，也可以单击对话框右上角的“✖”来关闭“删除提示”对话框。

（2）当用户单击“确定”按钮时，删除记录并且“删除提示”对话框关闭。当用户单击“取消”按钮时，“删除提示”对话框关闭。

运行本实例，可以看到图 6-26 所示界面。

当用户单击“删除”按钮后，出现图 6-27 所示删除提示框。

图 6-26　删除记录前

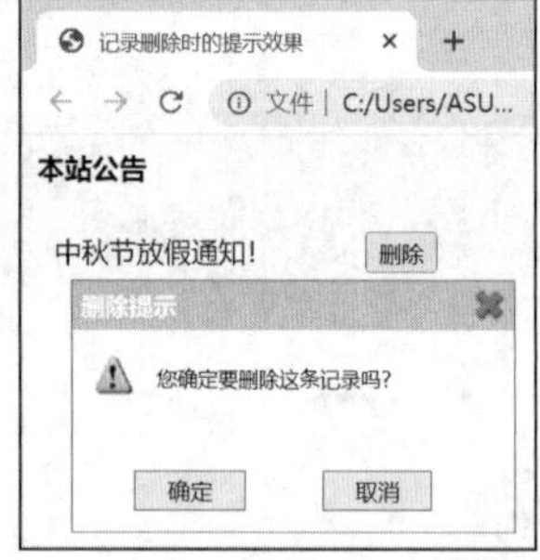

图 6-27　“删除提示”对话框

当用户单击“确定”按钮后，可以看到记录被删除，如图 6-28 所示。

图 6-28　记录被删除

程序开发步骤如下。（实例位置：源码\第 6 单元\6-19）

（1）创建一个名为 index.html 的文件，在该文件的<head>标记中使用下面的语句引入 jQuery 库。

```
<script type="text/javascript" src="../js/jquery-3.6.4.min.js"></script>
```

（2）在<body>标记下创建<div>元素显示通知记录，制作“删除提示”对话框并隐藏。具体代码如下：

```
<h4>本站公告</h4>
<div class="notice">
    <span><a href="#" title="中秋节放假通知">中秋节放假通知！</a></span>
    <span class="bss"> <input type="button" value="删除" id="delBtn"/></span>
</div>
```

```
    <div class="delDialog">
        <div class="title">
            <img src="images/del.png"/>删除提示
        </div>
        <div class="content">
            <img src="images/warning.png" />
            <span>您确定要删除这条记录吗? </span>
        </div>
    <div>
        <input id="confirmBtn" type="button" value="确定" class="btn" />  
<input id="cancelBtn" type="button" value="取消" class="btn" />
    </div>
    </div>
```

（3）编写 CSS 样式，具体代码参见源码。

（4）在引入 jQuery 库的代码下方编写 jQuery 代码，实现单击“删除”按钮时，弹出“删除提示”对话框。单击“删除提示”对话框中的“确定”按钮，删除记录；单击“取消”按钮，“删除提示”对话框关闭。具体代码如下：

```
    $(function(){
        $("#delBtn").click(function(){
            $(".delDialog").show();
        })
        $(".title img").click(function(){
            $(".delDialog").hide();
        })
        $("#cancelBtn").click(function(){
            $(".delDialog").hide();
        })
        $("#confirmBtn").click(function(){
            $(".notice").remove();
            $(".delDialog").hide();
        })
    })
```

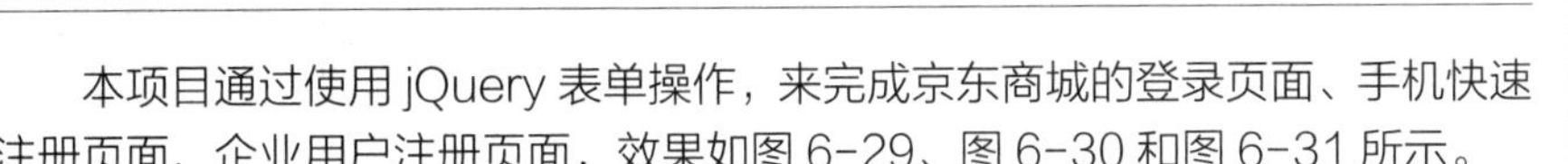

6.5 项目实战：京东登录注册表单

项目实战：京东登录注册表单

本项目通过使用 jQuery 表单操作，来完成京东商城的登录页面、手机快速注册页面、企业用户注册页面，效果如图 6-29、图 6-30 和图 6-31 所示。

图 6-29　登录页面

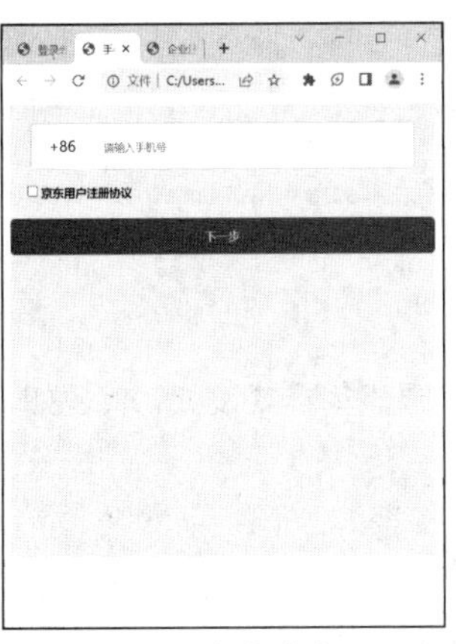

图 6-30　手机快速注册页面

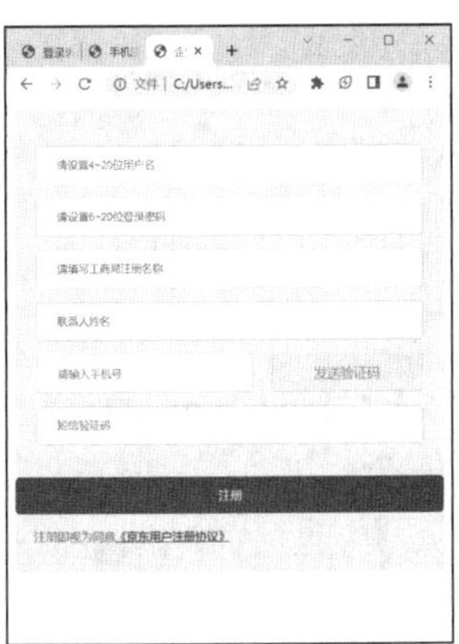

图 6-31　企业用户注册页面

本项目会用到 input、checkbox、button、image 等表单元素，同时会对输入的表单内容进行校验，从而完成京东登录注册表单设计（实例位置：源码\第 6 单元\6-20）。

6.5.1 登录表单设计

用户在登录表单中输入账号、密码进行登录，在账号、密码输入框内都有友好的提示信息。在“登录”按钮的下方登录表单提供“手机快速注册”“企业用户注册”“找回密码”链接。登录页面最下方是微信、QQ 的第三方登录方式，如图 6-29 所示。

（1）在 login.html 文件中进行登录表单布局设计，代码如下所示。

```
<div class="content">
     <div class="account">
              <div class="title">账号</div>
              <div class="num">
                       <input id="accountInput" placeholder="用户名/邮箱/手机号"
placeholder-style="color:#999999;" />
              </div>
     </div>
     <div class="hr"></div>
     <div class="account">
              <div class="title">密码</div>
              <div class="num"><input id="pwdInput" placeholder="请输入密码"
password placeholder-style="color:# 999999;" />
              </div>
              <div class="see">
                       <image src="./images/see.jpg" style="width:42px;height:
30px;"></image>
              </div>
     </div>
     <div class="hr"></div>
     <button class="btn" id="btnLogin">登录</button>
     <div class="operate">
              <div>
                       <a href="mobile.html" target="_blank">手机快速注册</a>
              </div>
              <div>
                       <a href="company.html" target="_blank">企业用户注册</a>
              </div>
              <div>找回密码</div>
     </div>
     <div class="login">
              <div>
                       <image src="./images/wxlogin.png" style="width:70px;
height:98px;"></image>
              </div>
              <div>
                       <image src="./images/qqlogin.png" style="width:70px;
height:98px;"></image>
             </div>
     </div>
</div>
```

（2）在 login.html 文件中进行登录表单样式设计，代码如下所示。

```
<style type="text/css">
     .content {
              margin-top: 40px;
     }

     .account {
```

```
        display: flex;
        flex-direction: row;
        padding-left: 20px;
        padding-top: 20px;
        padding-bottom: 10px;
        width: 90%;
}

.title {
        margin-right: 30px;
        font-weight: bold;
}

.hr {
        border: 1px solid #cccccc;
        opacity: 0.2;
        width: 90%;
        margin: 0 auto;
}

.see {
        position: absolute;
        right: 20px;
}

.btn {
        width: 100%;
        margin-top: 40px;
        color: #ffffff;
        height: 40px;
        background-color: green;
        border-style: none;
        border-radius: 5px;
}

.operate {
        display: flex;
        flex-direction: row;
}

.operate div {
        margin: 0 auto;
        margin-top: 40px;
        font-size: 14px;
        color: #333333;
}

.login {
        display: flex;
        flex-direction: row;
        margin-top: 150px;
}

.login div {
        margin: 0 auto;
}

input {
        width: 300px;
        height: 26px;
```

```
				line-height: 26px;
				padding-left: 1em;
				font-size: 12px;
				border-style: none;
		}
	</style>
```

（3）在 login.html 文件中对用户输入的账号、密码进行表单验证，代码如下所示。

```
	<script type="text/javascript" src="../js/jquery-3.6.4.min.js"></script>
	<script type="text/javascript">
		$(function () {
				$("#accountInput").blur(function () {
						let account = $("#accountInput").val();
						if(account == ''){
								alert("请输入用户名/邮箱/手机号");
						}
				});
				$("#pwdInput").blur(function(){
						let password = $("#pwdInput").val();
						if(password == ''){
								alert("请输入密码");
						}
				});

				account = $("#accountInput").val();
				password = $("#pwdInput").val();
				$("#btnLogin").click(function(){
						if(account == ''){
								alert("请输入用户名/邮箱/手机号");
						}
						if(password == ''){
								alert("请输入密码");
						}
				});
		})
	</script>
```

6.5.2 手机号注册表单设计

在手机号注册表单中，需要设计输入框来输入手机号，设计“京东用户注册协议”选项及“下一步”按钮，手机号注册页面如图 6-30 所示。

（1）在 mobile.html 文件中进行手机号注册表单布局设计，代码如下所示。

```
	<div class="content">
		<div class="hr"></div>
		<div class="numbg">
				<div>+86</div>
				<div><input placeholder="请输入手机号" maxlength="11"
id="mobileInput" /></div>
		</div>
		<div>
				<div class="xieyi">
						<label><input name="agree" id="agree" type="checkbox"
value="" /><text class="opinion">京东用户注册协议</text>
						</label>
				</div>
		</div>
		<button class="btn" id="btnLogin">下一步</button>
	</div>
```

（2）在 mobile.html 文件中进行手机号注册表单样式设计，代码如下所示。

```
<style type="text/css">
      .content {
               width: 100%;
               height: 500px;
               background-color: #f2f2f2;
      }

      .hr {
               padding-top: 20px;
      }

      .numbg {
               border: 1px solid #cccccc;
               width: 90%;
               margin: 0 auto;
               background-color: #ffffff;
               border-radius: 5px;
               display: flex;
               flex-direction: row;
               height: 50px;
      }

      .numbg div {
               margin-left: 20px;
               margin-top: 14px;
      }

      .xieyi {
               margin-top: 15px;
               margin-left: 15px;
      }

      .agree {
               font-size: 13px;
               margin-left: 5px;
               color: #666666;
               width: 10px;
      }

      .opinion {
               font-size: 13px;
               color: #000000;
               font-weight: bold;
      }

      .btn {
               width: 100%;
               margin-top: 20px;
               color: #ffffff;
               height: 40px;
               background-color: green;
               border-style: none;
               border-radius: 5px;
      }


      .numbg input {
               width: 300px;
               height: 26px;
               line-height: 26px;
```

```
                padding-left: 1em;
                font-size: 12px;
                border-style: none;
        }
    </style>
```

（3）在 mobile.html 文件中对输入的手机号和勾选的协议选项进行表单验证，代码如下所示。

```
    <script type="text/javascript" src="../js/jquery-3.6.4.min.js"></script>
    <script type="text/javascript">
        $(function () {
                $("#btnLogin").click(function () {
                        let mobile = $("#mobileInput").val();
                        let isChecked = $('#agree').prop('checked');
                        if (mobile == '') {
                                alert("请输入手机号");
                        }
                        if (isChecked == false) {
                                alert("请勾选协议")
                        }
                });
        })
    </script>
```

6.5.3 企业用户注册表单设计

在企业用户注册页面中，有 6 个表单项：用户名、登录密码、工商局注册名称、联系人姓名、手机号和短信验证码。在本页面中还有一个“注册”按钮和一个“京东用户注册协议”选项。

（1）在 company.html 文件中进行企业用户注册表单布局设计，代码如下所示。

```
    <form method="post">
        <div class="content">
                <div class="hr"></div>
                <div class="item">
                        <input type="text" name="loginName" placeholder="请设置
4～20 位用户名" placeholder-class="holder"
                                id="loginName" />
                </div>
                <div class="item flex">
                        <input type="text" password name="password" id="password"
placeholder="请设置 6～20 位登录密码"
                            placeholder-class="holder" />
                        <switch type="switch" name="switch" />
                </div>
                <div class="item">
                        <input type="text" name="company" id="company"
placeholder="请填写工商局注册名称" placeholder-class="holder" />
                </div>
                <div class="item">
                        <input type="text" name="userName" id="userName"
placeholder="联系人姓名" placeholder-class="holder" />
                </div>
                <div class="mobileInfo">
                        <div class="mobile">
                                <input type="text" name="mobile" id="mobile"
placeholder="请输入手机号" placeholder-class="holder" />
                        </div>
                        <div class="code">发送验证码</div>
                </div>
                <div class="item">
                        <input type="text" name="code" id="code" placeholder="
短信验证码" placeholder-class="holder" />
```

```
            </div>
            <button class="btn" id="submit">注册</button>
            <div class="xieyi">
                    <text class="agree">注册即视为同意</text><text
class="opinion">《京东用户注册协议》</text>
            </div>
        </div>
    </form>
```

（2）在 company.html 文件中进行企业用户注册表单样式设计，代码如下所示。

```
    <style type="text/css">
        .content {
                width: 100%;
                height: 500px;
                background-color: #f2f2f2;
        }

        .hr {
                padding-top: 40px;
        }

        .item {
                margin: 0 auto;
                border: 1px solid #cccccc;
                height: 40px;
                width: 90%;
                border-radius: 3px;
                background-color: #ffffff;
                margin-bottom: 15px;
        }

        .item input {
                height: 40px;
                line-height: 40px;
                margin-left: 10px;
        }

        .holder {
                font-size: 14px;
                color: #999999;
        }

        .flex {
                display: flex;
                flex-direction: row;
        }


        .item switch {
                margin-top: 5px;
                margin-right: 5px;
        }

        .mobileInfo {
                display: flex;
                flex-direction: row;
        }

        .mobile {
                margin: 0 auto;
                border: 1px solid #cccccc;
```

```
            height: 40px;
            width: 50%;
            border-radius: 3px;
            background-color: #ffffff;
            margin-bottom: 15px;
            display: flex;
            flex-direction: row;
            margin-left: 5%;
}

.mobile input {
            margin-top: 8px;
            margin-left: 10px;
}

.code {
            border: 1px solid #cccccc;
            height: 40px;
            width: 35%;
            background-color: #EFEEEC;
            border-radius: 3px;
            text-align: center;
            margin-left: 10px;
            line-height: 40px;
            color: #999999;
            font-size: 15px;
            margin-bottom: 15px;
            margin-right: 5%;
}

.btn {
            width: 100%;
            margin-top: 20px;
            color: #ffffff;
            height: 40px;
            background-color: green;
            border-style: none;
            border-radius: 5px;
}

.xieyi {
            margin-top: 15px;
            margin-left: 15px;
            font-size: 13px;
}

.agree {
            margin-left: 5px;
            color: #666666;
}

.opinion {
            color: red;
            font-weight: bold;
            text-decoration: underline;
}

input {
            width: 300px;
            height: 26px;
```

```
                line-height: 26px;
                padding-left: 1em;
                font-size: 12px;
                border-style: none;
        }
</style>
```

（3）在 company.html 文件中对输入的表单内容进行参数验证，代码如下所示。

```
<script type="text/javascript" src="../js/jquery-3.6.4.min.js"></script>
<script type="text/javascript">
     $(function () {
             $("#submit").on('click', valid);
     });
     function valid() {
             let loginName = $("#loginName").val();
             if (loginName == '') {
                     alert("请设置 4～20 位用户名");
             }
             let password = $("#password").val();
             if (password == '') {
                     alert("请设置 6～20 位登录密码");
             }
             let company = $("#company").val();
             if (company == '') {
                     alert("请填写工商局注册名称");
             }
             let userName = $("#userName").val();
             if (userName == '') {
                     alert("请输入联系人姓名");
             }
             let mobile = $("#mobile").val();
             if (mobile == '') {
                     alert("请输入手机号");
             }
             let code = $("#code").val();
             if (code == '') {
                     alert("请输入短信验证码");
             }


     }
</script>
```

这样我们就完成了京东登录注册表单设计。用户可以在登录页面进行登录，可以通过手机快速注册页面来注册账号，也可以通过企业用户注册页面来注册企业账号。

6.6 小结

（1）表单是网页中的一个特定区域。这个区域是由一对<form>标记定义的。在<form>标记与</form>标记之间的一切内容都属于表单的内容。

（2）在 jQuery 中，获取文本框和文本域的值的代码如下：

```
var textCon = $("#id").val();
```

或者

```
var textCon = $("#id").attr("value");
```

（3）设置文本框和文本域不可编辑的代码如下：

```
$("#id").attr("disabled", "disabled");
```

（4）设置文本框和文本域可编辑的代码如下：

```
$("#id").removeAttr("disabled");
```

（5）设置单选按钮和复选框选中的代码如下：

```
$("#id").attr("checked",true);
```

（6）使用 attr()方法取消选中单选按钮和复选框，代码如下：

```
$("#id").removeAttr("checked");
```

（7）判断单选按钮和复选框的选中状态，代码如下：

```
if($("#id")..attr("checked") == 'checked'){
        // 省略部分代码
}
```

（8）可以使用 val()方法读取下拉框的值，代码如下：

```
var selVal = $("#id").val();
```

（9）可以使用 attr()方法设置下拉框的选中项，代码如下：

```
$("#id").attr("value",选中项的值);
```

（10）可以使用 empty()方法清空下拉框，代码如下：

```
if($("#id").empty();
```

（11）可以使用 append()方法向下拉框中添加选项，代码如下：

```
if($("#id").append("<option value='值'>文本</option>");
```

6.7 习题

1. 选择题

（1）下列选项中（　　）不是表单标记<form>的属性。

A. method　　B. action　　C. type　　D. name

（2）下列关于 input 可选的控件类型说法有误的是（　　）。

A. text 文本框　　B. password 密码框

C. submit 提交按钮　　D. confirm 确认按钮

（3）下列选项中（　　）不是文本域标记<textarea>的属性。

A. name　　B. rows　　C. cols　　D. option

2. 填空题

（1）在 jQuery 中获取文本框的值的代码包括________、________。

（2）菜单和列表标记<select>、<option>的属性包括________、________、________、________、________。

（3）在 jQuery 中选中单选按钮和复选框的代码：________。

3. 简答题

（1）HTML 表单元素都有哪些？作用分别是什么？

（2）描述制作一个高度可变的评论框的流程。

（3）如何控制复选框的全选、全不选和反选？

（4）简述使用 jQuery 实现表单验证的流程。

（5）表格内容的筛选是如何实现的？主要用了什么方法？

第7单元 AJAX在jQuery中的应用

07

情景引入

假设我们在开发一个电子商务网站，需要实现对商品搜索的实时联想功能。我们希望实现当用户在搜索框中输入关键字时，网页能够快速地从服务器获取相关的搜索建议，并即时显示在搜索框下方，以提供更便捷的搜索体验。在这个挑战中，jQuery的AJAX技术派上了用场。通过利用jQuery的强大AJAX技术，网页可以通过异步请求从服务器获取数据，然后动态更新网页中的搜索建议列表，使用户能够方便地快速找到并选择自己感兴趣的商品。AJAX是实现对商品搜索实时联想功能的得力工具，可以为用户提供无比便捷的购物体验。本单元将介绍AJAX技术的使用以及AJAX在jQuery中的应用。

学习目标

知识目标

1. 了解AJAX技术以及它的优点、缺点。
2. 了解并安装Web运行环境。
3. 了解通过JavaScript应用AJAX技术。
4. 掌握jQuery中的AJAX应用。
5. 掌握AJAX的全局事件的使用。

能力目标

1. 能够熟练使用jQuery中的AJAX应用。
2. 能够熟练使用jQuery中的AJAX全局事件。

素质目标

加深对异步技术的理解与应用，提升数据交互设计的逻辑性与敏锐度，增强技术与实际需求结合的能力。

思维导图

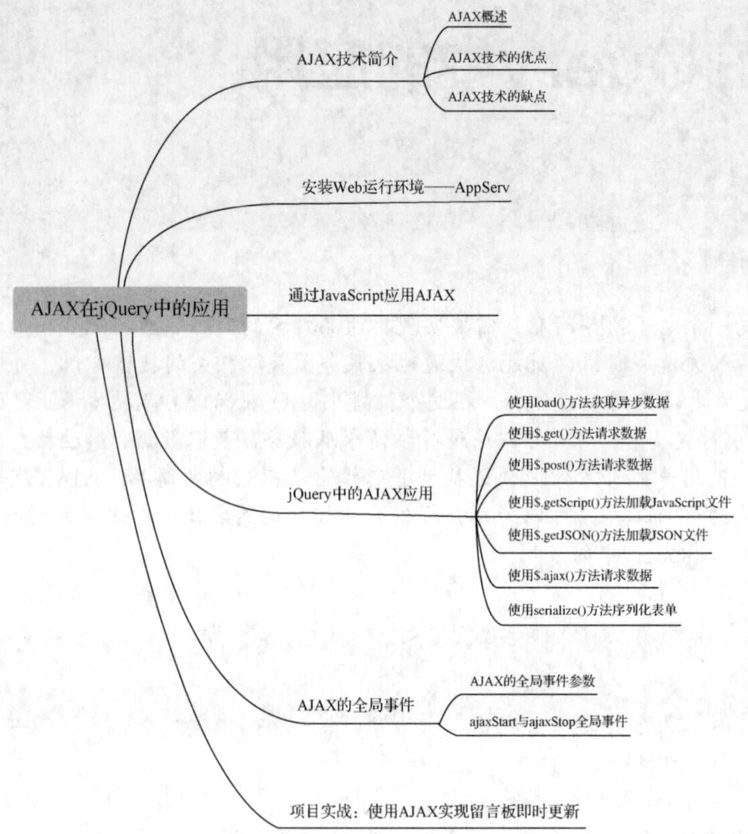

7.1 AJAX 技术简介

AJAX 技术简介

7.1.1 AJAX 概述

AJAX 是 Asynchronous JavaScript and XML 的缩写，它的意思是异步的 JavaScript 和 XML。AJAX 并不是一门新的语言或技术，它是 JavaScript、XML、CSS、DOM 等多种已有语言或技术的组合，可以实现客户端的异步请求操作，从而实现在不需要刷新页面的情况下与服务器进行通信，减少了用户的等待时间，减轻了服务器和带宽的负担，提供了更好的服务响应。

在 Web 应用的传统模型中，客户端的用户界面中用户的每一次操作都将触发一次返回服务器端的 HTTP 请求，服务器端的 Web 服务器对 HTTP 请求进行相应的处理（数据存储、后端处理和继承系统）后，返回一个 HTML 页面（HTML+CSS 数据）给客户端。Web 应用的传统模型如图 7-1 所示。

而在 Web 应用的 AJAX 模型中，客户端的用户界面中用户的操作将通过 AJAX 引擎与服务器端进行通信，然后服务器端在 Web 和/或 XML 服务器处理后将返回结果（XML 或字符串数据）提交给客户端页面的 AJAX 引擎，再由 AJAX 引擎来决定将这些数据插入用户页面的哪个位置。Web 应用的 AJAX 模型如图 7-2 所示。

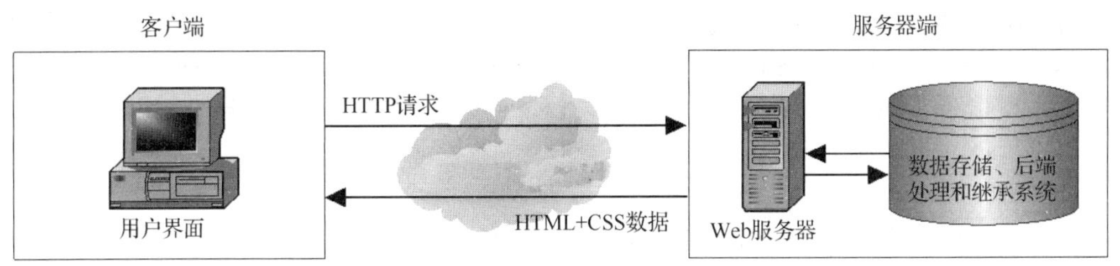

图 7-1 Web 应用的传统模型

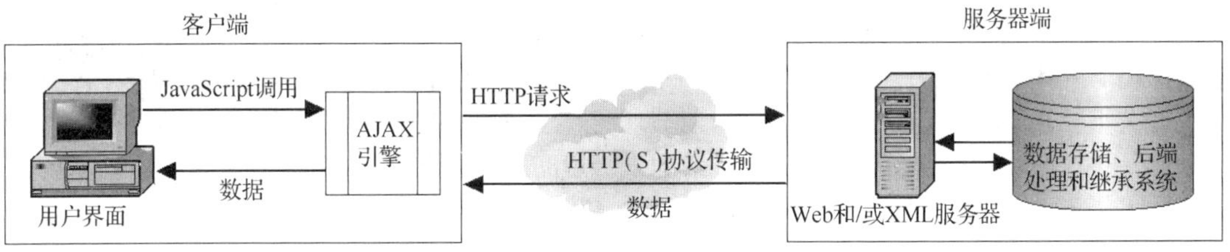

图 7-2 Web 应用的 AJAX 模型

从图 7-1 和图 7-2 中可以看出，对于用户的每一次操作，在 Web 应用的传统模型中，将生成一次 HTTP 请求，而在 Web 应用的 AJAX 模型中，将变成对 AJAX 引擎的一次 JavaScript 调用。在 Web 应用的 AJAX 模型中可以通过 JavaScript 实现在不刷新整个页面的情况下，对部分数据进行更新，从而减少网络流量的消耗，给用户带来更好的体验。

7.1.2 AJAX 技术的优点

与传统的 Web 应用不同，AJAX 在用户与服务器之间引入了一个中间媒介（AJAX 引擎），从而消除了网络交互过程中的处理—等待—处理—等待过程的缺点，大大改善了网站的视觉效果。下面介绍 AJAX 的优点。

（1）AJAX 可以把一部分以前由服务器承担的工作转移到客户端，利用客户端闲置的资源进行处理，减轻服务器和带宽的负担，节约空间和成本。

（2）AJAX 实现无刷新更新页面，从而使用户不用再像以前一样在服务器处理数据时，只能在白屏前焦急地等待。AJAX 使用 XMLHttpRequest 对象发送请求并得到服务器响应，在不需要重新载入整个页面的情况下，就可以通过 DOM 及时将更新的内容显示在页面中。

（3）AJAX 可以调用 XML 等外部数据。

（4）AJAX 基于标准化并被广泛支持的技术，不需要下载插件或者小程序，即可轻松实现桌面应用程序的效果。

（5）AJAX 没有平台限制。AJAX 把服务器的工作由原本的传输内容转变为传输数据，而数据格式可以是纯文本格式和 XML 格式，这两种数据格式没有平台限制。

7.1.3 AJAX 技术的缺点

同其他事物一样，AJAX 也不尽是优点，它也有缺点，它的缺点主要体现在以下方面。

（1）浏览器对 XMLHttpRequest 对象的支持不足

IE 从 5.0 版本开始才支持 XMLHttpRequest 对象，Mozilla、Netscape 等浏览器支持 XMLHttpRequest 对象的时间晚于 IE。为使 AJAX 在各个浏览器中都能够正常运行，开发人员必须花费大量精力编码，从而实现各个浏览器兼容 XMLHttpRequest 对象，这样就使 AJAX 开发难度高于普通 Web 开发难度。

（2）破坏浏览器“前进”“后退”按钮的正常行为

在传统页面中，用户会习惯性地使用浏览器自带的“前进”“后退”按钮，但使用 AJAX 破坏了浏览器“前进”“后退”按钮的正常行为。在更新动态页面的情况下，用户无法回到前一个页面的状态，因为浏览器仅能记录历史记录中的静态页面。用户通常希望单击“后退”按钮取消前一次操作，在 AJAX 中用户可能无法这样做。

7.2 安装 Web 运行环境——AppServ

安装 Web 运行环境——AppServ

AJAX 方法需要与 Web 服务器端进行交互，因此本节讲解安装 Web 运行环境——AppServ，它是 PHP 网页建站工具组合包，可以方便初学者快速完成建站。AppServ 所包含的软件有 Apache、PHP、MySQL、phpMyAdmin 等。

首先下载 AppServ，本书以 AppServ 2.6.0 为例，其他版本的操作步骤类似。

应用 AppServ 集成化安装包搭建 Web 开发环境的操作步骤如下。

（1）双击 appserv-2.6.0-installer.exe 文件，打开图 7-3 所示的 AppServ 启动界面。

（2）单击“Next”按钮，打开图 7-4 所示的 AppServ 安装协议界面。

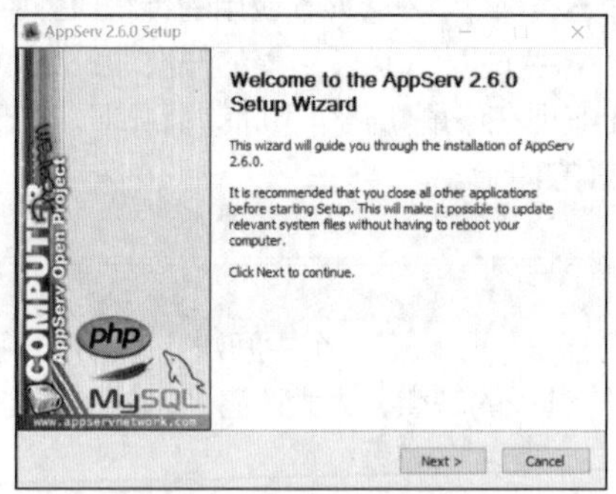

图 7-3　AppServ 启动界面

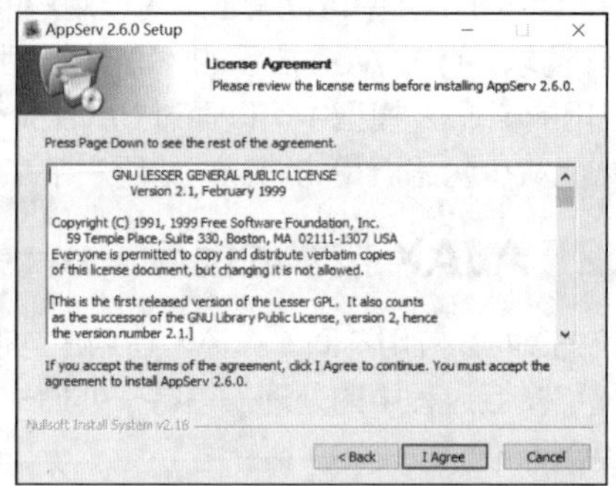

图 7-4　AppServ 安装协议界面

（3）单击“I Agree”按钮，打开图 7-5 所示的 AppServ 安装路径选择界面，在该界面中可以设置 AppServ 的安装路径（默认安装路径一般为 C:\AppServ，建议读者将默认安装路径中的 C 盘改为其他盘）。AppServ 安装完成后，Apache、MySQL、PHP 都将以子目录的形式存储到该路径下。

（4）单击“Next”按钮，打开图 7-6 所示的 AppServ 安装选项界面，在该界面中可以选择要安装的程序和组件（默认为全选状态）。

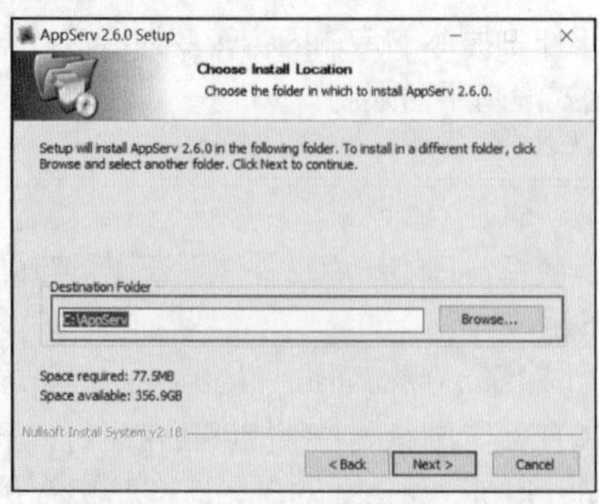

图 7-5　AppServ 安装路径选择界面

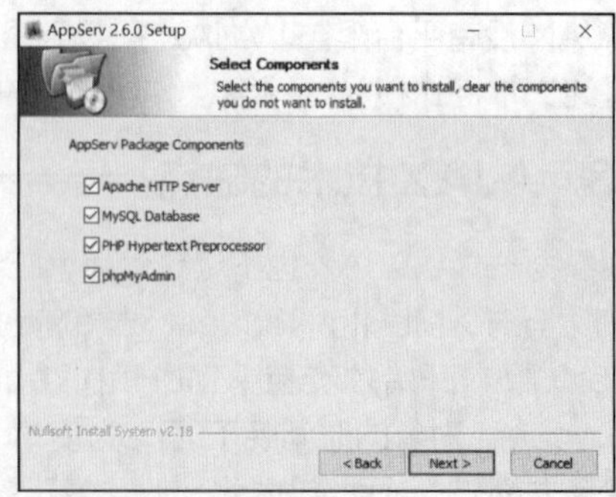

图 7-6　AppServ 安装选项界面

（5）单击“Next”按钮，打开图 7-7 所示的 Apache 端口号设置界面，该界面主要设置 Apache 的端口号。

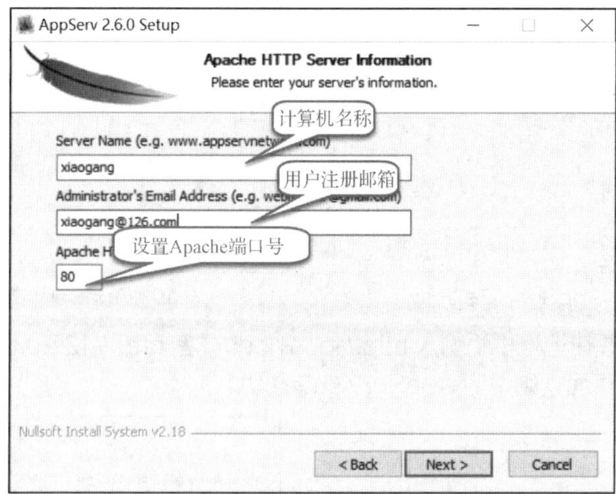

图 7-7　Apache 端口号设置界面

注意　**Apache 端口号的设置至关重要，它直接关系到 Apache 是否能够启动成功。如果本机中的 80 端口被 IIS（Internet Information Services，互联网信息服务）或者迅雷占用，那么这里仍然使用 80 端口就不能完成对 Apache 端口号的设置。读者可通过修改这里的端口号（如修改为 82），或者对 IIS 或迅雷占用的端口号进行修改来解决该问题。**

（6）单击“Next”按钮，打开图 7-8 所示的 MySQL 设置界面。该界面主要对 MySQL 数据库的 root 用户的登录密码及字符集进行设置，这里将字符集设置为 GB2312 Simplified Chinese，表示 MySQL 数据库的字符集将采用简体中文形式。

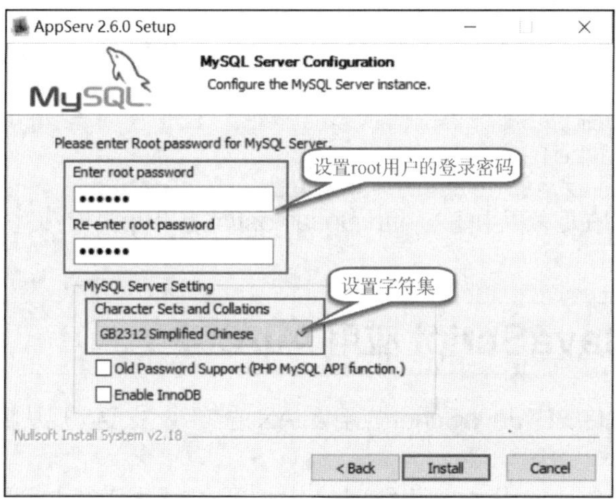

图 7-8　MySQL 设置界面

（7）单击“Install”按钮后开始安装 AppServ，如图 7-9 所示。

（8）进度条满后 AppServ 安装完成，如图 7-10 所示。

（9）安装完成 AppServ 后，整个目录默认安装在 D:\AppServ 路径下，此路径下包含 4 个子目录。AppServ 目录结构如图 7-11 所示，用户可以将所有网页文件存储到 www 子目录下。

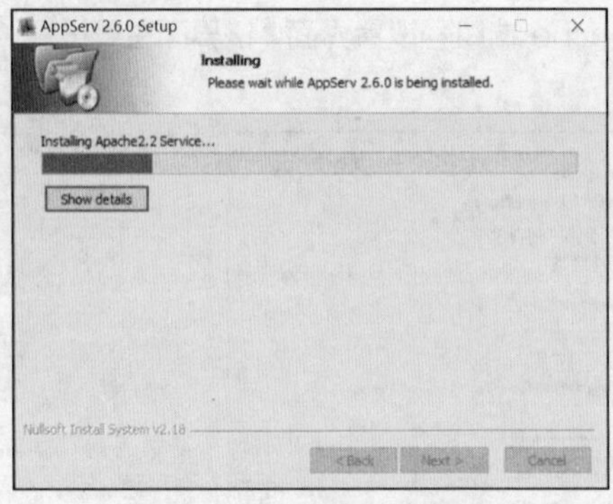

图 7-9　AppServ 安装界面

图 7-10　AppServ 安装完成界面

（10）打开浏览器并在地址栏中输入 http://localhost/或者 http://127.0.0.1/，如果打开图 7-12 所示的 AppServ 测试页面，则说明 AppServ 安装成功。

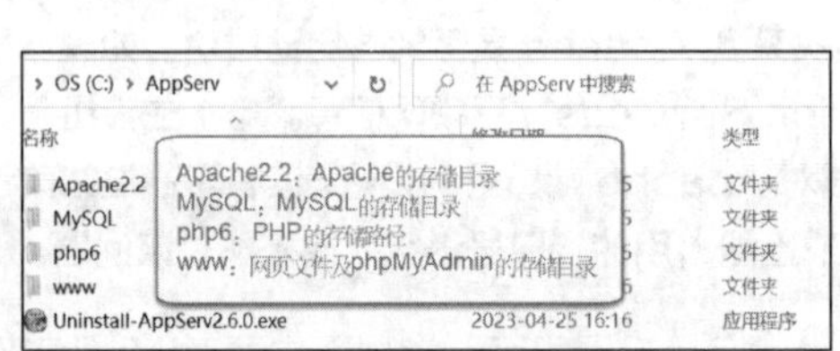

图 7-11　AppServ 目录结构

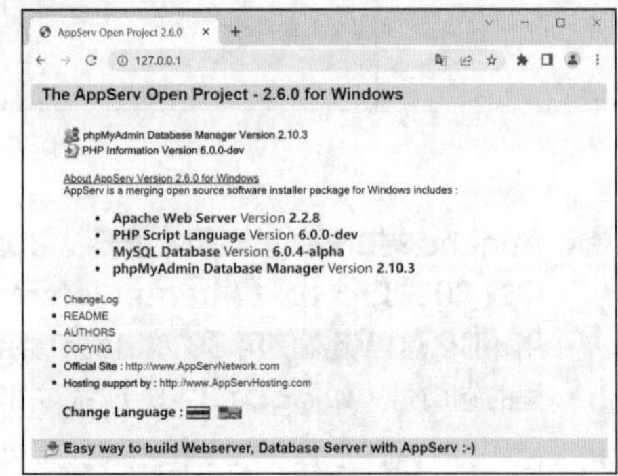

图 7-12　AppServ 测试页面

如果访问 http://127.0.0.1/打不开 AppServ 测试页面，有可能是因为 Apache 服务没有安装成功，此时会提示【No installed sevice named 'Apache2.2'】，解决步骤如下。

（1）使用管理员角色打开 cmd（Command Prompt，命令提示符）窗口，然后切换到 Apache 的 bin 目录下。

```
C:\WINDOWS\system32>cd C:\AppServ\Apache2.2\bin
```

（2）输入安装 Apache 的命令。

```
C:\AppServ\Apache2.2\bin>httpd -k install -n Apache2.2
```

（3）打开浏览器并在地址栏中输入 http://localhost/或者 http://127.0.0.1/，查看 AppServ 是否安装成功。

7.3　通过 JavaScript 应用 AJAX

通过 JavaScript
应用 AJAX

本节讲解一个通过传统的 JavaScript 应用 AJAX 的实例，主要实现从服务器端获取文本的功能。

【例 7-1】通过传统的 JavaScript 应用 AJAX 从服务器端获取文本（实例位置：源码\第 7 单元\7-1）。

（1）声明一个空对象来保存 XMLHttpRequest 对象，代码如下：

```
var xmlhttp = null;
```

（2）创建 XMLHttpRequest 对象，代码如下：

```
function createXMLHttpRequest(){
    if(window.ActiveXObject){                          // 浏览器为 IE
```

```
            xmlhttp = new ActiveXObject("Microsoft.XMLHTTP");
        }else if(window.XMLHttpRequest){         // 浏览器非 IE
            xmlhttp = new XMLHttpRequest();
        }
    }
```

（3）编写 startRequest()方法，使用 open()方法初始化 XMLHttpRequest 对象，指定要使用的服务器 URL。代码如下：

```
    var url = "index.php";    // 要使用的服务器 URL
```

默认情况下，使用 XMLHttpRequest 对象发送的 HTTP 请求是异步的，但是可以显式地把 async 参数值设置为 true。

（4）XMLHttpRequest 对象提供了用于指定状态改变时所触发的事件处理器的属性 onreadystatechange。在 AJAX 中，每个状态改变时都会触发指定的事件处理器，通常会调用一个 JavaScript 函数。当请求状态改变时，XMLHttpRequest 对象触发 onreadystatechange 属性指定的事件处理器。因此在处理该事件之前，事件处理器应该首先检查 readyState 属性值和 HTTP 状态值。当请求完成（readyState 属性值为 4）并且事件已经成功（HTTP 状态值为 200）时，就可以调用一个 JavaScript 函数来处理该事件内容。代码如下：

```
    xmlhttp.onreadystatechange = function(){
        if(xmlhttp.readyState == 4 && xmlhttp.status == 200){
            alert(xmlhttp.responseText);
        }
    }
```

（5）调用 send()方法提交请求。因为请求使用的是 HTTP 的 get 方式，所以可以在不指定参数或使用 null 参数的情况下调用 send()方法。代码如下：

```
    xmlhttp.send(null);
```

（6）将源代码文件存放到 AppServ/www 目录下，然后根据目录地址对其进行访问，如图 7-13 所示。

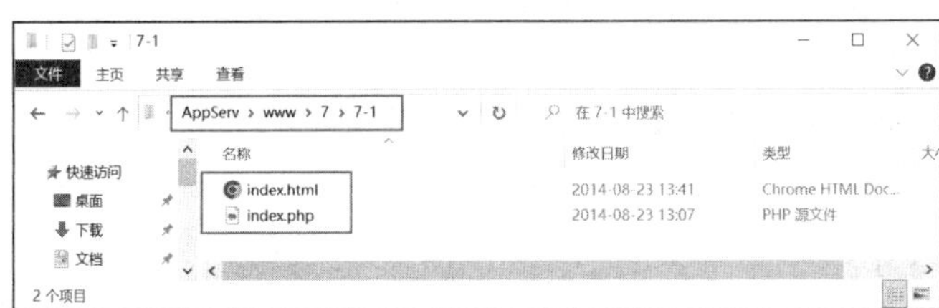

图 7-13　将源代码存放到 AppServ/www 目录下

当前目录文件访问地址：http://localhost/7/7-1/index.html。Apache 端口号如果为 80，可以不用写入访问地址，如果为其他端口号则需要写入访问地址。比如 Apache 端口号为 8080，则访问地址为 http://localhost:8080/7/7-1/index.html。

（7）单击“获取服务器端文本”按钮，可以看到网页弹出的提示对话框中显示“我的第一个 AJAX 实例！”，运行效果如图 7-14 所示。

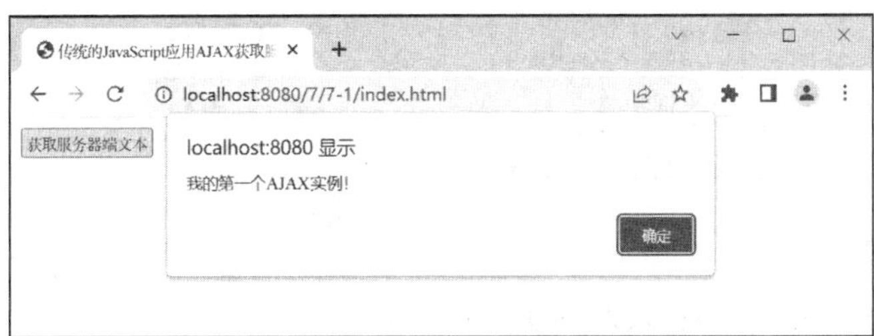

图 7-14　通过 JavaScript 应用 AJAX

以上就是通过传统的 JavaScript 应用 AJAX 的所有细节，该方式不必将页面的全部内容发送给服务器，只需要将用到的部分发送即可。显然这种无刷新模式能给用户带来更好的浏览体验。但是使用 XMLHttpRequest 对象的很多属性和方法对于想快速入门 AJAX 技术的开发人员来说并不容易，而 jQuery 提供了一些日常开发中经常需要用的快捷方法，例如 load()、$ajax()、$get()、$post()、$getJSON()等，它们可以使简单的工作变得更简单，复杂的工作变得不再复杂。

7.4 jQuery 中的 AJAX 应用

jQuery 中的 AJAX 应用

使用 jQuery 会使 AJAX 变得简单，下面介绍 jQuery 中的 AJAX 应用。

jQuery 中的 AJAX 应用封装了 3 个层次，分别如下。

- 最底层是 AJAX，封装了基础 AJAX 的一些方法，$.ajax()方法就是最底层的方法。
- 第 2 层是 load()、$.get()、$.post()方法。
- 第 3 层是$.getScript()和$.getJSON()方法。

7.4.1 使用 load()方法获取异步数据

在传统的 JavaScript 中，使用 XMLHttpRequest 对象异步加载数据，而在 jQuery 中，使用 load()方法可以方便、快捷地实现获取异步数据的功能。load()方法的语法格式为：

```
load(url[,data][,callback])
```

参数说明如下。

- url：请求 HTML 页面的 URL。
- data：可选参数，指定发送至服务器的 key-value 数据。
- callback：可选参数，指定请求完成时调用的回调函数，无论请求是否成功。

1. 载入 HTML 页面

【例 7-2】使用 load()方法载入页面（实例位置：源码\第 7 单元\7-2）。

（1）创建要载入的页面 mofun.html，代码如下：

```
<div>
<p>莫凡魔方科技</p>
<p>莫凡图书</p>
<p>jQuery 开发基础教程</p>
</div>
```

（2）创建 index.html 页面，在页面中添加按钮以及 id 属性值为 loadhtml 的<div>元素，代码如下：

```
<input type="button" id="btn" value="载入页面"/>
<div id="loadhtml"></div>
```

（3）引入 jQuery 库并且在其下方编写 jQuery 代码，使用 load()方法载入之前创建的 mr.html 页面，代码如下：

```
<script type="text/javascript" src="../js/jquery-3.6.4.min.js"></script>
<script type="text/javascript">
$(document).ready(function () {
    $("#btn").on("click", function () {
        $("#loadhtml").load("mofun.html");
    })
})
</script>
```

单击“载入页面”按钮，运行效果如图 7-15 所示。

图 7-15　使用 load()方法载入页面

从图 7-15 可以看到，mofun.html 页面被成功载入 index.html 页面中。load()方法完成了本来很烦琐的工作，开发人员只要使用 jQuery 选择器指定载入页面的目标位置，之后将要载入页面的 URL 传递给 load()方法即可。

2. 载入 HTML 页面中的指定元素

例 7-2 载入的是整个 HTML 页面，如果只想载入某个页面中的部分元素，可以使用 load()方法的 URL 参数。load()方法的 URL 参数的语法结构为 url selector。

【例 7-3】载入页面中 class 属性值为 mofun365 的元素（实例位置：源码\第 7 单元\7-3）。

（1）创建要载入的页面 mofun.html，代码如下：

```
<div>
<p class="mofun365">莫凡魔方科技</p>
<p class="mofun365">莫凡图书</p>
<p class="mofun">jQuery 开发基础教程</p>
</div>
```

（2）第（2）步同例 7-2 第（2）步。

（3）在引入 jQuery 库的下方编写 jQuery 代码，使用 load()方法载入 mofun.html 页面中 class 属性值为 mofun365 的元素，代码如下：

```
<script type="text/javascript" src="../js/jquery-3.6.4.min.js"></script>
<script type="text/javascript">
$(document).ready(function(){
    $("#btn").on("click",function(){
            $("#loadhtml").load("mofun.html .mofun365");
    })
})
</script>
```

单击“载入页面”按钮，运行效果如图 7-16 所示。

图 7-16　使用 load()方法载入页面中的指定元素

3. 传递方式和传递参数

load()方法的传递方式是根据传递参数 data 来指定的。如果没有传递参数 data，默认采用 get 方式传递，否则将自动转换为 post 方式。例如下面的代码，无传递参数 data，因此传递方式是 get 方式。

```
$("#loadhtml").load("mofun.php",function(responseText,status,XMLHttpRequest){
        // 省略部分代码
  });
```

而下面的代码有传递参数 data，因此传递方式是 post 方式。

```
$("#loadhtml").load("mofun.php",{name: "xiaogang",age: "30"},function
(responseText,status,XMLHttp Request){
        // 省略部分代码
  });
```

7.4.2　使用$.get()方法请求数据

$.get()方法使用 get 方式异步请求数据，它的语法格式为：

```
$.get(url[,data][,callback][,type])
```

参数说明如下。

- url：请求的 HTML 页面的 URL 地址。
- data：可选参数，指定发送到服务器的数据。
- callback：可选参数，规定当请求成功时调用的回调函数。
- type：可选参数，预计的服务器响应的数据类型。

【例 7-4】使用$.get()方法请求数据（实例位置：源码\第 7 单元\7-4）。

（1）创建 index.html 页面，构建表单。主要代码如下：

```
<form name="form" action="">
        用户名：<input type="text" id="username" /><br/><br/>
        内容：<textarea id="content"></textarea><br/><br/>
        <input type="button" id="button" value="提交"/><br/><br/>
        <div id="responseText"></div>
</form>
```

（2）给按钮添加 click 事件，确定请求页面的 URL，获取用户名与内容字段并将其作为参数传递到 index.php 页面，代码如下：

```
$("#button").on("click" ,function(){  $.get("index.php",{username:$
("#username").val(),content:$("#content").val()},回调函数，"json");
      })
```

（3）如果服务器端成功返回数据，那么可以通过回调函数将返回的数据显示在页面中。其中回调函数有两个参数。代码格式如下：

```
function(data, status){
          // data：服务器端返回的数据，可以是 XML、JSON、HTML 文档等
          // status：请求状态
   });
```

需要注意的是，与 load()方法不同，回调函数只有当数据成功返回时才能被调用。

（4）创建 index.php 文件，获取页面传递的数据，保存到$dataArray 数组中，之后使用 json_encode()方法将数组转换为 JSON 对象并返回。具体代码如下：

```
<?php
if(!empty($_GET['username']) && !empty($_GET['content'])){
          $username = $_GET['username'];
          $content = $_GET['content'];
          $dataArray = array("username"=>$username,"content"=>$content);
          $jsonStr = json_encode($dataArray);
          echo $jsonStr;
   }
?>
```

（5）由于服务端返回的是 JSON 对象，因此需要对返回的数据进行处理。在以上代码中，将$.get()方法的第 4 个参数（type）设置为 json，表示服务器返回的数据格式为 JSON 格式，之后编写回调函数，将页面中 id 属性值为 responseText 的<div>元素内容设置为用户提交的用户名与

留言内容。具体代码如下：

```
    function(data,textStatus){
    // 显示用户提交的用户名与留言内容
        $("#responseText").html("用户名: "+data.username+"<br/>留言内容:
"+data.content);      }
```

在页面中输入用户名与留言内容，之后单击“提交”按钮，运行效果如图 7-17 所示。

图 7-17　使用$.get()方法请求数据

7.4.3　使用$.post()方法请求数据

$.post()方法的使用方式（post 方式）与$.get()方法的使用方式（get 方式）是相同的，不过它们之间仍有以下区别。

- get 方式：使用 get 方式可以传送简单数据，一般数据大小限制在 2KB 以下，数据追加到 URL 中发送。也就是说，使用 get 方式时浏览器会将数据作为参数追加到 URL 后面进行传递。最重要的是，数据会被客户端浏览器缓存，这样别人就可以从浏览器的历史记录中读取用户数据，例如账号、密码等。因此在某些情况下，使用 get 方式会带来严重的安全隐患。
- post 方式：使用 post 方式时，浏览器将表单字段元素以及数据作为 HTTP 消息实体内容发送给 Web 服务器，而不是作为 URL 参数进行传递，可以避免数据被浏览器缓存，比 get 方式更加安全。而且使用 post 方式传递的数据量要比使用 get 方式传送的数据量大得多。

【例 7-5】使用$.post()方法请求数据（实例位置：源码\第 7 单元\7-5）。

本实例的表单内容与例 7-4 的相同，不同的是提交 AJAX 请求使用的是$.post()方法，即：

```
    $.post("index.php",{username:$("#username").val(),content:$("#content").val
(){},function(data,textStatus){
    // 显示用户提交的用户名与留言内容
    $("#responseText").html("用户名:"+data.username+"<br/>留言内容:"+data.content);
          },"json");
```

在 index.php 文件中，获取页面传递的数据时使用$_POST 方法，具体代码如下：

```
    <?php
        if(!empty($_POST['username']) && !empty($_POST['content'])){
            $username = $_POST['username'];
            $content = $_POST['content'];
            $dataArray = array("username"=>$username,"content"=>$content);
            $jsonStr = json_encode($dataArray);
            echo $jsonStr;
        }
    ?>
```

7.4.4　使用$.getScript()方法加载 JavaScript 文件

在页面中获取 JavaScript 文件内容的方法有很多，例如：

```
    <script type="text/javascript" src="js/jquery.js"></script>
```

或者：

```
$("<script type='text/javascript' src='js/jquery.js'>").appendTo("head");
```

但这些方法都不是最理想的。在 jQuery 中通过全局函数 getScript()加载 JavaScript 文件时，不仅可以像加载 HTML 片段一样简单、方便，而且 JavaScript 文件会自动执行，大大提高了页面的执行效率。具体代码如下：

```
$("#btn").on("click" ,function(){
    $.getScript("js/jquery.js");
})
```

与其他 AJAX 方法相同，$.getScript()方法也有回调函数，它会在 JavaScript 文件成功加载后执行。

【例 7-6】 使用$.getScript()方法加载 JavaScript 文件（实例位置：源码\第 7 单元\7-6）。

（1）创建 index.html 页面，在页面中加入一个按钮和两个<div>元素。主要代码如下：

```
<input type="button" id="btn" value="改变背景色"/>
<div class="mofun">莫凡魔方科技</div>
<div class="mofun">莫凡图书</div>
```

（2）创建 test.js 文件，内容如下：

```
alert("test.js 加载成功! ");
```

（3）在 index.html 面中加载 test.js 文件，加载完毕后执行回调函数，给按钮添加 click 事件，使单击按钮时，改变 class 属性值为 mofun 的<div>元素的背景色。具体代码如下：

```
$(document).ready(function(){
          $.getScript("test.js",function(){
                $("#btn").on("click" ,function(){
                      $(".mofun").css("backgroundColor","lightblue");
                })
          })
    })
```

运行本实例，可以看到页面弹出“test.js 文件加载成功！”的提示对话框，如图 7-18 所示。之后单击“改变背景色”按钮，可以看到 class 属性值为 mofun 的<div>元素的背景色发生了改变，效果如图 7-19 所示。

图 7-18　加载 JavaScript 文件

图 7-19　改变背景色

7.4.5　使用$.getJSON()方法加载 JSON 文件

JSON 可以将 JavaScript 对象中表示的一组数据转换为字符串，然后就可以在函数之间轻松地传递这个字符串。JSON 格式的文件很方便计算机的读取，因此受到开发人员的青睐。在 jQuery 中$.getJSON()方法用于加载 JSON 文件，它的用法与$.getScript()方法的用法相同。

例如，要加载 test.json 文件，具体代码如下：

```
$("#btn").click(function(){
    $.getJSON("test.json",回调函数);
})
```

【例 7-7】 使用$.getJSON()方法加载 JSON 文件（实例位置：源码\第 7 单元\7-7）。

（1）创建 index.html 页面，在页面中加入一个 id 属性值为 json 的<div>空元素，代码如下：

```
<div id="json"></div>
```

（2）创建 test.json 文件，内容为：

```
[
    {
        "name":"轻鸿",
        "sex":"女",
        "email":"xiaoyuan@mofun.com"
    },
    {
        "name":"沐汐",
        "sex":"女",
        "email":"mxxx@163.com"
    }
]
```

说明　test.json 文件中的内容，首尾分别用[和]括起来，表示这是一个含有两个对象的数组。

（3）在 index.html 页面中加载 test.json 文件，加载完毕后执行回调函数，首先定义一个空的字符串 htmlStr，然后使用$.each()方法遍历返回的数据（即第 1 个参数 data），并以一个回调函数作为第 2 个参数（回调函数有两个参数，第 1 个参数是对象的成员或数组的索引，第 2 个参数是对应的变量或内容），将结果保存在 htmlStr 字符串中。具体代码如下：

```
$.getJSON("test.json",function(data){
            var htmlStr = "";
            $.each(data,function(index,info){
                htmlStr+="姓名: "+info['name']+"<br/>";
                htmlStr+="性别: "+info['sex']+"<br/>";
                htmlStr+="邮箱: "+info['email']+"<br/><br/>";
            })
            $("#json").html(htmlStr);
        })
```

运行本实例，最终效果如图 7-20 所示。

图 7-20　使用$.getJSDN()方法加载 JSON 文件

7.4.6　使用$.ajax()方法请求数据

除了可以使用全局性函数 load()、$.get()、$.post()实现页面的异步调用和与服务器交互数据外，在 jQuery 中还有一个功能更为强大的最底层方法$.ajax()。该方法不仅可以方便地实现上述 3 个全局性函数完成的功能，而且可以更多地关注实现过程中的细节。它的语法格为：

```
$.ajax(options);
```

其中参数 options 为$.ajax()方法中的请求设置，语法格式为 key/value，既包含发送请求的参数，又包含服务器响应后回调的数据。$.ajax()方法中常用的参数如表 7-1 所示。

表 7-1　$.ajax()方法中常用的参数

参数名称	类型	说明
url	String	发送请求的地址（默认为当前页面的地址）
type	String	数据请求方式（post 方式或 get 方式），默认为 get 方式
data	String 或 Object	发送到服务器的数据。如果数据不是字符串格式，则自动转换成字符串格式；如果请求方式是 get 方式，则该字符串将附在 URL 后
dataType	String	服务器返回的数据类型。如果没有指定数据类型，jQuery 将自动根据 HTTP 包 MIME 信息自动判断，服务器返回的数据根据自动判断结果进行解析，传递给回调函数。可用的数据类型如下： html：返回纯文本 HTML 信息，包含的<Script>标记会在插入页面时被执行。 script：返回纯文本 JavaScript 代码。 text：返回纯文本字符串。 xml：返回可被 jQuery 处理的 XML 文档。 json：返回 JSON 格式的数据

beforeSend	Function	该函数用于在发送请求前修改 XMLHttpRequest 对象。该函数的参数就是 XMLHttpRequest 对象。由于该函数本身是 jQuery 事件，因此如果函数返回 false，则表示取消本次事件。
		function(XMLHttpRequest){
		　this; // 调用本次 AJAX 请求传递的 options 参数
		}

complete	Function	请求完成后调用的回调函数。该函数无论数据发送成功或失败都会被调用。该函数有两个参数，一个是 XMLHttpRequest 对象，另一个是用来描述成功请求类型的字符串 textStatus。
		function(XMLHttpRequest,textStatus){
		　this; // 调用本次 AJAX 请求传递的 options 参数
		}

success	Function	请求成功后调用的回调函数。该函数有两个参数，一个是根据 dataType 参数处理后服务器返回的数据，另一个是用来描述状态的字符串 textStatus。
		function(data,textStatus){
		　// data 可能是 xmlDoc、jsonObj、html、text 等
		　this; // 调用本次 AJAX 请求传递的 options 参数
		}

error	Function	请求失败后调用的回调函数。该函数有 3 个参数，第 1 个参数是 XMLHttpRequest 对象，第 2 个参数是出错信息 strError，第 3 个参数是捕捉到的错误对象 strObject。
		function(XMLHttpRequest, strError,strObject){
		　// 通常情况下 strError 参数和 strObject 参数只有一个包含信息
		　this; // 调用本次 AJAX 请求传递的 options 参数
		}

global	Boolean	是否响应全局事件，默认参数值为 true 表示响应，如果将参数值设置成 false 表示不响应，全局事件 ajaxStart 等将不响应
timeout	Number	请求超时的时间（ms），该参数的设置将覆盖$.ajaxSetup()方法的全局设置

【例 7-8】使用$.ajax()方法请求数据（实例位置：源码\第 7 单元\7-8）。

本实例的表单内容与例 7-4 的相同，不同的是提交 AJAX 请求使用的是$.ajax()方法，即：

```
$.ajax({type:"GET",
 url:"index.php",
     data:{username:$("#username").val(),content:$("#content").val()},
     dataType:"json",
```

```
        success:function(data,textStatus){
        // 显示用户提交的用户名与留言内容
        $("#responseText").html("用户名: "+data.username+"<br/>留言内容:
"+data.content);      }
    });
```

7.4.7 使用serialize()方法序列化表单

通过前面内容的讲解可知，在实际项目应用中经常需要使用表单，例如注册表单、登录表单、评论表单等来提供数据。提交表单的常规方法是将表单内容提交到指定页面，在这个过程中整个浏览器都会被刷新。而使用 AJAX 技术能够实现异步提交表单。

在使用全局函数$.get()和$.post()向服务器传递参数时，其中的参数是通过逐个搜索输入字段的方式进行传输的，例如：

```
    $.post("index.php",{username:$("#username").val(),content:$("#content").val
()},function(data,textStatus){
    // 省略部分代码
    })
```

如果表单的输入字段过多，那么使用这种方式传递参数就比较麻烦。为了解决这个问题，jQuery 引入 serialize()方法。与其他方法一样，serialize()方法也作用于一个 jQuery 对象，它可以将 DOM 元素内容序列化为字符串，用于 AJAX 请求。

【例 7-9】使用 serialize()方法序列化表单（实例位置：源码\第 7 单元\7-9）。

（1）创建 index.html 页面，构建表单，在此处给表单中的控件添加 name 属性，并给表单赋予一个 id 属性值。主要代码如下：

```
    <form id="testForm" action="">
        用户名: <input type="text"  name="username"/><br/><br/>
        性别: <input type="text"  name="sex"/><br/><br/>
        年龄: <input type="text"  name="age"/><br/><br/>
        邮箱: <input type="text"  name="email"/><br/><br/>
        地址: <input type="text"  name="address"/><br/><br/>
        内容: <textarea id="content" name="content"></textarea><br/><br/>
        <input type="button" id="button" name="button" value="提交"/><br/><br/>
        <div id="responseText"></div>
    </form>
```

（2）引入 jQuery 库，并且在引入代码下方编写 jQuery 代码，使用$.post()方法提交表单、传值。具体代码如下：

```
    $(document).ready(function(){
        $("#button").on("click", function () {
            $.post("index.php",$("#testForm").serialize(),  // 序列化表单
            function(data){
            var html = "";
            html+="用户名: "+data.username+"<br/>";
            html+="性别: "+data.sex+"<br/>";
            html+="年龄: "+data.age+"<br/>";
            html+="邮箱: "+data.email+"<br/>";
            html+="地址: "+data.address+"<br/>";
            html+="内容: "+data.content+"<br/>";
             $("#responseText").html(html);            // 显示用户提交的留言信息
            },"json");
        })
    })
```

在页面中填入信息，单击“提交”按钮，运行效果如图 7-21 所示。

由此可以看出，使用 serialize()方法序列化表单非常便捷，不用手动书写传递参数。其中给 <form>元素加上 id 属性值是为了便于获取表单对象，进而调用该对象的 serialize()方法。

图 7-21　使用 serialize()方法序列化表单

7.5　AJAX 的全局事件

AJAX 的全局事件

7.5.1　AJAX 的全局事件参数

在 jQuery 中存在 6 个 AJAX 全局事件，详细说明如表 7-2 所示。

表 7-2　AJAX 的全局事件

全局事件名称	参数	说明
ajaxComplete(callback)	callback	AJAX 请求完成时执行的函数，在 jQuery 3.5 中已废弃，请使用.on("ajaxComplete",handler)
ajaxError(callback)	callback	AJAX 请求发生错误时执行的函数，其中捕捉到的错误可以作为最后一个参数进行传递，在 jQuery 3.5 中已废弃，请使用.on("ajaxError",handler)
ajaxSend(callback)	callback	AJAX 请求发送前执行的函数，在 jQuery 3.5 中已废弃，请使用.on("ajaxSend",handler)
ajaxStart(callback)	callback	AJAX 请求开始时执行的函数，在 jQuery 3.5 中已废弃，请使用.on("ajaxStart",handler)
ajaxStop(callback)	callback	AJAX 请求结束时执行的函数，在 jQuery 3.5 中已废弃，请使用.on("ajaxStop",handler)
ajaxSuccess(callback)	callback	AJAX 请求成功时执行的函数，在 jQuery 3.5 中已废弃，请使用.on("ajaxSuccess",handler)

说明　**在 jQuery 中，所有的全局事件都是将 XMLHttpRequest 对象和其设置作为参数传递给回调函数的，因此在处理回调函数时，只要处理其传回的参数值即可。**

7.5.2　ajaxStart 与 ajaxStop 全局事件

在 jQuery 中使用 AJAX 获取异步数据时，会经常使用 ajaxStart 和 ajaxStop 这两个全局事件。当 AJAX 请求开始时会触发 ajaxStart 全局事件的回调函数，该回调函数往往用于编写一些准备性工作，例如提示“数据正在获取中……”；当 AJAX 请求结束时会触发 ajaxStop 全局事件的回调函数，这个回调函数往往与前者相配合，说明请求的最后进展状态，例如网站加载图片的速度较慢，在图片加载过程中可以给用户提供一些友好的提示信息，常用的提示信息为“图片加载中……”，待图片加载完毕后隐藏该提示信息。

【例 7-10】使用 ajaxStart 与 ajaxStop 全局事件添加信息提示（实例位置：源码\第 7 单元\7-10）。

（1）在例 7-9 的页面中加入一个<div>元素作为提示信息，具体代码为：

```
<div id="msg">数据正在发送……</div>
```

（2）首先为<document>元素绑定 ajaxStart 全局事件，在 AJAX 请求开始时，提示用户“数据正在发送……”，然后为<document>元素绑定 ajaxStop 全局事件，在请求结束后，修改提示信息为“数据获取成功”并将提示信息隐藏。具体代码如下：

```
$(document).on("ajaxStart", function () {
    $("#msg").show();     // 显示数据
})
$(document).on("ajaxStop", function () {
    $("#msg").html("数据获取成功").slideUp(200);  // 修改提示信息并隐藏提示信息
})
```

运行程序，效果如图 7-22 所示。

图 7-22　AJAX 的全局事件

> **说 明**　**由于 AJAX 执行速度较快，为了便于查看提示信息，提示信息的隐藏使用了滑动隐藏方法 slideUp()而没有使用 hide()方法。**

7.6　项目实战：使用 AJAX 实现留言板即时更新

在实际应用中，我们经常会使用留言板功能。本项目实现留言板即时更新功能，具体要求如下。

（1）创建留言板页面，使用户留言可以异步提交。

（2）将用户提交的留言即时更新在页面中。

运行本项目，在图 7-23 所示的页面中输入留言信息，单击“提交留言”按钮，可以看到提交的留言即时更新在当前页面。

项目实战：使用 AJAX 实现留言板即时更新

程序开发步骤如下。（实例位置：源码\第 7 单元\7-11）

（1）创建一个名为 index.html 的文件，在该文件的<head>标记中使用下面的语句引入 jQuery 库。

```
<script type="text/javascript" src="../js/jquery-3.6.4.min.js"></script>
```

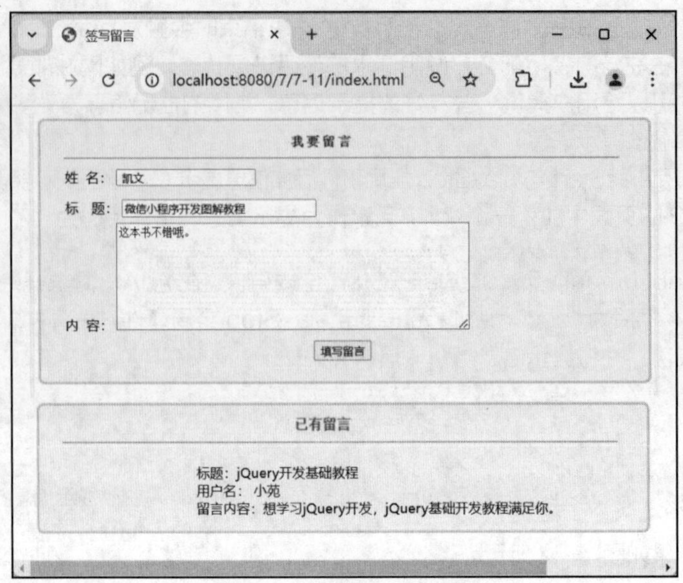

图 7-23　留言板即时更新功能

（2）编写 CSS 样式，用于控制导航菜单的显示样式，具体代码请参见源代码。

（3）在页面的<body>标记中，首先添加一个表单，让用户填写用户名、标题以及留言内容。然后创建一个显示用户提交留言的 id 属性值为 ddiv 的<div>元素。代码如下：

```
<form action=""  method="post" name="form1" id="form1">
    <tr>
      <td width="761" align="center" bgcolor="#F9F8EF"><table width="749"
border="0" align="center" cellpadding="0"  cellspacing="0"  style="BORDER-COLLAPSE:
collapse">
        <tr>
          <td width="749" height="57" background="images/a_03.jpg"> 
 </td>
        </tr>
        <tr>
          <td height="36" colspan="3" align="left" background="images/a_05.jpg"
bgcolor= "#F9F8EF" scope=
"col">        姓  名:
            <input name="username" id="username" value=" "maxlength="64"
type="text" />
                </td>
        </tr>
        <tr>
          <td height="36" colspan="3" align="left" background="images/a_05.jpg"
bgcolor= "#F9F8EF"> 
        标  题:
            <input maxlength="64" size="30" name="title"  type="text"/>
                </td>
        </tr>
        <tr>
          <td height="126" colspan="3" align="left" background="images/a_05.jpg"
bgcolor="#F9F8EF">        内  容:
            <textarea name="content" cols="60" rows="8" id="content"
style="background: url(./images/mrbccd.gif)"></textarea>

                  <table width="734" border="0" align="center" cellpadding="0"
cellspacing="0">
            <tr>
```

```
                <td width="703" height="40" align="center"><input name="button"
type= "button" id="button" value="提交留言"/>
              </tr>
          </table>
                      </td>
          </tr>
          <tr>
            <td height="35" background="images/a_07.jpg">  </td>
          </tr>
        </table>
          </td>
      </tr>
      </form>
    <div class="dhead"></div>
    <div id="ddiv"></div>
    <div class="dfoot"></div>
```

（4）在引入 jQuery 库的代码下方编写 jQuery 代码，为按钮添加 click 事件，使其在被单击时通过 AJAX 方式发送请求，待服务器端成功返回内容后，在回调函数中将用户提交的信息保存到一个新的<div>元素中，将该<div>元素追加到 id 属性值为 ddiv 的<div>元素中。具体代码如下：

```
    $(document).ready(function(){
          $("#button").on("click", function () {
               $.post("index.php",$("#form1").serialize(),function(data){
                       $("#ddiv").append("<div class='dcon'>标题: "+data.title+"<br/>
用户名: "+data.username+"<br/>留言内容: "+data.content);      // 将用户提交的用户名与留言
内容显示
               },"json");
          })
    })
```

7.7 小结

（1）AJAX 是 Asynchronous JavaScript and XML 的缩写，它的意思是异步的 JavaScript 和 XML。

（2）使用 load()方法可以方便、快捷地实现获取异步数据的功能。

（3）在 jQuery 中，$.get()方法能够使用 get 方式异步请求数据。

（4）在 jQuery 中，$.post()方法能够使用 post 方式异步请求数据。

（5）在 jQuery 中，$.geScript()方法用于加载 JavaScript 文件。

（6）在 jQuery 中，$.getJSON()方法用于加载 JSON 文件。

（7）在 jQuery 中，$.ajax()方法是最底层的方法。它不仅可以方便地实现 load()、$.get()和$.post()方法完成的功能，而且可以更多地关注实现过程中的细节。

（8）在 jQuery 中，使用 serialize()方法可以将 DOM 元素内容序列化为字符串，用于 AJAX 请求。

7.8 习题

1. 选择题

（1）下列（　　）不是 AJAX 技术的优点。

A. 减轻服务器和带宽的负担

B. 页面显示和数据分离

C. 没有平台限制

D．破坏浏览器“前进”“后退”按钮的正常行为

（2）下列关于 jQuery 中的 AJAX 应用说法有误的是（　　）。

A．load()方法获取数据　　B．$.post()方法请求数据

C．$.getScript()方法加载 JSON 文件　　D．$.getJSON()方法加载 JSON 文件

（3）下列（　　）不是 AJAX 的全局事件。

A．ajaxComplete　　B．ajaxSend　　C．ajaxStop　　D．ajaxFinish

2．填空题

（1）AJAX 是 Asynchronous JavaScript and XML 的缩写，它的意思是异步的 JavaScript 和 XML。AJAX 并不是一门新的语言或技术，它是______________________等多种已有语言或技术的组合，可以实现客户端的异步请求操作。

（2）AppServ 是 PHP 网页建站工具组合包，可以方便初学者快速完成建站，AppServ 所包含的软件有__________________________。

（3）XMLHttpRequest 对象提供了用于指定状态改变时所触发的事件处理器的属性__________。

3．简答题

（1）AJAX 相较于传统开发模式有哪些优点？

（2）如何使用传统 JavaScript 从服务器端获取文本？

（3）如何载入 HTML 页面？

（4）请描述使用$.post()方法请求数据的具体过程。

（5）在提交 AJAX 请求时，如果表单输入的字段过多，应该使用什么方法进行处理？

（6）ajaxStart 全局事件和 ajaxStop 全局事件分别在什么情况下被触发？

第8单元
使用jQuery UI插件

08

情景引入

假设我们在开发一个交互式的Web应用程序，需要为用户提供丰富的用户界面体验，并能够快速且轻松地实现各种特效和其他交互功能，以提升用户的参与度和满意度。在开发过程中，jQuery UI插件会成为得力助手。jQuery UI插件可以简化复杂的界面操作，快速构建响应式的页面元素，并且通过预定义的主题和样式轻松定制Web应用程序的外观。让jQuery UI插件成为开发过程中的秘密武器，为用户提供出色的交互体验。本单元将介绍jQuery UI插件的工作原理和jQuery UI常用插件、特效的使用。

学习目标

知识目标

1. 了解jQuery UI插件的工作原理。
2. 了解jQuery UI常用插件的使用。
3. 了解jQuery UI常用特效的使用。

能力目标

1. 能够熟练使用jQuery UI插件。
2. 能够熟练使用jQuery UI特效。

素质目标

掌握插件的应用技巧，设计出富有吸引力的用户界面，增强创新意识与团队协作能力。

思维导图

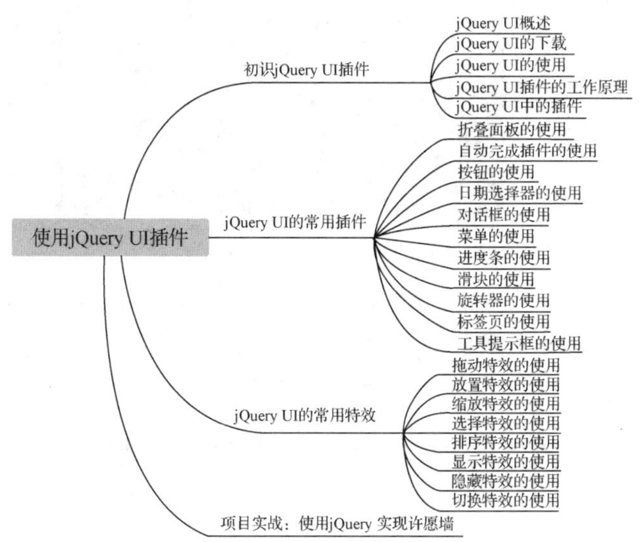

8.1 初识 jQuery UI 插件

初识 jQuery UI 插件

jQuery UI 是一个建立在 jQuery JavaScript 库上的插件和交互库，开发人员可以使用它创建高度交互的 Web 应用程序。本节将对 jQuery UI 及其插件进行简单介绍。

8.1.1 jQuery UI 概述

jQuery UI 是以 jQuery 为基础的开源 JavaScript 网页用户界面代码库。它包含底层用户交互、动画、特效和可更换主题的可视控件，其主要特点如下。

（1）简单易用。继承 jQuery 简易使用特性，提供高度抽象接口，短期改善网站易用性。

（2）开源免费。轻松满足自由产品和企业产品的各种授权需求。

（3）广泛兼容。兼容各主流桌面浏览器，包括 IE 6+、Firefox 2+、Safari 3+、Opera 9+、Chrome 1+。

（4）轻便快捷。组件间相对独立，可按需加载，避免浪费带宽、放慢网页打开速度。

（5）美观多变。提供近 20 种预设主题，并可自定义多达 60 项可配置样式规则，提供 24 种背景纹理供选择。

（6）开放公开。从结构规划到代码编写全程开放，人人均可参与文档、代码的编写与讨论。

（7）强力支持。提供 CDN（Content Delivery Network，内容分发服务）支持。

（8）完整汉化。开发包内置包含中文在内的 40 多种语言包。

8.1.2 jQuery UI 的下载

在使用 jQuery UI 之前，需要下载 jQuery UI。下载步骤如下。

（1）打开 jQuery UI 主页面，如图 8-1 所示。

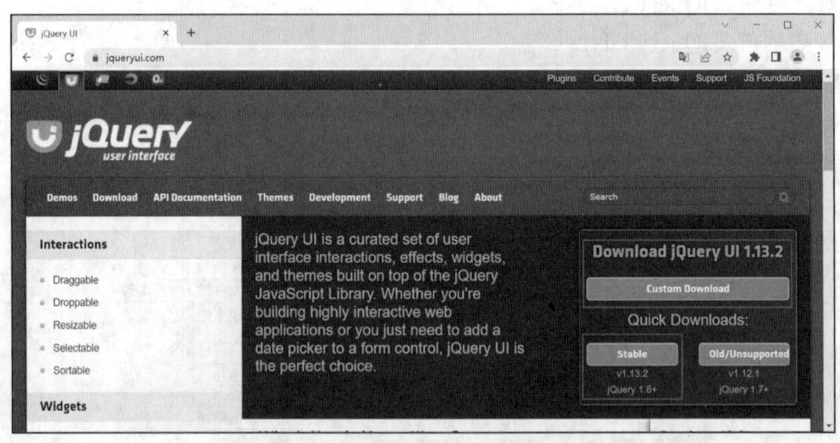

图 8-1　jQuery UI 主页面

（2）单击“Custom Download”按钮，进入 jQuery UI 的 Download Builder 页面，如图 8-2 所示。在 Download Builder 页面中可供下载的有 jQuery UI 版本、核心（UI Core）、交互部件（Interactions）、小部件（Widgets）和效果库（Effects）。这里选择 1.13.2 版本。

说明　**jQuery UI 中的一些组件依赖于其他组件，当选中这些组件时，它所依赖的其他组件也都会自动被选中。**

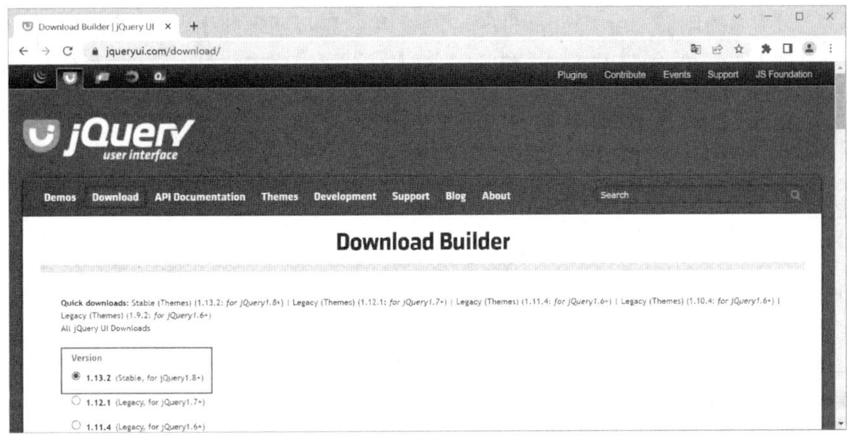

图 8-2　Download Builder 页面

（3）在 Download Builder 页面的最底部，可以看到一个下拉列表框，其中列出了一系列为 jQuery UI 插件预先设计的主题，可以从这些提供的主题中选择一个，如图 8-3 所示。

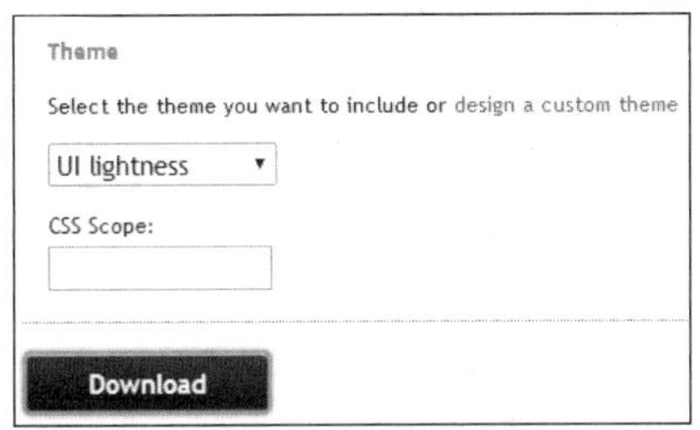

图 8-3　选择为 jQuery UI 插件预先设计的主题

（4）单击“Download”按钮，即可下载选择的 jQuery UI。

8.1.3　jQuery UI的使用

jQuery UI 下载完成后，会获得一个包含已选组件的 ZIP 文件（jquery-ui-1.13.2.custom.zip），解压该文件，得到 jQuery UI 包含的文件，如图 8-4 所示。

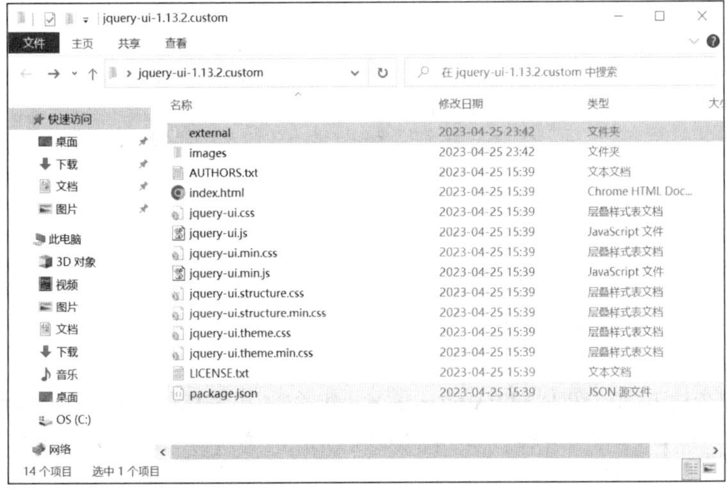

图 8-4　jQuery UI 包含的文件

在 HTML 网页中使用 jQuery UI 插件时，需要将图 8-4 所示的所有文件及文件夹（即解压后的 jquery-ui-1.13.2.custom 文件夹）复制到 HTML 网页所在的文件夹下，然后在 HTML 网页的 <head>标记中添加 jquery-ui.css 文件、jquery-ui.js 文件及 external/jquery 文件夹下 jquery.js 文件的引用。代码如下：

```
<link rel="stylesheet" href="jquery-ui-1.13.2.custom/jquery-ui.css" />
<script src="jquery-ui-1.13.2.custom/jquery-ui.js"></script>
<script src="jquery-ui-1.13.2.custom/external/jquery/jquery.js"></script>
```

一旦引用了以上 3 个文件，开发人员即可向 HTML 网页中添加 jQuery UI 插件。例如要向 HTML 网页中添加一个滑块插件，可使用如下代码实现。

HTML 代码如下：

```
<div id="slider"></div>
```

添加滑块插件的 JavaScript 代码如下：

```
<script>
$(function(){
    $("#slider").slider();
});
</script>
```

8.1.4 jQuery UI 插件的工作原理

jQuery UI 包含了许多维持状态的插件，因此 jQuery UI 插件的使用模式与典型 jQuery 插件的使用模式略有不同。jQuery UI 插件提供了通用的 API，因此只要学会使用其中一个插件，即可知道如何使用其他插件。本小节以进度条（progressbar）插件为例，介绍 jQuery UI 插件的工作原理。

1. 安装

为了跟踪插件的状态，首先介绍插件的生命周期。当插件安装时，插件的生命周期开启，只需要在一个或多个元素上调用插件，即安装了插件。例如以下代码开启了 progressbar 插件的生命周期：

```
$( "#elem" ).progressbar();
```

此外在安装时，jQuery UI 插件还可以传递一组选项，这样即可重写默认选项，代码如下：

```
$( "#elem" ).progressbar({ value: 20 });
```

说明 **在安装时传递的选项数目可根据自身的需要而定，选项是插件状态的组成部分，所以也可以在安装后再进行选项设置。**

2. 方法

既然插件已经初始化，开发人员就可以查询它的状态，或者在插件上执行动作。所有初始化插件后的动作都以方法调用的形式进行。为了在插件上调用一个方法，我们可以向 jQuery UI 插件传递方法名称。例如，为了在进度条（progressbar）插件上调用 value 方法，我们可以使用如下代码：

```
$( "#elem" ).progressbar( "value" );
```

如果调用的方法接受参数，可以在方法名称后传递参数。例如以下代码将参数 40 传递给 value 方法：

```
$( "#elem" ).progressbar( "value", 40 );
```

每个 jQuery UI 插件都有自己的一套基于插件所提供功能的方法，然而有些方法是所有插件都共同具有的，下面分别进行讲解。

（1）option 方法。option 方法主要用来在插件初始化后修改选项。例如通过调用 option 方法修改进度条插件的 value 选项为 30，代码如下：

```
$( "#elem" ).progressbar( "option", "value", 30 );
```

注意 **以上代码与初始化插件时调用 value 方法设置选项的代码[$("#elem"). progressbar ("value", 40);]有所不同，以上代码调用 option 方法将 value 选项修改为 30。**

此外也可以通过给 option 方法传递一个对象，一次更新多个选项，代码如下：

```
$( "#elem" ).progressbar( "option", {
    value: 100,
    disabled: true
});
```

注意 **option 方法有与 jQuery 代码中取值器和设置器相同的标志，就像.css()和.attr()，唯一的不同就是调用 option 方法时必须向 jQuery UI 插件传递字符串"option"，即第 1 个参数。**

（2）disable 方法。disable 方法用来禁用插件，它等同于将 disabled 选项设置为 true。例如以下代码用来将进度条插件设置为禁用状态：

```
$( "#elem" ).progressbar( "disable" );
```

（3）enable 方法。enable 方法用来启用插件，它等同于将 disabled 选项设置为 false。例如以下代码用来将进度条插件设置为启用状态：

```
$( "#elem" ).progressbar( "enable" );
```

（4）destroy 方法。destroy 方法用来销毁插件，使插件返回到最初的标记，这意味着插件生命周期的终止。例如以下代码用来销毁进度条插件：

```
$( "#elem" ).progressbar( "destroy" );
```

一旦销毁了一个插件，就不能在该插件上调用任何方法，除非再次初始化这个插件。

（5）widget 方法。widget 方法用来生成包装器元素，或与原始元素断开连接的元素。例如在以下代码中，widget 方法将返回元素，由于在进度条插件中，没有生成的包装器元素，因此 widget 方法返回与原始元素断开连接的元素。

```
$( "#elem" ).progressbar( "widget" );
```

3. 事件

所有的 jQuery UI 插件都有与它们各种行为相关的事件，用于在状态改变时通知用户。对于大多数插件，当事件被触发时，事件名称以插件名称为前缀。例如，可以绑定进度条插件的 change 事件，一旦进度条的值发生变化就触发该事件。代码如下：

```
$( "#elem" ).bind( "progressbarchange", function() {
    alert( "进度条的值发生了改变!" );
});
```

每个事件都有一个相对应的回调作为选项进行呈现，开发人员可以使用进度条插件的 change 选项进行回调，这等同于绑定 progressbarchange 事件。代码如下：

```
$( "#elem" ).progressbar({
    change: function() {
        alert( "进度条的值发生了改变!" );
    }
});
```

8.1.5 jQuery UI 中的插件

jQuery UI 包含了许多维持状态的插件，通常称为 jQuery UI 插件。它是专门由 jQuery 官方维护的 UI 方向的插件，主要包括折叠面板（Accordion）、自动完成（Autocomplete）、按钮（Button）、日期选择器（Datepicker）、对话框（Dialog）、菜单（Menu）、进度条（Progressbar）、滑块（Slider）、旋转器（Spinner）、标签页（Tabs）、工具提示框（Tooltip）、复选框单选按钮（Checkboxradio）、组件控制组（Controlgroup）、鼠标（Mouse）、选择菜单（Selectmenu）等。

jQuery 与 jQuery UI 的主要区别如下。

（1）jQuery 是一个 JavaScript 库，主要提供的功能是选择器、属性修改和事件绑定等。

（2）jQuery UI 是在 jQuery 的基础上，利用 jQuery 的扩展性设计的插件。它提供了一些常用的界面元素，如对话框、拖动行为、改变大小行为等。

8.2 jQuery UI 的常用插件

jQuery UI 的
常用插件

jQuery UI 提供了很多实用性插件，包括开发人员常用的按钮、日期选择器、进度条等。本节对 jQuery UI 的常用插件及其使用进行详细讲解。

8.2.1 折叠面板的使用

折叠面板（Accordion）用来在一个有限的空间内显示用于呈现信息的可折叠的内容面板，单击折叠面板头部，展开或者折叠被分为各个逻辑部分的内容。此外开发人员可以选择性地设置，当鼠标指针悬停时是否切换各逻辑部分内容的展开或者折叠状态。

折叠面板标记需要包含至少一对标题和内容面板，例如折叠面板标记可以包含一系列的标题（<h3>标记）和内容面板<div>。代码如下：

```
<div id="accordion">
  <h3>First header</h3>
  <div>First content panel</div>
  <h3>Second header</h3>
  <div>Second content panel</div>
</div>
```

在使用折叠面板时，如果焦点在标题（header）上，则如下键盘命令可用。

（1）Up/Left：移动焦点到上一个标题上。如果当前焦点在第一个标题上，则移动焦点到最后一个标题上。

（2）Down/Right：移动焦点到下一个标题上。如果当前焦点在最后一个标题上，则移动焦点到第一个标题上。

（3）Home：移动焦点到第一个标题上。

（4）End：移动焦点到最后一个标题上。

（5）Space/Enter：激活与获得焦点的标题相关的内容面板（panel）。

当焦点在内容面板中时，以下键盘命令可用。

Ctrl+Up：移动焦点到相关的标题上。

注意 **jQuery UI 插件在使用时，要求具有一些功能性 CSS 文件，否则插件将无法工作。如果创建了一个自定义的主题，可使用插件指定的 CSS 文件作为起点，后文将不再说明。**

折叠面板的常用选项及说明如表 8-1 所示。

表 8-1　折叠面板的常用选项及说明

选项	类型	说明
active	Boolean 或 Integer	当前展开哪一个内容面板
animate	Boolean 或 Number 或 String 或 Object	是否使用动画改变内容面板，且如何使用动画改变内容面板
classes	Object	指定要添加到小部件元素的其他类
collapsible	Boolean	所有逻辑部分的内容是否都可以马上折叠，允许折叠激活的部分
disabled	Boolean	如果设置为 true，则禁用该折叠面板
event	String	折叠面板头部会做出反应的事件，用以激活相关的内容面板。可以指定多个事件，且事件用空格间隔
header	Selector	标题元素的选择器，通过主要折叠面板元素上的.find()方法进行应用。内容面板必须是紧接在与其相关的标题后的同级元素
heightStyle	String	控制折叠面板和每个内容面板的高度

续表

选项	类型	说明
icons	Object	标题要使用的图标（Icons），与 jQuery UI CSS 框架提供的图标匹配。设置为 false，则不显示图标

折叠面板的常用方法及说明如表 8-2 所示。

表 8-2　折叠面板的常用方法及说明

方法	说明
destroy()	完全移除折叠面板功能。这会把元素返回到它的预初始化状态
disable()	禁用折叠面板
enable()	启用折叠面板
instance()	在插件加载后可以安全地调用任何元素
option(optionName)	获取当前与指定 optionName 参数关联的值
option()	获取一个包含键值对的对象，键值对表示当前折叠面板选项为 Hash
option(optionName, value)	设置与指定 optionName 参数关联的折叠面板选项的值
option(options)	为折叠面板设置一个或多个选项
refresh()	处理任何在 DOM 中直接添加或移除的标题和内容面板，并重新计算折叠面板的高度
widget()	返回一个包含折叠面板的 jQuery 对象

折叠面板的常用事件及说明如表 8-3 所示。

表 8-3　折叠面板的常用事件及说明

事件	说明
activate(event, ui)	内容面板被激活后触发（在动画完成之后）。如果折叠面板之前为折叠状态，则 ui.oldHeader 和 ui.oldPanel 将是空的 jQuery 对象。如果折叠面板正在折叠，则 ui.newHeader 和 ui.newPanel 将是空的 jQuery 对象
beforeActivate(event, ui)	内容面板被激活前直接触发。可以取消，以防止内容面板被激活。如果折叠面板当前为折叠状态，则 ui.oldHeader 和 ui.oldPanel 将是空的 jQuery 对象。如果折叠面板正在折叠，则 ui.newHeader 和 ui.newPanel 将是空的 jQuery 对象
create(event, ui)	当创建折叠面板时触发。如果折叠面板为折叠状态，则 ui.header 和 ui.panel 将是空的 jQuery 对象

【例 8-1】实现一个折叠面板，默认第 1 个内容面板为展开状态（实例位置：源码\第 8 单元\8-1）。程序开发步骤如下。

（1）新建一个 index.html 文件，将其放到 8-1 文件夹中。

（2）将 jQuery UI 文件夹 jquery-ui-1.13.2.custom 复制到 8-1 文件夹中。

（3）使用 VS Code 打开 index.html 文件，在 index.html 文件中编写如下代码，实现在网页中显示折叠面板的功能：

```
    <!DOCTYPE html PUBLIC "-//W3C//DTD XHTML 1.0 Transitional//EN"
"http://www.w3.org/ TR/xhtml1/DTD/xhtml1-transitional.dtd">
    <html xmlns="http://www.w3.org/1999/xhtml">
    <head>
    <meta http-equiv="Content-Type" content="text/html; charset=utf-8" />
    <link rel="stylesheet" href="jquery-ui-1.13.2.custom/jquery-ui.css" />
    <script src="jquery-ui-1.13.2.custom/external/jquery/jquery.js"></script>
    <script src="jquery-ui-1.13.2.custom/jquery-ui.js"></script>
    <title>折叠面板（Accordion）的使用</title>
      <script>
      $(function() {
        $( "#accordion" ).accordion({
```

```
      heightStyle: "fill"
    });
  });
  $(function() {
    $( "#accordion-resizer" ).resizable({
      minHeight: 140,
      minWidth: 200,
      resize: function() {
        $( "#accordion" ).accordion( "refresh" );
      }
    });
  });
  </script>
</head>
<body>
<h3 class="docs">折叠面板（Accordion）的使用</h3>
<div class="ui-widget-content" style="width:350px;">
  <div id="accordion">
<h3>教材</h3>
    <div>
      <p>jQuery 开发基础教程</p>
      <p>ASP.NET 开发应用与实战</p>
      <p>PHP 开发应用与实战</p>
    </div>
    <h3>编程词典</h3>
    <div>
      <p>PHP 编程词典</p>
      <p>ASP.NET 编程词典</p>
      <p>Java Web 编程词典</p>
    </div>
    <h3>范例宝典</h3>
    <div>
    <p>程序开发范例宝典（第 4 版）</p>
      <ul>
        <li>ASP.NET</li>
        <li>PHP</li>
        <li>Java Web</li>
      </ul>
    </div>
  </div>
</div>
</body>
</html>
```

使用 Chrome 浏览器运行 index.html 文件，效果如图 8-5 所示。

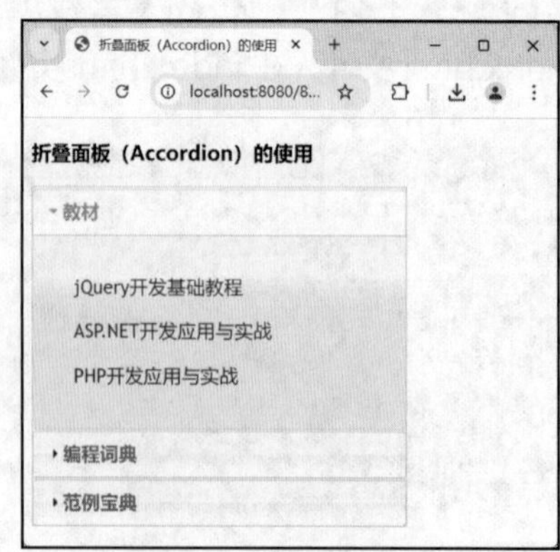

图 8-5　折叠面板效果

8.2.2 自动完成插件的使用

自动完成（Autocomplete）插件用来根据用户输入的值对数据进行搜索和过滤，让用户从预设值列表中快速找到并选择需要的条目。自动完成插件类似百度的搜索框，当用户在搜索框中输入值时，自动完成插件会提供相应的建议。

说 明　自动完成插件的数据源，可以是一个简单的 JavaScript 数组，使用 source 选项将其提供给自动完成插件即可；也可以是从数据库中动态获取的数据。

自动完成插件使用 jQuery UI CSS 框架来定义它的外观和感观的样式。如果需要使用自动完成插件指定的样式，则可以使用如下 CSS class 名称。

- ui-autocomplete：用于显示匹配用户的菜单（menu）。
- ui-autocomplete-input：自动完成插件（Autocomplete Widget）实例化的<input>元素。

自动完成插件的常用选项及说明如表 8-4 所示。

表 8-4　自动完成插件的常用选项及说明

选项	类型	说明
appendTo	Selector	菜单应该被附加到哪一个元素。当该选项值为 null 时，输入域的父元素将查找带有 CSS class 名称为 ui-front 的元素。如果找到带有 CSS class 名称为 ui-front 的元素，菜单将被附加到该元素；如果未找到带有 CSS class 名称为 ui-front 的元素，无论选项值为多少，菜单都将被附加到 body
autoFocus	Boolean	如果设置为 true，当菜单显示时第 1 个条目将自动获得焦点
delay	Integer	按键和执行搜索之间的延迟，以毫秒计。对于本地数据，采用零延迟是有意义的（更具响应性），但对于远程数据采用零延迟会产生大量的负荷，同时降低响应性
disabled	Boolean	如果设置为 true，则禁用该自动完成插件
minLength	Integer	执行搜索前用户必须输入的最小字符数。对于仅匹配几项条目的本地数据，通常设置为零。但是当单个字符搜索会匹配几千项条目时，设置为高数值是很有必要的
position	Object	标识建议菜单的位置与相关的 input 元素。of 选项默认为 input 元素，可以指定另一个定位元素
source	Array 或 String 或 Function (Object request,Function response(Object data))	定义要使用的数据，必须指定该选项

自动完成插件的常用方法及说明如表 8-5 所示。

表 8-5　自动完成插件的常用方法及说明

方法	说明
close()	关闭自动完成插件菜单。当与 search()方法结合使用时，可用于关闭打开的菜单
destroy()	完全移除自动完成插件功能。这会把元素返回到它的预初始化状态
disable()	禁用自动完成插件
enable()	启用自动完成插件
option(optionName)	获取当前与指定 optionName 参数关联的值
option()	获取一个包含键值对的对象，键值对表示当前自动完成插件选项为 Hash

续表

方法	说明
option(optionName, value)	设置与指定 optionName 参数关联的自动完成插件选项的值
option(options)	为自动完成插件设置一个或多个选项
search([value])	触发 search 事件，如果该事件未被取消则调用数据源。当不带参数调用该方法时，则使用当前输入的值。可带一个空字符串和 minLength: 0 参数对方法进行调用，来显示所有条目
widget()	返回一个包含菜单元素的 jQuery 对象，虽然其中的菜单项不断地被创建和销毁。菜单元素本身会在初始化时创建，并不断地重复使用

自动完成的常用事件及说明如表 8-6 所示。

表 8-6　自动完成的常用事件及说明

事件	说明
change(event, ui)	如果输入域的值改变，则触发该事件
close(event, ui)	当菜单隐藏时触发。不是每一个 close 事件都伴随着 change 事件
create(event, ui)	当创建自动完成插件时触发
focus(event, ui)	当焦点移动到一个条目上（未选择）时触发。默认的动作是把文本域中的值替换为获得焦点的条目的值，即使该事件是通过键盘交互触发的。取消该事件会阻止值被更新，但不会阻止选项获得焦点
open(event, ui)	当打开建议菜单或者更新建议菜单时触发
response(event, ui)	在搜索完成后菜单显示前触发。该事件用于建议数据的本地操作，其中自定义的 source 选项回调不是必需的。该事件总是在搜索完成后被触发，如果搜索无结果或者禁用了自动完成插件，导致菜单未显示，该事件一样会被触发
search(event, ui)	在搜索执行前满足 minLength 和 delay 后触发。如果取消该事件，则不会提交请求，也不会提供建议条目
select(event, ui)	当从菜单中选择条目时触发。默认动作是把文本域中的值替换为被选中条目的值。取消该事件会阻止值被更新，但不会阻止菜单关闭

【例 8-2】本实例使用自动完成插件实现根据用户输入，智能显示查询列表的功能。如果查询列表过长，可以通过为自动完成插件设置 max-height 的值来防止列表显示过长（实例位置：源码\第 8 单元\8-2）。程序开发步骤如下。

（1）新建一个 index.html 文件，将其放到 8-2 文件夹中。

（2）将 jQuery UI 文件夹 jquery-ui-1.13.2.custom 复制到 8-2 文件夹中。

（3）使用 VS Code 打开 index.html 文件，在 index.html 文件中编写如下代码，实现根据用户输入智能显示查询列表的功能：

```
<!DOCTYPE html PUBLIC "-//W3C//DTD XHTML 1.0 Transitional//EN"
"http://www.w3.org/ TR/xhtml1/DTD/xhtml1-transitional.dtd">
<html xmlns="http://www.w3.org/1999/xhtml">
<head>
<meta http-equiv="Content-Type" content="text/html; charset=utf-8" />
<link rel="stylesheet" href="jquery-ui-1.13.2.custom/jquery-ui.css" />
<script src="jquery-ui-1.13.2.custom/external/jquery/jquery.js"></script>
<script src="jquery-ui-1.13.2.custom/jquery-ui.js"></script>
<title>自动完成（Autocomplete）插件的使用</title>
  <style>
  .ui-autocomplete {
    max-height: 100px;
```

```
      overflow-y: auto;
      /* 隐藏水平滚动条 */
      overflow-x: hidden;
    }
    * html .ui-autocomplete {
      max-height: 200px;
    }
    </style>
    <script>
    $(function() {
  var datas = [
          "iPhone 4",
          "iPhone 4S",
          "iPhone 5",
          "iPhone 5S",
          "iPhone 6",
          "Nokia 1020",
          "Nokia 1320",
          "Nokia 1520",
          "华为 Ascend P7",
          "华为 Ascend P6",
          "华为 荣耀 6",
          "华为 荣耀 3X",
          "华为 荣耀 3C",
          "三星 S5",
          "三星 Note3",
          "三星 Note2",
          "三星 S4",
          "三星 S3"
      ];
      $( "#tags" ).autocomplete({
        source: datas
      });
    });
    </script>
  </head>
  <body>
  <div class="ui-widget">
    <label for="tags">输入查询关键字: </label>
    <input id="tags">
  </div>
  </body>
  </html>
```

使用 Chrome 浏览器运行 index.html 文件，在文本框中输入要查询的手机品牌关键字，即可将该品牌旗下的热门机型以滚动列表的形式显示出来，效果如图 8-6 所示。

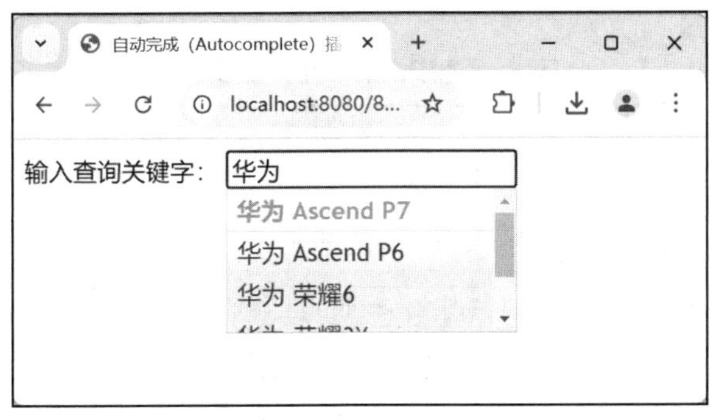

图 8-6　自动完成插件应用实例

8.2.3 按钮的使用

可以使用带有适当悬停（hover）和激活（active）样式的可主题化按钮（Button）来优化标准表单元素（例如按钮、输入框等）。可用于按钮的标记实例主要有<button>元素或者类型为 submit 的<input>元素。

除了基本的按钮，单选按钮和复选框（类型为 radio 和 checkbox 的<input>元素）也可以转换为按钮。为了将单选按钮分组，按钮也提供了一个额外的小部件，名为 Buttonset。Buttonset 通过选择一个容器元素（包含单选按钮）并调用.buttonset()来分组。Buttonset 也提供了可视化分组，因此当单选按钮需要分组时可以考虑使用它。

按钮部件（Button Widget）使用 jQuery UI CSS 框架来定义它的外观和感观的样式。如果需要使用按钮指定的样式，则可以使用如下 CSS class 名称。

- ui-button：表示按钮的 DOM 元素。该元素会根据 text 和 icons 选项添加下列 CSS class 名称之一：ui-button-text-only、ui-button-icon-only、ui-button-icons-only、ui-button-text-icons。
- ui-button-icon-primary：用于显示按钮主要图标的元素。只有当主要图标在 icons 选项中提供时才显示。
- ui-button-text：在按钮文本内容周围的容器。
- ui-button-icon-secondary：用于显示按钮次要图标的元素。只有当次要图标在 icons 选项中提供时才显示。
- ui-buttonset：Buttonset 的外层容器。

按钮的常用选项及说明如表 8-7 所示。

表 8-7 按钮的常用选项及说明

选项	类型	说明
disabled	Boolean	如果设置为 true，则禁用该按钮
icons	Object	要显示的图标，包括带有文本的图标和不带文本的图标。默认情况下，主要图标显示在标签文本的左边，次要图标显示在标签文本的右边
label	String	要显示在按钮中的文本内容。当未指定时（选项值为 null），使用元素的 HTML 内容。如果元素是一个 submit 或 reset 类型的<input>元素，则使用它的 value 属性值；如果元素是一个 radio 或 checkbox 类型的<input>元素，则使用相关<label>元素的 HTML 内容
text	Boolean	是否显示标签。当设置为 false 时不显示文本，但是此时必须启用 icons 选项，否则 text 选项将被忽略

按钮的常用方法及说明如表 8-8 所示。

表 8-8 按钮的常用方法及说明

方法	说明
destroy()	完全移除按钮功能。这会把元素返回到它的初始化状态
disable()	禁用按钮
enable()	启用按钮
option(optionName)	获取当前与指定 optionName 参数关联的值
option()	获取一个包含键值对的对象，键值对表示当前按钮选项为 Hash
option(optionName, value)	设置与指定 optionName 参数关联的按钮选项的值
option(options)	为按钮设置一个或多个选项

续表

方法	说明
refresh()	刷新按钮的视觉状态。用于在以编程方式改变原生元素的选中状态或禁用状态后刷新按钮的视觉状态
widget()	返回一个包含按钮的 jQuery 对象

按钮的常用事件及说明如表 8-9 所示。

表 8-9　按钮的常用事件及说明

事件	说明
create(event, ui)	当创建按钮时触发

【例 8-3】本实例分别使用<button>元素和类型为 submit 的<input>元素制作按钮（实例位置：源码\第 8 单元\8-3）。程序开发步骤如下。

（1）新建一个 index.html 文件，将其放到 8-3 文件夹中。

（2）将 jQuery UI 文件夹 jquery-ui-1.13.2.custom 复制到 8-3 文件夹中。

（3）使用 VS Code 打开 index.html 文件，在 index.html 文件中编写如下代码：

```
    <!DOCTYPE html PUBLIC "-//W3C//DTD XHTML 1.0 Transitional//EN"
"http://www.w3.org/ TR/xhtml1/DTD/xhtml1-transitional.dtd">
    <html xmlns="http://www.w3.org/1999/xhtml">
    <head>
    <meta http-equiv="Content-Type" content="text/html; charset=utf-8" />
    <link rel="stylesheet" href="jquery-ui-1.13.2.custom/jquery-ui.css" />
    <script src="jquery-ui-1.13.2.custom/external/jquery/jquery.js"></script>
    <script src="jquery-ui-1.13.2.custom/jquery-ui.js"></script>
    <title>按钮（Button）的使用</title>
     <script>
      $(function() {
        $( "input[type=submit], a, button" )
          .button()
          .click(function( event ) {
            event.preventDefault();
          });
      });
      </script>
    </head>
    <body>
    <button>一个 button 元素</button>
    <input type="submit" value="一个提交按钮">
    </body>
    </html>
```

使用 Chrome 浏览器运行 index.html 文件，效果如图 8-7 所示。

图 8-7　按钮的应用实例

8.2.4　日期选择器的使用

日期选择器（Datepicker）主要用来从弹出框或在线日历中选择一个日期。使用该插件时，读者可以自定义日期的格式和语言，也可以限制可选择的日期范围等。

默认情况下，当相关的文本域获得焦点时，会在一个小的覆盖层打开日期选择器。对于一个内联的日历，我们只需要简单地将日期选择器附加到<div>元素或者<span>元素上即可。

当打开日期选择器时，如下键盘命令可用。

- Page Up：移到上一个月。
- Page Down：移到下一个月。
- Ctrl+Page Up：移到上一年。
- Ctrl+Page Down：移到下一年。
- Ctrl+Home：移到当前月份。如果日期选择器是关闭的，则打开日期选择器。
- Ctrl+Left：移到上一天。
- Ctrl+Right：移到下一天。
- Ctrl+Up：移到上一周。
- Ctrl+Down：移到下一周。
- Enter：选择聚焦的日期。
- Ctrl+End：关闭日期选择器，并清除日期。
- Escape：关闭日期选择器，不做任何选择。

日期选择器的常用方法及说明如表 8-10 所示。

表 8-10　日期选择器的常用方法及说明

方法	说明
$.datepicker.setDefaults(settings)	为所有的日期选择器改变默认设置
$.datepicker.formatDate(format, date, settings)	格式化日期为一个指定格式的字符串值
$.datepicker.parseDate(format, value, settings)	从一个指定格式的字符串值中提取日期
$.datepicker.iso8601Week(date)	确定一个给定的日期在一年中的第几周：1～53
$.datepicker.noWeekends	设置如 beforeShowDay()函数，防止选择的日期为周末

日期选择器部件使用 jQuery UI CSS 框架来定义它的外观和感观的样式。如果需要使用日期选择器指定的样式，则可以使用如下 CSS class 名称。

- ui-datepicker：日期选择器的外层容器。如果日期选择器是内联的，该元素会额外带有一个 ui-datepicker-inline class 名称。如果设置了 isRTL 选项，该元素会额外带有一个 CSS class 名称 ui-datepicker-rtl。
- ui-datepicker-header：日期选择器的头部容器。
- ui-datepicker-prev：用于选择上一月的控件。
- ui-datepicker-next：用于选择下一月的控件。
- ui-datepicker-title：日期选择器包含月和年的标题容器。
- ui-datepicker-month：月的文本显示，如果设置了 changeMonth 选项，则显示<select>元素。
- ui-datepicker-year：年的文本显示，如果设置了 changeYear 选项，则显示<select>元素。
- ui-datepicker-calendar：包含日历的表格。
- ui-datepicker-week-end：周末的单元格。
- ui-datepicker-other-month：选中日期在某月但不在当前月的单元格。
- ui-datepicker-unselectable：用户不可选择的单元格。
- ui-datepicker-current-day：已选中日期的单元格。

- ui-datepicker-today：当天日期的单元格。
- ui-datepicker-buttonpane：当设置 showButtonPanel 选项时使用按钮面板（buttonpane）。
- ui-datepicker-current：用于选择当天日期的按钮。

如果 numberOfMonths 选项用于显示多个月份，则使用如下一些额外的 CSS class 名称。

- ui-datepicker-multi：多月份日期选择器的最外层容器。该元素会根据要显示的月份个数额外带有 CSS class 名称 ui-datepicker-multi-2、ui-datepicker-multi-3 或 ui-datepicker-multi-4。
- ui-datepicker-group：分组内单独的选择器。该元素会根据它在分组中的位置额外带有 CSS class 名称 ui-datepicker-group-first、ui-datepicker-group-middle 或 ui-datepicker-group-last。

> **注意** **jQuery UI 不支持在 <input type="date"> 上创建日期选择器，因为这样会造成与本地选择器的 UI 冲突。**

【例 8-4】本实例使用日期选择器选择日期并将其格式化显示在文本框中，在选择日期时提供两个月的日期供选择，而且在选择日期时可以修改年份信息和月份信息（实例位置：源码\第 8 单元\8-4）。程序开发步骤如下。

（1）新建一个 index.html 文件，将其放到 8-4 文件夹中。

（2）将 jQuery UI 文件夹 jquery-ui-1.13.2.custom 复制到 8-4 文件夹中。

（3）使用 VS Code 打开 index.html 文件，在 index.html 文件中编写如下代码实现选择日期并将其格式化的功能：

```
    <!DOCTYPE html PUBLIC "-//W3C//DTD XHTML 1.0 Transitional//EN"
"http://www.w3.org/ TR/xhtml1/DTD/xhtml1-transitional.dtd">
    <html xmlns="http://www.w3.org/1999/xhtml">
    <head>
    <meta http-equiv="Content-Type" content="text/html; charset=utf-8" />
    <link rel="stylesheet" href="jquery-ui-1.13.2.custom/jquery-ui.css" />
    <script src="jquery-ui-1.13.2.custom/external/jquery/jquery.js"></script>
    <script src="jquery-ui-1.13.2.custom/jquery-ui.js"></script>
    <title>日期选择器（Datepicker）</title>
       <script>
     $(function() {
        $( "#datepicker" ).datepicker({
          showButtonPanel: true,
          numberOfMonths: 2,
          changeMonth: true,
          changeYear: true,
          showWeek: true,
          firstDay: 1
        });
        $( "#format" ).change(function() {
          $( "#datepicker" ).datepicker( "option", "dateFormat", $( this ).val() );
        });
     });
     </script>
    </head>
    <body>
    <p>日期：<input type="text" id="datepicker"></p>
    <p>格式选项：<br>
     <select id="format">
       <option value="mm/dd/yy">mm/dd/yyyy 格式</option>
       <option value="yy-mm-dd">yyyy-mm-dd 格式</option>
```

```
    <option value="d M, y">短日期格式——d M, y</option>
    <option value="DD, d MM, yy">长日期格式——DD, d MM, yy</option>
  </select>
</p>
</body>
</html>
```

使用 Chrome 浏览器运行 index.html 文件，单击“日期”文本框，弹出日期选择器，效果如图 8-8 所示。

选择某个日期后，在“格式选项”下拉列表中选择所选日期的显示格式，即可以将所选日期以选中格式显示在“日期”文本框中，效果如图 8-9 所示。

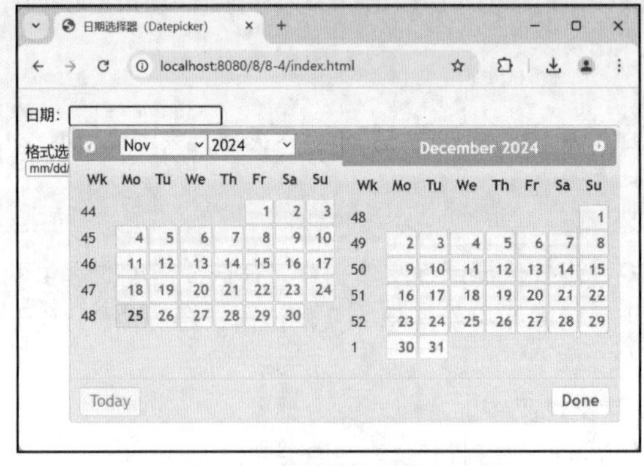

图 8-8　日期选择器的应用实例

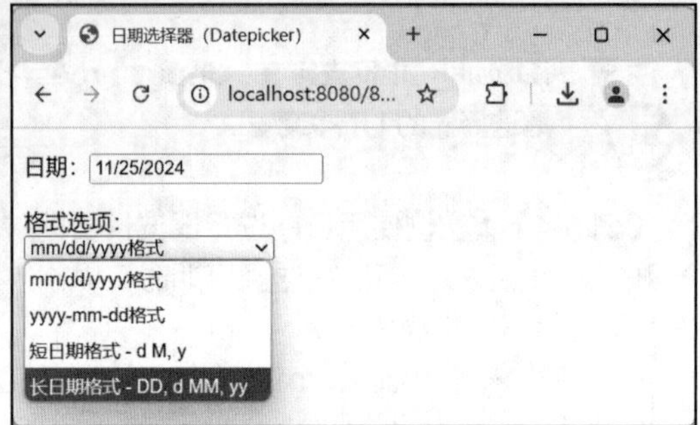

图 8-9　以指定格式显示日期

8.2.5　对话框的使用

对话框（Dialog）是一个悬浮窗口，包含一个标题栏和一个内容区域。对话框可以移动、重新调整大小，默认情况下通过单击“×”图标关闭。

说明　**（1）如果内容长度超过对话框的最大高度，滚动条会自动出现。**
（2）使用对话框时，底部按钮栏和半透明的模式覆盖层是最常见的添加选项。

对话框部件使用 jQuery UI CSS 框架来定义它的外观和感观的样式。如果需要使用对话框指定的样式，则可以使用如下 CSS class 名称。

- ui-dialog：对话框的外层容器。
- ui-dialog-titlebar：包含对话框标题和关闭按钮的标题栏。
- ui-dialog-title：对话框标题周围的容器。
- ui-dialog-titlebar-close：对话框的关闭按钮。
- ui-dialog-content：对话框内容周围的容器。
- ui-dialog-buttonpane：包含对话框按钮的面板。只有当设置了 buttons 选项时才呈现。
- ui-dialog-buttonset：按钮周围的容器。

【例 8-5】本实例使用对话框演示创建新用户的过程，具体实现时在内容区域嵌入<form>标记，设置 modal 选项值为 true，并通过 buttons 选项来指定主要的和次要的用户动作（实例位置：源码\第 8 单元\8-5）。程序开发步骤如下。

（1）新建一个 index.html 文件，将其放到 8-5 文件夹中。

（2）将 jQuery UI 文件夹 jquery-ui-1.13.2.custom 复制到 8-5 文件夹中。

（3）使用 VS Code 打开 index.html 文件，在 index.html 文件中编写如下代码，实现在网页中显示对话框的功能：

```
    <!DOCTYPE html PUBLIC "-//W3C//DTD XHTML 1.0 Transitional//EN"
"http://www.w3.org/ TR/xhtml1/DTD/xhtml1-transitional.dtd">
    <html xmlns="http://www.w3.org/1999/xhtml">
    <head>
    <meta http-equiv="Content-Type" content="text/html; charset=utf-8" />
    <link rel="stylesheet" href="jquery-ui-1.13.2.custom/jquery-ui.css" />
    <script src="jquery-ui-1.13.2.custom/external/jquery/jquery.js"></script>
    <script src="jquery-ui-1.13.2.custom/jquery-ui.js"></script>
    <title>对话框（Dialog）的使用</title>
    <style>
         body { font-size: 62.5%; }
         label, input { display:block; }
         input.text { margin-bottom:12px; width:95%; padding: .4em; }
         fieldset { padding:0; border:0; margin-top:25px; }
         h1 { font-size: 1.2em; margin: .6em 0; }
         div#users-contain { width: 350px; margin: 20px 0; }
         div#users-contain table { margin: 1em 0; border-collapse: collapse; width:
100%; }
         div#users-contain table td, div#users-contain table th { border: 1px solid
#eee; padding: .6em 10px; text-align: left; }
         .ui-dialog .ui-state-error { padding: .3em; }
         .validateTips { border: 1px solid transparent; padding: 0.3em; }
      </style>
    <script>
      $(function() {
        var $name = $( "#name" );                 // id 为属性值 name 的 input 对象
         $email = $( "#email" );                  // id 为属性值 email 的 input 对象
         $password = $( "#password" );            // id 为属性值 password 的 input 对象
         allFields = $( [] ).add( $name ).add( $email ).add( $password );
// 将以上 3 个 jquery 对象添加到 allFields 中
         $tips = $( ".validateTips" );            // class 属性值为 validateTips 的对象，
即提示信息所在的对象
        // 更新提示信息
        function updateTips( t ) {
         $tips
           .text( t )
           .addClass( "ui-state-highlight" );
         setTimeout(function() {
           $tips.removeClass( "ui-state-highlight", 1500 );
         }, 500 );
        }
        /*
        检测输入信息的长度
        参数 o 为要检测的 input 对象
        参数 n 为提示信息中文本框字段的名称
        参数 min 为所需长度的最小值
        参数 max 为所需长度的最大值
        */
        function checkLength( o, n, min, max ) {
         if ( o.val().length > max || o.val().length < min ) {
           o.addClass( "ui-state-error" );
           updateTips( "" + n + " 的长度必须在 " +
             min + " 和 " + max + " 之间。" );
           return false;
         } else {
           return true;
         }
        }
        /*
         使用正则表达式检测输入内容
```

```
      参数 o 为要检测的 input 对象
      参数 regexp 为要使用的正则表达式
      参数 n 为要修改的提示信息
      */
    function checkRegexp( o, regexp, n ) {
      if ( !( regexp.test( o.val() ) ) ) {
        o.addClass( "ui-state-error" );
        updateTips( n );
        return false;
      } else {
        return true;
      }
    }
    $( "#dialog-form" ).dialog({
      autoOpen: false,     // 不自动显示对话框
      height: 300,         // 设置对话框的高度为 300px
      width: 350,          // 设置对话框的宽度为 350px
      modal: true,         // 以模态方式打开对话框，即页面背景变灰
      buttons: {           // 设置按钮
        "创建一个用户": function() {
          var bValid = true;
          allFields.removeClass( "ui-state-error" );
          bValid = bValid && checkLength( $name, "用户名", 3, 16 ); // 用户名为3～16位
          bValid = bValid && checkLength( $email, "邮箱", 6, 80 );  // 邮箱为6～80位
          bValid = bValid && checkLength( $password, "密码", 5, 16 ); // 密码为5～16位
          bValid = bValid && checkRegexp( $name, /^[a-z]([0-9a-z_])+$/i, "用户名
必须由 a～z、0～9、下画线组成，且必须以字母开头。" );
          if ( bValid ) {
            $( "#users tbody" ).append( "<tr>" +
              "<td>" + $name.val() + "</td>" +
              "<td>" + $email.val() + "</td>" +
              "<td>" + $password.val() + "</td>" +
            "</tr>" );
            $( this ).dialog( "close" );        // 关闭对话框
          }
        },
        "取消": function() {                    // 单击“取消”按钮
          $( this ).dialog( "close" );          // 关闭对话框
        }
      },
      close: function() {
        allFields.val( "" ).removeClass( "ui-state-error" );
      }
    });
    // 单击“创建新用户”按钮时打开对话框
    $( "#create-user" )
      .button()
      .click(function() {
        $( "#dialog-form" ).dialog( "open" );
      });
  });
  </script>
</head>
<body>
<div id="dialog-form" title="创建新用户">
  <p class="validateTips">所有的表单字段都是必填的。</p>
  <form>
  <fieldset>
    <label for="name">名字</label>
    <input type="text" name="name" id="name" class="text ui-widget-content
```

```
ui-corner-all">
      <label for="email">邮箱</label>
      <input type="text" name="email" id="email" value="" class="text
ui-widget-content ui-corner-all">
      <label for="password">密码</label>
      <input type="password" name="password" id="password" value="" class="text
ui-widget-content ui-corner-all">
    </fieldset>
    </form>
  </div>
  <div id="users-contain" class="ui-widget">
    <h1>已有的用户：</h1>
    <table id="users" class="ui-widget ui-widget-content">
      <thead>
        <tr class="ui-widget-header ">
          <th>名字</th>
          <th>邮箱</th>
          <th>密码</th>
        </tr>
      </thead>
      <tbody>
        <tr>
          <td>mofunmofangkeji</td>
          <td> mofunmofangkeji @mofun.com</td>
          <td> mofunmofangkeji </td>
        </tr>
      </tbody>
    </table>
  </div>
  <button id="create-user">创建新用户</button>
  </body>
  </html>
```

使用 Chrome 浏览器运行 index.html 文件，在页面中显示已有的用户，效果如图 8-10 所示。

单击图 8-10 中的“创建新用户”按钮，弹出一个“创建新用户”模态对话框。该对话框中实现的是创建新用户的功能，效果如图 8-11 所示。

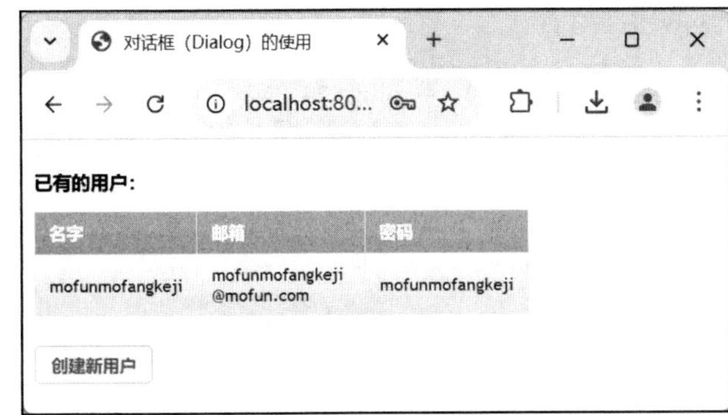

图 8-10　显示已有的用户

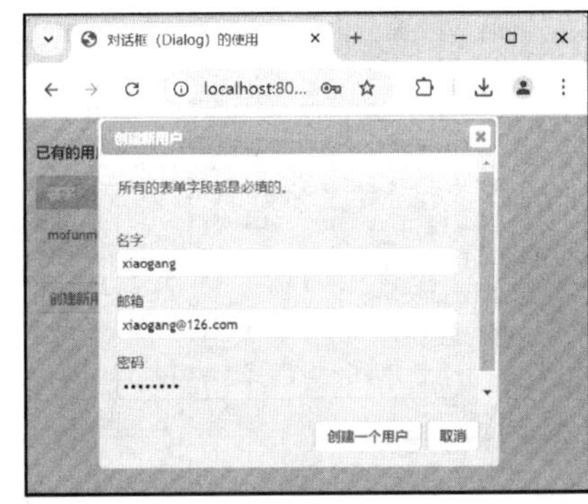

图 8-11　“创建新用户”模态对话框

8.2.6　菜单的使用

菜单（Menu）可以用任何有效的标记创建，只要元素有严格的父子关系且每个条目都有一个锚。最常用的元素是无序列表（<ul>），例如：

```
<ul id="menu">
  <li><a href="#">菜单 1</a></li>
  <li><a href="#">菜单 2</a></li>
```

```
      <li><a href="#">菜单 3</a>
        <ul>
          <li><a href="#">二级菜单 1</a></li>
          <li><a href="#">二级菜单 2</a></li>
          <li><a href="#">二级菜单 3</a></li>
        </ul>
      </li>
      <li><a href="#">菜单 4</a></li>
    </ul>
```

说明 **（1）如果使用一个非<ul>/<li>的结构，为菜单和菜单项使用相同的元素，请使用 menus 选项来区分这两个元素，例如 menus: "div.menuElement"。**

（2）可以通过向元素添加 ui-state-disabled class 名称来禁用任何菜单项。

（3）分隔符元素可通过包含未链接的菜单条目来创建，菜单条目只能是空格、破折号。

菜单部件使用 jQuery UI CSS 框架来定义它的外观和感观的样式。如果需要使用菜单指定的样式，则可以使用如下 CSS class 名称。

- ui-menu：菜单的外层容器。如果菜单包含图标，该元素会额外带有一个 CSS class 名称 ui-menu-icons。
- ui-menu-item：单个菜单项的容器。
- ui-menu-icon：通过 icons 选项进行子菜单图标设置。
- ui-menu-divider：菜单项之间的分隔符元素。

【例 8-6】本实例制作一个带有默认配置、禁用条目和嵌套菜单的菜单（实例位置：源码\第 8 单元\8-6）。程序开发步骤如下。

（1）新建一个 index.html 文件，将其放到 8-6 文件夹中。

（2）将 jQuery UI 文件夹 jquery-ui-1.13.2.custom 复制到 8-6 文件夹中。

（3）使用 VS Code 打开 index.html 文件，在 index.html 文件中编写如下代码，实现在网页中显示 3 级菜单的功能：

```
    <!DOCTYPE html PUBLIC "-//W3C//DTD XHTML 1.0 Transitional//EN"
"http://www.w3.org/TR/xhtml1/DTD/xhtml1-transitional.dtd">
    <html xmlns="http://www.w3.org/1999/xhtml">
    <head>
    <meta http-equiv="Content-Type" content="text/html; charset=utf-8" />
    <link rel="stylesheet" href="jquery-ui-1.13.2.custom/jquery-ui.css" />
    <script src="jquery-ui-1.13.2.custom/external/jquery/jquery.js"></script>
    <script src="jquery-ui-1.13.2.custom/jquery-ui.js"></script>
    <title>菜单（Menu）的使用</title>
    <script>
      $(function() {
        $( "#menu" ).menu();
      });
      </script>
      <style>
      .ui-menu { width: 250px; }
      </style>
    </head>
    <body>
    <ul id="menu">
      <li>
         <a href="#">光盘</a>
         <ul>
           <li class="ui-state-disabled"><a href="#">光盘使用说明</a></li>
           <li><a href="#">源码</a></li>
```

```
        <li><a href="#">PPT 课件</a></li>
      </ul>
    </li>
    <li>
      <a href="#">文档</a>
      <ul>
        <li>
          <a href="#">第一章</a>
          <ul>
            <li><a href="#">1.1  JavaScript 简述</a></li>
            <li><a href="#">1.2  编写 JavaScript 的工具</a></li>
            <li><a href="#">1.3  编写第一个 JavaScript 程序</a></li>
          </ul>
        </li>
        <li>
          <a href="#">第二章</a>
          <ul>
            <li><a href="#">2.1  jQuery 简介</a></li>
            <li><a href="#">2.2  jQuery 的下载与配置</a></li>
            <li><a href="#">2.3  实战模拟：我的第一个 jQuery 脚本</a></li>
          </ul>
        </li>
      </ul>
    </li>
  </ul>
  </body>
  </html>
```

使用 Chrome 浏览器运行 index.html 文件，效果如图 8-12 所示。

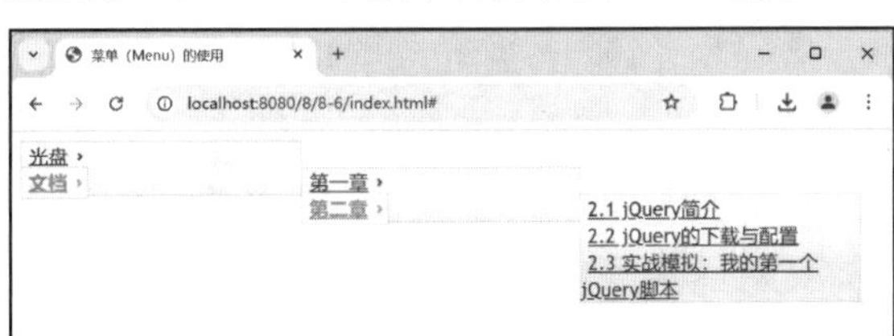

图 8-12　菜单应用实例

8.2.7　进度条的使用

进度条被设计用来显示进度（即当前完成百分比），它通过 CSS 编码灵活调整大小，默认会缩放到适应父容器的大小。

一个确定的进度条只能在系统可以准确更新当前状态的情况下使用。一个确定的进度条不会从左向右填充，然后循环为初始空状态；如果不能计算实际当前状态，则使用不确定的进度条，以便提供用户反馈。

进度条部件使用 jQuery UI CSS 框架来定义它的外观和感观的样式。如果需要使用进度条指定的样式，则可以使用如下 CSS class 名称。

- ui-progressbar：进度条的外层容器。该元素会为不确定的进度条额外添加一个 CSS class 名称 ui-progressbar- indeterminate。
- ui-progressbar-value：该元素代表进度条的填充部分。
- ui-progressbar-overlay：用于为不确定的进度条显示动画的覆盖层。

【例 8-7】 本实例制作一个自定义更新的进度条（实例位置：源码\第 8 单元\8-7）。程序开发步骤如下。

（1）新建一个 index.html 文件，将其放到 8-7 文件夹中。

（2）将 jQuery UI 文件夹 jquery-ui-1.13.2.custom 复制到 8-7 文件夹中。

（3）使用 VS Code 打开 index.html 文件，在 index.html 文件中编写如下代码，实现在网页中自动加载的进度条：

```
<!DOCTYPE html PUBLIC "-//W3C//DTD XHTML 1.0 Transitional//EN"
"http://www.w3.org/ TR/xhtml1/DTD/xhtml1-transitional.dtd">
<html xmlns="http://www.w3.org/1999/xhtml">
<head>
<meta http-equiv="Content-Type" content="text/html; charset=utf-8" />
<link rel="stylesheet" href="jquery-ui-1.13.2.custom/jquery-ui.css" />
<script src="jquery-ui-1.13.2.custom/external/jquery/jquery.js"></script>
<script src="jquery-ui-1.13.2.custom/jquery-ui.js"></script>
<title>进度条（Progressbar）的使用</title>
<style>
  .ui-progressbar {
    position: relative;
  }
  .progress-label {
    position: absolute;
    left: 50%;
    top: 4px;
    font-weight: bold;
    text-shadow: 1px 1px 0 #fff;
  }
  </style>
  <script>
  $(function() {
    var progressbar = $( "#progressbar" ),
      progressLabel = $( ".progress-label" );
    progressbar.progressbar({
      value: false,
      change: function() {
        progressLabel.text( progressbar.progressbar( "value" ) + "%" );
      },
      complete: function() {
        progressLabel.text( "完成！" );
      }
    });
    function progress() {
      var val = progressbar.progressbar( "value" ) || 0;
      progressbar.progressbar( "value", val + 1 );
      if ( val < 99 ) {
          setTimeout( progress, 100 );
      }
    }
    setTimeout( progress, 3000 );
  });
  </script>
</head>
<body>
<div id="progressbar"><div class="progress-label">加载…</div></div>
</body>
</html>
```

使用 Chrome 浏览器运行 index.html 文件，进度条自动进行加载，效果如图 8-13 所示。

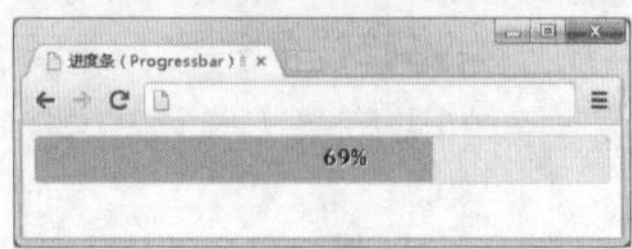

图 8-13　进度条的应用实例

8.2.8 滑块的使用

滑块（Slider）主要用来拖动手柄选择一个数值。基本的滑块是水平的，有一个单一的手柄，可以用鼠标或箭头键对手柄进行左右拖动。

滑块部件（Slider Widget）会在初始化时创建带有 CSS class 名称为 ui-slider-handle 的手柄元素，用户可以通过在初始化之前创建并追加元素，同时向元素添加 CSS class 名称 ui-slider-handle 来指定自定义的手柄元素。它只会创建匹配 value/values 长度所需数量的手柄元素。例如，如果指定 values:[1,5,18]，且创建了一个自定义手柄元素，则插件将创建其他两个手柄元素。

滑块部件使用 jQuery UI CSS 框架来定义它的外观和感观的样式。如果需要使用滑块指定的样式，则可以使用如下 CSS class 名称。

- ui-slider：滑块的轨道。该元素会根据滑块的方向额外带有一个 CSS class 名称 ui-slider-horizontal 或 ui-slider-vertical。
- ui-slider-handle：滑块手柄。
- ui-slider-range：当设置 range 选项时使用的已选范围。如果 range 选项值设置为"min"或"max"，则该元素会额外带有一个 CSS class 名称 ui-slider-range-min 或 ui-slider-range-max。

【例 8-8】本实例通过组合 3 个滑块实现一个简单的 RGB（Red Green Blue，三原色）颜色选择器（实例位置：源码\第 8 单元\8-8）。程序开发步骤如下。

（1）新建一个 index.html 文件，将其放到 8-8 文件夹中。

（2）将 jQuery UI 文件夹 jquery-ui-1.13.2.custom 复制到 8-8 文件夹中。

（3）使用 VS Code 打开 index.html 文件，在 index.html 文件中编写如下代码，实现通过拖动滑块改变 RGB 颜色选择器的值，从而改变总体颜色的功能：

```
    <!DOCTYPE html PUBLIC "-//W3C//DTD XHTML 1.0 Transitional//EN"
"http://www.w3.org/ TR/xhtml1/DTD/xhtml1-transitional.dtd">
    <html xmlns="http://www.w3.org/1999/xhtml">
    <head>
    <meta http-equiv="Content-Type" content="text/html; charset=utf-8" />
    <link rel="stylesheet" href="jquery-ui-1.13.2.custom/jquery-ui.css" />
    <script src="jquery-ui-1.13.2.custom/external/jquery/jquery.js"></script>
    <script src="jquery-ui-1.13.2.custom/jquery-ui.js"></script>
    <title>滑块（Slider）的使用</title>
    <style>
      #red, #green, #blue {
        float: left;
        clear: left;
        width: 300px;
        margin: 15px;
      }
      #swatch {
        width: 120px;
        height: 100px;
        margin-top: 18px;
        margin-left: 350px;
        background-image: none;
      }
      #red .ui-slider-range { background: #ef2929; }
      #red .ui-slider-handle { border-color: #ef2929; }
      #green .ui-slider-range { background: #8ae234; }
      #green .ui-slider-handle { border-color: #8ae234; }
      #blue .ui-slider-range { background: #729fcf; }
      #blue .ui-slider-handle { border-color: #729fcf; }
      </style>
      <script>
```

```
      function hexFromRGB(r, g, b) {
        var hex = [
          r.toString( 16 ),
          g.toString( 16 ),
          b.toString( 16 )
        ];
        $.each( hex, function( nr, val ) {
          if ( val.length === 1 ) {
             hex[ nr ] = "0" + val;
          }
        });
        return hex.join( "" ).toUpperCase();
      }
      function refreshSwatch() {
        var red = $( "#red" ).slider( "value" ),
          green = $( "#green" ).slider( "value" ),
          blue = $( "#blue" ).slider( "value" ),
          hex = hexFromRGB( red, green, blue );
        $( "#swatch" ).css( "background-color", "#" + hex );
      }
      $(function() {
        $( "#red, #green, #blue" ).slider({
          orientation: "horizontal",
          range: "min",
          max: 255,
          value: 127,
          slide: refreshSwatch,
          change: refreshSwatch
        });
        $( "#red" ).slider( "value", 255 );
        $( "#green" ).slider( "value", 140 );
        $( "#blue" ).slider( "value", 60 );
      });
      </script>
    </head>
    <body class="ui-widget-content" style="border:0;">
    <p class="ui-state-default ui-corner-all ui-helper-clearfix" style="padding:4px;">
      <span class="ui-icon ui-icon-pencil" style="float:left; margin:-2px 5px 0 0;"></span>
      颜色选择器
    </p>
    <div id="red"></div>
    <div id="green"></div>
    <div id="blue"></div>
    <div id="swatch" class="ui-widget-content ui-corner-all"></div>
    </body>
    </html>
```

使用 Chrome 浏览器运行 index.html 文件，在网页中拖动表示红色、绿色和蓝色的 3 个滑块，右侧的总体颜色会实时变化，效果如图 8-14 所示。

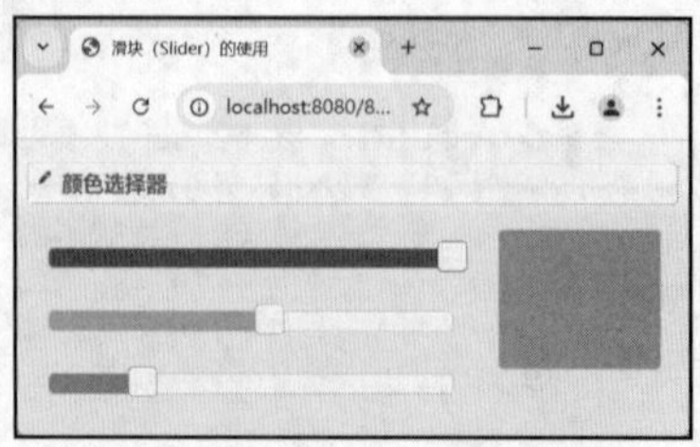

图 8-14　滑块的应用实例

8.2.9 旋转器的使用

旋转器（Spinner）的主要作用是通过向上或者向下按钮和箭头键，为输入值增强文本输入功能。它允许用户直接输入一个值，或通过键盘、鼠标旋转改变一个已有的值。当旋转器与全球化（Globalize）结合时，用户甚至可以旋转显示不同地区的货币和日期。

旋转器使用两个按钮将文本输入覆盖为当前值的递增值和递减值。旋转器增加了按键事件，以便用户可以用键盘完成相同的递增和递减。

旋转器部件（Spinner Widget）使用 jQuery UI CSS 框架来定义它的外观和感观的样式。如果需要使用旋转器指定的样式，则可以使用如下 CSS class 名称。

- ui-spinner：旋转器的外层容器。
- ui-spinner-input：旋转器部件实例化的<input>元素。
- ui-spinner-button：用于递增或递减旋转器值的按钮控件。向上按钮会额外带有一个 CSS class 名称 ui-spinner-up，向下按钮会额外带有一个 CSS class 名称 ui-spinner-down。

说 明 **jQuery UI 不支持在<input type="number">上创建选择器，因为这样会造成与本地旋转器的 UI 冲突。**

【例 8-9】本实例制作一个捐款表格，用户可以选择捐款币种和设置捐款额，其中设置捐款额使用旋转器实现（实例位置：源码\第 8 单元\8-9）。程序开发步骤如下。

（1）新建一个 index.html 文件，将其放到 8-9 文件夹中。

（2）将 jQuery UI 文件夹 jquery-ui-1.13.2.custom 复制到 8-9 文件夹中。

（3）使用 VS Code 打开 index.html 文件，在 index.html 文件中编写如下代码，实现通过旋转器设置捐款额的功能：

```
    <!DOCTYPE html PUBLIC "-//W3C//DTD XHTML 1.0 Transitional//EN"
"http://www.w3.org/ TR/xhtml1/DTD/xhtml1-transitional.dtd">
    <html xmlns="http://www.w3.org/1999/xhtml">
    <head>
    <meta http-equiv="Content-Type" content="text/html; charset=utf-8" />
    <link rel="stylesheet" href="jquery-ui-1.13.2.custom/jquery-ui.css" />
    <script src="jquery-ui-1.13.2.custom/external/jquery/jquery.js"></script>
    <script src="jquery-ui-1.13.2.custom/jquery-ui.js"></script>
    <title>旋转器（Spinner）的使用</title>
    <script>
      $(function() {
        $( "#spinner" ).spinner({
          min: 10,
          max: 2500,
          step: 10,
          start: 1000,
          numberFormat: "C"
        });
      });
      </script>
    </head>
    <body>
    <p>
      <label for="currency">选择捐款币种：</label>
      <select id="currency" name="currency">
        <option value="en-US">美元 $</option>
        <option value="zh-CN">人民币 ¥</option>
      </select>
    </p>
```

```
<p>
  <label for="spinner">设置捐款额：</label>
  <input id="spinner" name="spinner" value="10">
</p>
</body>
</html>
```

使用 Chrome 浏览器运行 index.html 文件，单击捐款额旋转器后面的向上或者向下按钮，可以设置捐款额，效果如图 8-15 所示。

图 8-15　旋转器的应用实例

8.2.10　标签页的使用

标签页（Tabs）是一种多面板的单内容区，每个面板与列表中的标题相关，单击标签页可以切换显示不同逻辑内容的显示/隐藏状态。

标签页有一些必须使用的特定标记，以便标签页能正常工作，这些特定标记分别如下。

- 标签页必须在一个有序的（<ol>）或无序的（<ul>）列表中。
- 每个标签页的标题必须在一个列表项（<li>）的内部，且必须被一个带有 href 属性的锚（<a>）包裹。

当焦点在标签页上时，如下键盘命令可用。

- Up/Left：移动焦点到上一个标签页上。如果当前焦点在第一个标签页上，则移动焦点到最后一个标签页上。在一个短暂的延迟后激活获得焦点的标签页。
- Down/Right：移动焦点到下一个标签页上。如果当前焦点在最后一个标签页上，则移动焦点到第一个标签页上。在一个短暂的延迟后激活获得焦点的标签页。
- Home：移动焦点到第一个标签页上。在一个短暂的延迟后激活获得焦点的标签页。
- End：移动焦点到最后一个标签页上。在一个短暂的延迟后激活获得焦点的标签页。
- Space：激活与获得焦点的标签页相关的面板。
- Enter：激活或切换与获得焦点的标签页相关的面板。
- Alt+Page Up：移动焦点到上一个标签页上，并立即激活获得焦点的标签页。
- Alt+Page Down：移动焦点到下一个标签页上，并立即激活获得焦点的标签页。

当焦点在面板上时，如下键盘命令可用。

- Ctrl+Up：移动焦点到相关的标签页上。
- Alt+Page Up：移动焦点到上一个标签页上，并立即激活获得焦点的标签页。
- Alt+Page Down：移动焦点到下一个标签页上，并立即激活获得焦点的标签页。

标签页部件使用 jQuery UI CSS 框架来定义它的外观和感观的样式。如果需要使用标签页指定的样式，则可以使用如下 CSS class 名称。

- ui-tabs：标签页的外层容器。当设置了 collapsible 选项时，该元素会额外带有一个 CSS class 名称 ui-tabs-collapsible。
- ui-tabs-nav：标签页列表。
- 导航中激活的列表项会带有一个 CSS class 名称 ui-tabs-active。内容通过 AJAX 调用加载的列表项会带有一个 CSS class 名称 ui-tabs-loading。

- ui-tabs-anchor：用于切换面板的锚。
- ui-tabs-panel：与标签页相关的面板，只有在与其对应的标签页被激活时才可见。

【例 8-10】本实例制作一个关于各种网页语言介绍的标签页，用户可以通过单击标签页来切换各逻辑内容的显示/隐藏状态。此外当鼠标指针在标签页上悬停时，也可以切换各逻辑内容的显示/隐藏状态（实例位置：源码\第 8 单元\8-10）。程序开发步骤如下。

（1）新建一个 index.html 文件，将其放到 8-10 文件夹中。

（2）将 jQuery UI 文件夹 jquery-ui-1.13.2.custom 复制到 8-10 文件夹中。

（3）使用 VS Code 打开 index.html 文件，在 index.html 文件中编写如下代码，实现使用标签页显示各种网页语言介绍的功能：

```
    <!DOCTYPE html PUBLIC "-//W3C//DTD XHTML 1.0 Transitional//EN"
"http://www.w3.org/ TR/xhtml1/DTD/xhtml1-transitional.dtd">
    <html xmlns="http://www.w3.org/1999/xhtml">
    <head>
    <meta http-equiv="Content-Type" content="text/html; charset=utf-8" />
    <link rel="stylesheet" href="jquery-ui-1.13.2.custom/jquery-ui.css" />
    <script src="jquery-ui-1.13.2.custom/external/jquery/jquery.js"></script>
    <script src="jquery-ui-1.13.2.custom/jquery-ui.js"></script>
    <title>标签页（Tabs）的使用</title>
     <script>
      $(function() {
        $( "#tabs" ).tabs({
          collapsible: true,
          event: "mouseover"
        });
      });
      </script>
    </head>
    <body>
    <div id="tabs">
      <ul>
        <li><a href="#tabs-1">ASP.NET</a></li>
        <li><a href="#tabs-2">PHP</a></li>
        <li><a href="#tabs-3">Java Web</a></li>
      </ul>
      <div id="tabs-1">
        <p><strong>二次单击标签页可以隐藏内容</strong></p>
        <p>ASP.NET 是 Microsoft 公司推出的新一代建立动态 Web 应用程序的开发平台，可以把程序开发人员的工作效率提升到其他语言无法比拟的程度。与 Java、PHP、ASP 3.0、Perl 等相比，ASP.NET 具有方便性、灵活性、性能优、生产效率高、安全性高、完整性强及面向对象等特点，是目前主流的网站编程语言。</p>
      </div>
      <div id="tabs-2">
        <p><strong>二次单击标签页可以隐藏内容</strong></p>
        <p>PHP 是全球最普及、应用最广泛的互联网开发语言之一。PHP 语言具有简单、易学、源码开放、可操纵多种主流与非主流的数据库、支持面向对象的编程、支持跨平台的操作以及完全免费等特点，越来越受到广大程序员的青睐和认同。</p>
      </div>
      <div id="tabs-3">
        <p><strong>二次单击标签页可以隐藏内容</strong></p>
        <p>Java 是 Sun 公司推出的能够跨越多平台的、可移植性最强的一种面向对象的编程语言。也是目前最先进、特征最丰富、功能最强大的计算机语言之一。利用 Java 可以编写桌面应用程序、Web 应用程序、分布式系统、嵌入式系统应用程序等，从而使其成为应用范围最广的开发语言，特别是在 Web 程序开发方面。</p>
      </div>
    </div>
    </body>
    </html>
```

使用 Chrome 浏览器运行 index.html 文件，效果如图 8-16 所示。

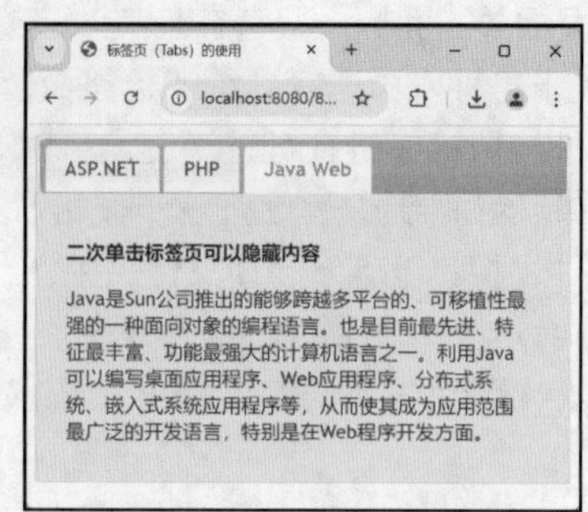

图 8-16　标签页的应用实例

8.2.11　工具提示框的使用

在 jQuery UI 中，工具提示框（Tooltip）替代了原生的工具提示框。jQuery UI 允许工具提示框主题化，也允许对它们进行各种自定义。另外，工具提示框显示的不仅仅是标题以外的内容，还包括内联的脚注或者通过 AJAX 检索的内容。

工具提示框默认使用一个渐变的动画来显示和隐藏自身，这种外观与简单地切换可见度相比更具灵活性，这一功能可以通过 show 和 hide 选项进行定制。

工具提示框使用 jQuery UI CSS 框架来定义外观样式。如果需要使用工具提示框指定的样式，则可以使用如下 CSS class 名称。

- ui-tooltip：工具提示框的外层容器。
- ui-tooltip-content：工具提示框的内容。

【例 8-11】本实例制作一个虚拟的视频播放器，该视频播放器带有“喜欢”“添加到”“分享”等常用按钮，每个按钮都带有一个自定义样式的工具提示框（实例位置：源码\第 8 单元\8-11）。程序开发步骤如下。

（1）新建一个 index.html 文件，将其放到 8-11 文件夹中。

（2）将 jQuery UI 文件夹 jquery-ui-1.13.2.custom 复制到 8-11 文件夹中。

（3）使用 VS Code 打开 index.html 文件，在 index.html 文件中编写如下代码，实现在视频播放器的“喜欢”“添加到”“分享”等按钮上显示自定义样式的工具提示框功能：

```
<!DOCTYPE html PUBLIC "-//W3C//DTD XHTML 1.0 Transitional//EN"
"http://www.w3.org/ TR/xhtml1/DTD/xhtml1-transitional.dtd">
<html xmlns="http://www.w3.org/1999/xhtml">
<head>
<meta http-equiv="Content-Type" content="text/html; charset=utf-8" />
<link rel="stylesheet" href="jquery-ui-1.13.2.custom/jquery-ui.css" />
<script src="jquery-ui-1.13.2.custom/external/jquery/jquery.js"></script>
<script src="jquery-ui-1.13.2.custom/jquery-ui.js"></script>
<title>工具提示框（Tooltip）的使用</title>
<style>
  .player {
     width: 450px;
     height: 300px;
     border: 2px groove gray;
     text-align: center;
     line-height: 300px;
  }
  .ui-tooltip {
     border: 1px solid white;
     background: rgba(20, 20, 20, 1);
```

```
      color: white;
   }
   .set {
      display: inline-block;
   }
   </style>
   <script>
   $(function() {
     $( "button" ).each(function() {                              // 遍历<button>元素
       var button = $(this).button({
         icons: {
           primary: $(this).data("icon")                          // 带图标
         },
         text: $(this).attr("title")?$( this ).attr("title"):""      // 按钮的
title 属性存在，提示信息为 title 属性值；否则提示信息为空
       });

     });
     $( document ).tooltip({
       show: {
         duration: "fast"                         // 快速显示提示信息
       }
     });
   });
   </script>
 </head>
 <body>
 <div class="player" style="background-image:url(back.jpg)"></div>
 <div class="tools">
   <span class="set">
     <button data-icon="ui-icon-circle-arrow-n" title="我喜欢这个视频">喜欢
</button>
     <button data-icon="ui-icon-circle-arrow-s">我不喜欢这个视频</button>
   </span>
   <div class="set">
     <button data-icon="ui-icon-circle-plus" title="添加到播放列表">添加到</button>
     <button class="menu" data-icon="ui-icon-triangle-1-s">添加到收藏夹</button>
   </div>
   <button title="分享这个视频">分享</button>
   <button data-icon="ui-icon-alert">标记为不恰当</button>
 </div>
 </body>
 </html>
```

使用 Chrome 浏览器运行 index.html 文件，将鼠标指针悬停在网页下方的某一个按钮上，即可显示对应的提示信息，效果如图 8-17 所示。

图 8-17　工具提示框的应用实例

8.3 jQuery UI 的常用特效

jQuery UI 的常用特效

jQuery UI 提供了很多实用的特效，包括拖动特效、放置特效、缩放特效、选择特效、排序特效、显示特效、隐藏特效、切换特效等，本节将对这些常用特效及其程序开发步骤进行详细讲解。

8.3.1 拖动特效的使用

使用拖动（Draggable）特效可以在 DOM 元素上启用，通过鼠标可以将指定元素拖动到指定区域。

【例 8-12】使用拖动特效实现将指定元素拖动到指定区域（实例位置：源码\第 8 单元\8-12）。程序开发步骤如下。

（1）新建一个 index.html 文件，将其放到 8-12 文件夹中。

（2）将 jQuery UI 文件夹 jquery-ui-1.13.2.custom 复制到 8-12 文件夹中。

（3）使用 VS Code 打开 index.html 文件，在 index.html 文件中编写如下代码实现拖动特效：

```
<!DOCTYPE html PUBLIC "-//W3C//DTD XHTML 1.0 Transitional//EN"
"http://www.w3.org/TR/xhtml1/ DTD/xhtml1-transitional.dtd">
<html xmlns="http://www.w3.org/1999/xhtml">
<head>
<meta http-equiv="Content-Type" content="text/html; charset=utf-8" />
<link rel="stylesheet" href="jquery-ui-1.13.2.custom/jquery-ui.css" />
<script src="jquery-ui-1.13.2.custom/external/jquery/jquery.js"></script>
<script src="jquery-ui-1.13.2.custom/jquery-ui.js"></script>
<title>拖动特效（Draggable）的使用</title>
 <style>
  #draggable { width: 150px; height: 150px; padding: 0.5em; }
  </style>
  <script>
  $(function() {
    $( "#draggable" ).draggable();
  });
  </script>

</head>
<body>
<div id="draggable" class="ui-widget-content">
  <p>请拖动我！</p>
</div>
</body>
</html>
```

使用 Chrome 浏览器运行 index.html 文件，效果如图 8-18、图 8-19 所示。

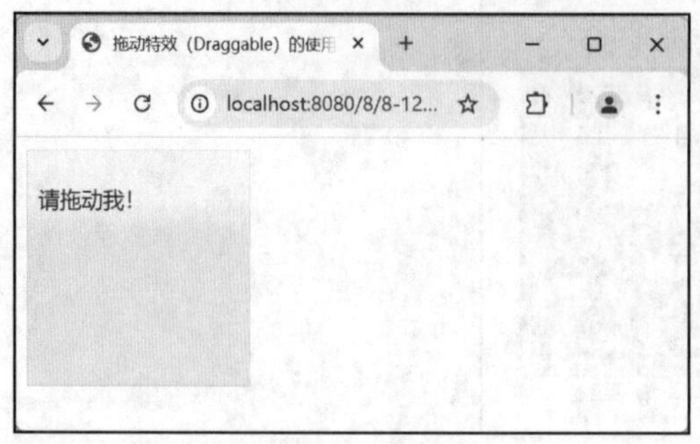

图 8-18 拖动前

图 8-19 拖动后

8.3.2 放置特效的使用

放置（Droppable）特效可以在任意 DOM 元素上启用，可以将指定元素放置在指定区域。

【例 8-13】 使用放置特效实现将指定元素放置在指定区域（实例位置：源码\第 8 单元\8-13）。程序开发步骤如下。

（1）新建一个 index.html 文件，将其放到 8-13 文件夹中。

（2）将 jQuery UI 文件夹 jquery-ui-1.13.2.custom 复制到 8-13 文件夹中。

（3）使用 VS Code 打开 index.html 文件，在 index.html 文件中编写如下代码实现放置特效：

```
<!DOCTYPE html PUBLIC "-//W3C//DTD XHTML 1.0 Transitional//EN"
"http://www.w3.org/TR/xhtml1/ DTD/xhtml1-transitional.dtd">
<html xmlns="http://www.w3.org/1999/xhtml">
<head>
<meta http-equiv="Content-Type" content="text/html; charset=utf-8" />
<link rel="stylesheet" href="jquery-ui-1.13.2.custom/jquery-ui.css" />
<script src="jquery-ui-1.13.2.custom/external/jquery/jquery.js"></script>
<script src="jquery-ui-1.13.2.custom/jquery-ui.js"></script>
<title>放置特效（Droppable）的使用</title>
<style>
  #draggable { width: 100px; height: 100px; padding: 0.5em; float: left; margin:
10px 10px 10px 0; }
  #droppable { width: 150px; height: 150px; padding: 0.5em; float: left; margin: 10px; }
  </style>
  <script>
  $(function() {
     $( "#draggable" ).draggable();
     $( "#droppable" ).droppable({
        drop: function( event, ui ) {
           $( this )
              .addClass( "ui-state-highlight" )
              .find( "p" )
                .html( "Dropped!" );
        }
     });
  });
  </script>
</head>
<body>

<div id="draggable" class="ui-widget-content">
  <p>请把我拖曳到目标处！</p>
</div>

<div id="droppable" class="ui-widget-header">
  <p>请放置在这里！</p>
</div>
</body>
</html>
```

使用 Chrome 浏览器运行 index.html 文件，效果如图 8-20、图 8-21 所示。

图 8-20　放置前

图 8-21　放置后

8.3.3 缩放特效的使用

缩放（Resizable）特效可以在任意 DOM 元素上启用，通过拖动边框可以实现指定区域放大缩小效果。

【例 8-14】使用缩放特效实现指定区域放大缩小效果（实例位置：源码\第 8 单元\8-14）。程序开发步骤如下。

（1）新建一个 index.html 文件，将其放到 8-14 文件夹中。

（2）将 jQuery UI 文件夹 jquery-ui-1.13.2.custom 复制到 8-14 文件夹中。

（3）使用 VS Code 打开 index.html 文件，在 index.html 文件中编写如下代码实现缩放特效：

```
<!DOCTYPE html PUBLIC "-//W3C//DTD XHTML 1.0 Transitional//EN"
"http://www.w3.org/TR/xhtml1/ DTD/xhtml1-transitional.dtd">
<html xmlns="http://www.w3.org/1999/xhtml">
<head>
<meta http-equiv="Content-Type" content="text/html; charset=utf-8" />
<link rel="stylesheet" href="jquery-ui-1.13.2.custom/jquery-ui.css" />
<script src="jquery-ui-1.13.2.custom/external/jquery/jquery.js"></script>
<script src="jquery-ui-1.13.2.custom/jquery-ui.js"></script>
<title>缩放特效（Resizable）的使用</title>
  <style>
  #resizable { width: 150px; height: 150px; padding: 0.5em; }
  #resizable h3 { text-align: center; margin: 0; }
  </style>
  <script>
  $(function() {
    $( "#resizable" ).resizable();
  });
  </script>
</head>
<body>

<div id="resizable" class="ui-widget-content">
  <h3 class="ui-widget-header">缩放（Resizable）</h3>
</div>
</body>
</html>
```

使用 Chrome 浏览器运行 index.html 文件，效果如图 8-22、图 8-23 所示。

图 8-22 缩放前

图 8-23 缩放后

8.3.4 选择特效的使用

使用选择（Selectable）特效可以在某个或者一组 DOM 元素上启用 selectable 功能，即可以通过鼠标拖曳来选择条目或者长按 Ctrl 键来选择多个不相邻的条目。

【例 8-15】使用选择特效实现菜单条目选中效果（实例位置：源码\第 8 单元\8-15）。程序开发步骤如下。

（1）新建一个 index.html 文件，将其放到 8-15 文件夹中。

（2）将 jQuery UI 文件夹 jquery-ui-1.13.2.custom 复制到 8-15 文件夹中。

（3）使用 VS Code 打开 index.html 文件，在 index.html 文件中编写如下代码实现选择特效：

```
    <!DOCTYPE html PUBLIC "-//W3C//DTD XHTML 1.0 Transitional//EN"
"http://www.w3.org/TR/xhtml1/ DTD/xhtml1-transitional.dtd">
    <html xmlns="http://www.w3.org/1999/xhtml">
    <head>
    <meta http-equiv="Content-Type" content="text/html; charset=utf-8" />
    <link rel="stylesheet" href="jquery-ui-1.13.2.custom/jquery-ui.css" />
    <script src="jquery-ui-1.13.2.custom/external/jquery/jquery.js"></script>
    <script src="jquery-ui-1.13.2.custom/jquery-ui.js"></script>
     <style>
      #feedback { font-size: 1.4em; }
      #selectable .ui-selecting { background: #FECA40; }
      #selectable .ui-selected { background: #F39814; color: white; }
      #selectable { list-style-type: none; margin: 0; padding: 0; width: 60%; }
      #selectable li { margin: 3px; padding: 0.4em; font-size: 1.4em; height: 18px; }
      </style>
      <script>
      $(function() {
        $( "#selectable" ).selectable();
      });
      </script>
    </head>
    <body>

    <ol id="selectable">
      <li class="ui-widget-content">Item 1</li>
      <li class="ui-widget-content">Item 2</li>
      <li class="ui-widget-content">Item 3</li>
      <li class="ui-widget-content">Item 4</li>
      <li class="ui-widget-content">Item 5</li>
    </ol>
    </body>
    </html>
```

使用 Chrome 浏览器运行 index.html 文件，效果如图 8-24、图 8-25 所示。

图 8-24　选择前

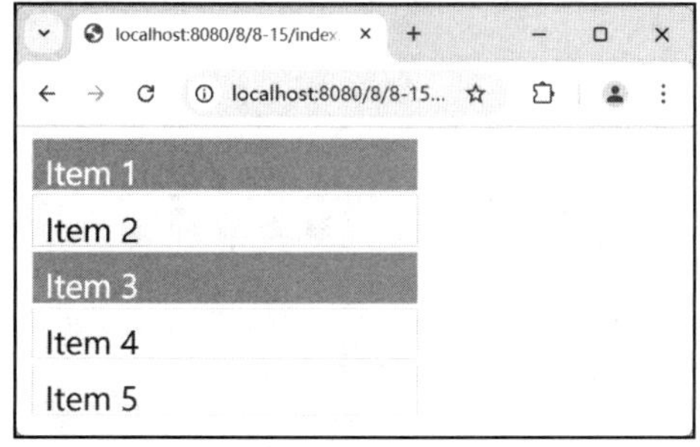

图 8-25　选择后

8.3.5　排序特效的使用

排序（Sortable）特效可以在任意 DOM 元素上启用，它可以通过鼠标来拖曳元素到任意位置，以实现排序效果。

【例 8-16】使用排序特效实现菜单条目的排序效果（实例位置：源码\第 8 单元\8-16）。程序开发步骤如下。

（1）新建一个 index.html 文件，将其放到 8-16 文件夹中。

（2）将 jQuery UI 文件夹 jquery-ui-1.13.2.custom 复制到 8-16 文件夹中。

（3）使用 VS Code 打开 index.html 文件，在 index.html 文件中编写如下代码实现排序特效：

```
<!DOCTYPE html PUBLIC "-//W3C//DTD XHTML 1.0 Transitional//EN"
"http://www.w3.org/TR/xhtml1/DTD/xhtml1-transitional.dtd">
<html xmlns="http://www.w3.org/1999/xhtml">
<head>
<meta http-equiv="Content-Type" content="text/html; charset=utf-8" />
<link rel="stylesheet" href="jquery-ui-1.13.2.custom/jquery-ui.css" />
<script src="jquery-ui-1.13.2.custom/external/jquery/jquery.js"></script>
<script src="jquery-ui-1.13.2.custom/jquery-ui.js"></script>
 <style>
  #feedback { font-size: 1.4em; }
  #selectable .ui-selecting { background: #FECA40; }
  #selectable .ui-selected { background: #F39814; color: white; }
  #selectable { list-style-type: none; margin: 0; padding: 0; width: 60%; }
  #selectable li { margin: 3px; padding: 0.4em; font-size: 1.4em; height: 18px; }
  </style>
  <script>
  $(function() {
    $( "#selectable" ).selectable();
  });
  </script>
</head>
<body>

<ol id="selectable">
  <li class="ui-widget-content">Item 1</li>
  <li class="ui-widget-content">Item 2</li>
  <li class="ui-widget-content">Item 3</li>
  <li class="ui-widget-content">Item 4</li>
  <li class="ui-widget-content">Item 5</li>
</ol>
</body>
</html>
```

使用 Chrome 浏览器运行 index.html 文件，效果如图 8-26、图 8-27 所示。

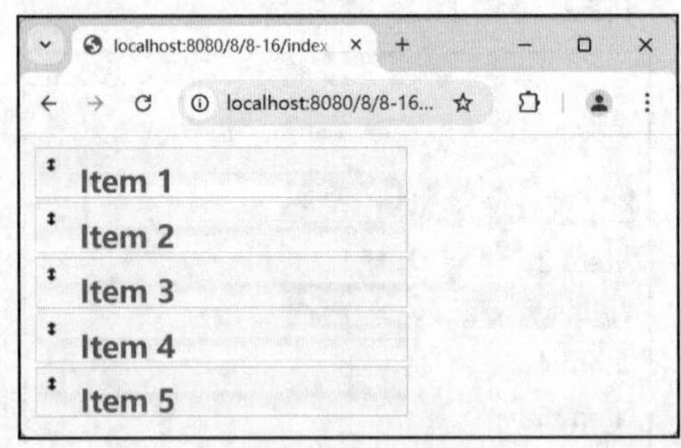

图 8-26　排序前

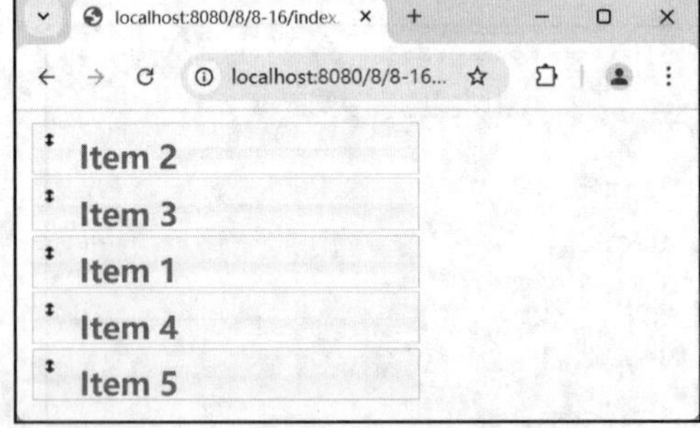

图 8-27　排序后

8.3.6　显示特效的使用

显示（Show）特效可以控制 DOM 元素的显示。

【例 8-17】使用显示特效实现 DOM 元素不同的显示效果（实例位置：源码\第 8 单元\8-17）。程序开发步骤如下。

（1）新建一个 index.html 文件，将其放到 8-17 文件夹中。

（2）将 jQuery UI 文件夹 jquery-ui-1.13.2.custom 复制到 8-17 文件夹中。

（3）使用 VS Code 打开 index.html 文件，在 index.html 文件中编写如下代码实现显示特效：

```
<!DOCTYPE html PUBLIC "-//W3C//DTD XHTML 1.0 Transitional//EN"
"http://www.w3.org/TR/xhtml1/ DTD/xhtml1-transitional.dtd">
<html xmlns="http://www.w3.org/1999/xhtml">
<head>
<meta http-equiv="Content-Type" content="text/html; charset=utf-8" />
<link rel="stylesheet" href="jquery-ui-1.13.2.custom/jquery-ui.css" />
<script src="jquery-ui-1.13.2.custom/external/jquery/jquery.js"></script>
<script src="jquery-ui-1.13.2.custom/jquery-ui.js"></script>

<style>
  .toggler { width: 200px; height: 200px; }
  #button { padding: .5em 1em; text-decoration: none; }
  #effect { width: 240px; height: 160px; padding: 0.4em; position: relative; }
  #effect h3 { margin: 0; padding: 0.4em; text-align: center; }
  </style>
  <script>
  $(function() {
    // 运行当前选中的显示特效
    function runEffect() {
      // 获取显示特效类型
      var selectedEffect = $( "#effectTypes" ).val();

      // 大多数显示特效类型默认不需要传递选项
      var options = {};
      // 一些显示特效带有必需的参数
      if ( selectedEffect === "scale" ) {
        options = { percent: 100 };
      } else if ( selectedEffect === "size" ) {
        options = { to: { width: 280, height: 185 } };
      }

      // 运行显示特效
      $( "#effect" ).show( selectedEffect, options, 500, callback );
    };

    // 回调函数
    function callback() {
      setTimeout(function() {
        $( "#effect:visible" ).removeAttr( "style" ).fadeOut();
      }, 1000 );
    };

    // 根据选择菜单值设置显示特效
    $( "#button" ).click(function() {
      runEffect();
      return false;
    });

    $( "#effect" ).hide();
  });
  </script>
</head>
<body>

<div class="toggler">
  <div id="effect" class="ui-widget-content ui-corner-all">
    <h3 class="ui-widget-header ui-corner-all">显示（Show）</h3>
    <p>
```

```
        Etiam libero neque, luctus a, eleifend nec, semper at, lorem. Sed pede. Nulla lorem metus, adipiscing ut, luctus sed, hendrerit vitae, mi.
      </p>
    </div>
  </div>

   <select name="effects" id="effectTypes">
    <option value="blind">百叶窗特效（Blind Effect）</option>
    <option value="bounce">反弹特效（Bounce Effect）</option>
    <option value="clip">剪辑特效（Clip Effect）</option>
    <option value="drop">降落特效（Drop Effect）</option>
    <option value="explode">爆炸特效（Explode Effect）</option>
    <option value="fold">折叠特效（Fold Effect）</option>
    <option value="highlight">突出特效（Highlight Effect）</option>
    <option value="puff">膨胀特效（Puff Effect）</option>
    <option value="pulsate">跳动特效（Pulsate Effect）</option>
    <option value="scale">缩放特效（Scale Effect）</option>
    <option value="shake">振动特效（Shake Effect）</option>
    <option value="size">尺寸特效（Size Effect）</option>
    <option value="slide">滑动特效（Slide Effect）</option>
  </select>

  <a href="#" id="button" class="ui-state-default ui-corner-all">运行特效</a>
   </body>
  </html>
```

使用 Chrome 浏览器运行 index.html 文件，效果如图 8-28、图 8-29 所示。

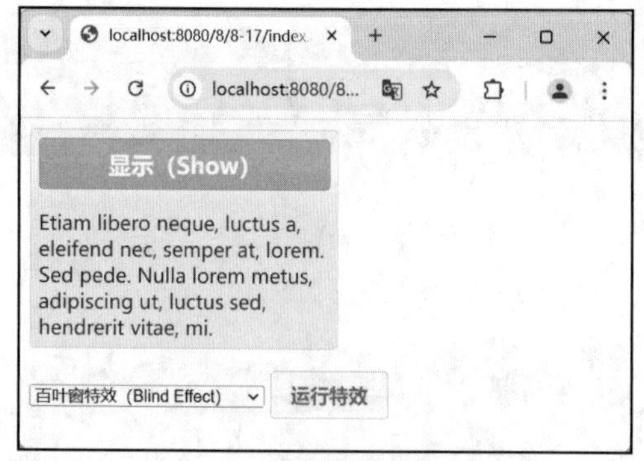

图 8-28 百叶窗特效显示

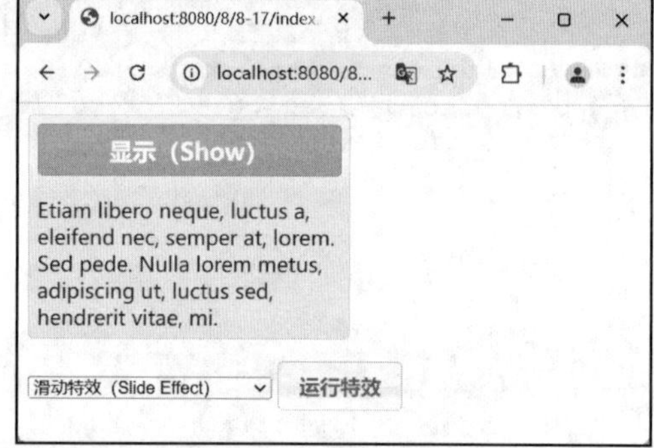

图 8-29 滑动特效显示

8.3.7 隐藏特效的使用

隐藏（Hide）特效可以控制 DOM 元素的隐藏。

【例 8-18】使用隐藏特效实现 DOM 元素的隐藏效果（实例位置：源码\第 8 单元\8-18）。程序开发步骤如下。

（1）新建一个 index.html 文件，将其放到 8-18 文件夹中。

（2）将 jQuery UI 文件夹 jquery-ui-1.13.2.custom 复制到 8-18 文件夹中。

（3）使用 VS Code 打开 index.html 文件，在 index.html 文件中编写如下代码实现隐藏特效：

```
  <!DOCTYPE html PUBLIC "-//W3C//DTD XHTML 1.0 Transitional//EN"
"http://www.w3.org/ TR/xhtml1/DTD/xhtml1-transitional.dtd">
  <html xmlns="http://www.w3.org/1999/xhtml">
  <head>
  <meta http-equiv="Content-Type" content="text/html; charset=utf-8" />
  <link rel="stylesheet" href="jquery-ui-1.13.2.custom/jquery-ui.css" />
  <script src="jquery-ui-1.13.2.custom/external/jquery/jquery.js"></script>
```

```
<script src="jquery-ui-1.13.2.custom/jquery-ui.js"></script>
  <style>
  .toggler { width: 200px; height: 200px; }
  #button { padding: .5em 1em; text-decoration: none; }
  #effect { width: 240px; height: 160px; padding: 0.4em; position: relative; }
  #effect h3 { margin: 0; padding: 0.4em; text-align: center; }
  </style>
  <script>
  $(function() {
    // 运行当前选中的隐藏特效
    function runEffect() {
      // 获取隐藏特效类型
      var selectedEffect = $( "#effectTypes" ).val();

      // 大多数隐藏特效默认不需要传递选项
      var options = {};
      // 一些隐藏特效带有必需的参数
      if ( selectedEffect === "scale" ) {
        options = { percent: 0 };
      } else if ( selectedEffect === "size" ) {
        options = { to: { width: 200, height: 60 } };
      }

      // 运行隐藏特效
      $( "#effect" ).hide( selectedEffect, options, 1000, callback );
    };

    // 回调函数
    function callback() {
      setTimeout(function() {
        $( "#effect" ).removeAttr( "style" ).hide().fadeIn();
      }, 1000 );
    };

    // 根据选择菜单值设置隐藏特效
    $( "#button" ).click(function() {
      runEffect();
      return false;
    });
  });
  </script>
</head>
<body>

<div class="toggler">
  <div id="effect" class="ui-widget-content ui-corner-all">
    <h3 class="ui-widget-header ui-corner-all">隐藏（Hide）</h3>
    <p>
      Etiam libero neque, luctus a, eleifend nec, semper at, lorem. Sed pede. Nulla
lorem metus, adipiscing ut, luctus sed, hendrerit vitae, mi.
    </p>
  </div>
</div>

<select name="effects" id="effectTypes">
  <option value="blind">百叶窗特效（Blind Effect）</option>
  <option value="bounce">反弹特效（Bounce Effect）</option>
  <option value="clip">剪辑特效（Clip Effect）</option>
  <option value="drop">降落特效（Drop Effect）</option>
  <option value="explode">爆炸特效（Explode Effect）</option>
```

```
    <option value="fold">折叠特效（Fold Effect）</option>
    <option value="highlight">突出特效（Highlight Effect）</option>
    <option value="puff">膨胀特效（Puff Effect）</option>
    <option value="pulsate">跳动特效（Pulsate Effect）</option>
    <option value="scale">缩放特效（Scale Effect）</option>
    <option value="shake">振动特效（Shake Effect）</option>
    <option value="size">尺寸特效（Size Effect）</option>
    <option value="slide">滑动特效（Slide Effect）</option>
  </select>

  <a href="#" id="button" class="ui-state-default ui-corner-all">运行特效</a>
   </body>
  </html>
```

使用 Chrome 浏览器运行 index.html 文件，效果如图 8-30、图 8-31 所示。

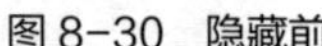
图 8-30　隐藏前

图 8-31　隐藏后

8.3.8　切换特效的使用

切换（Toggle）特效可以控制 DOM 元素的显示与隐藏。

【例 8-19】 使用切换特效实现 DOM 元素的显示与隐藏效果（实例位置：源码\第 8 单元\8-19）。程序开发步骤如下。

（1）新建一个 index.html 文件，将其放到 8-19 文件夹中。

（2）将 jQuery UI 文件夹 jquery-ui-1.13.2.custom 复制到 8-19 文件夹中。

（3）使用 VS Code 打开 index.html 文件，在 index.html 文件中编写如下代码实现切换特效：

```
  <!DOCTYPE html PUBLIC "-//W3C//DTD XHTML 1.0 Transitional//EN"
"http://www.w3.org/TR/ xhtml1/DTD/xhtml1-transitional.dtd">
  <html xmlns="http://www.w3.org/1999/xhtml">
  <head>
  <meta http-equiv="Content-Type" content="text/html; charset=utf-8" />
  <link rel="stylesheet" href="jquery-ui-1.13.2.custom/jquery-ui.css" />
  <script src="jquery-ui-1.13.2.custom/external/jquery/jquery.js"></script>
  <script src="jquery-ui-1.13.2.custom/jquery-ui.js"></script>
     <style>
   .toggler {
     width: 200px;
     height: 200px;
   }
    #button {
     padding: .5em 1em;
     text-decoration: none;
    }
    #effect {
     position: relative;
     width: 240px;
     height: 160px;
```

```
      padding: 0.4em;
    }
    #effect h3 {
      margin: 0;
      padding: 0.4em;
      text-align: center;
    }
    </style>
    <script>
    $(function() {
      // 运行当前选中的切换特效
      function runEffect() {
        // 获取切换特效类型
        var selectedEffect = $( "#effectTypes" ).val();

        // 大多数切换特效类型默认不需要传递选项
        var options = {};
        // 一些切换特效带有必需的参数
        if ( selectedEffect === "scale" ) {
          options = { percent: 0 };
        } else if ( selectedEffect === "size" ) {
          options = { to: { width: 200, height: 60 } };
        }

        // 运行切换特效
        $( "#effect" ).toggle( selectedEffect, options, 500 );
      };

      // 根据选择菜单值设置切换特效
      $( "#button" ).click(function() {
        runEffect();
        return false;
      });
    });
    </script>
  </head>
  <body>

  <div class="toggler">
    <div id="effect" class="ui-widget-content ui-corner-all">
      <h3 class="ui-widget-header ui-corner-all">切换（Toggle）</h3>
      <p>
        Etiam libero neque, luctus a, eleifend nec, semper at, lorem. Sed pede.
Nulla lorem metus, adipiscing ut, luctus sed, hendrerit vitae, mi.
      </p>
    </div>
  </div>

  <select name="effects" id="effectTypes">
    <option value="blind">百叶窗特效（Blind Effect）</option>
    <option value="bounce">反弹特效（Bounce Effect）</option>
    <option value="clip">剪辑特效（Clip Effect）</option>
    <option value="drop">降落特效（Drop Effect）</option>
    <option value="explode">爆炸特效（Explode Effect）</option>
    <option value="fold">折叠特效（Fold Effect）</option>
    <option value="highlight">突出特效（Highlight Effect）</option>
    <option value="puff">膨胀特效（Puff Effect）</option>
    <option value="pulsate">跳动特效（Pulsate Effect）</option>
    <option value="scale">缩放特效（Scale Effect）</option>
    <option value="shake">振动特效（Shake Effect）</option>
```

```
        <option value="size">尺寸特效（Size Effect）</option>
        <option value="slide">滑动特效（Slide Effect）</option>
    </select>

    <a href="#" id="button" class="ui-state-default ui-corner-all">运行特效</a>

    </body>
    </html>>
```

使用 Chrome 浏览器运行 index.html 文件，效果如图 8-32、图 8-33 所示。

图 8-32　切换前

图 8-33　切换后

8.4　项目实战：使用 jQuery 实现许愿墙

项目实战：使用 jQuery 实现许愿墙

本项目使用 jQuery，并结合 jQuery UI 制作一个简单的许愿墙页面，运行程序后在许愿墙页面中随机显示字条，而且可以通过鼠标拖动字条来改变字条的位置。许愿墙页面运行效果如图 8-34 所示。

图 8-34　许愿墙页面运行效果

程序开发步骤如下。（实例位置：源码\第 8 单元\项目实战）

（1）新建一个 index.html 文件，将其放到"项目实战"文件夹中。

（2）将 jQuery 的脚本文件 jquery-3.3.1.min.js、jQuery UI 的脚本文件 jquery-ui.min.js 复制到“项目实战”文件夹中。

（3）创建一个 wish.js 脚本文件，在该脚本文件中主要使用 jQuery 库实现许愿墙页面中的字条随机显示的功能。代码如下：

```
    (function($){
        $.fn.wish = function() {
            var _this = this;
            var _wish = _this.children();
            var _wishs = _wish.length;
            var wish = {
                area:{
                    left:0,
                    top:0,
                    right: _this.width(),
                    bottom: _this.height()
                },
                skin:{
                    width: 233,
                    height: 213
                }
            };
            $.extend(wish);
            var _left = wish.area.left;
            var _right = wish.area.right;
            var _top = wish.area.top;
            var _bottom = wish.area.bottom;
            _right = _right - _left > wish.skin.width ? _right : _left +
wish.skin.width;
            _bottom = _bottom - _top > wish.skin.height ? _bottom : _top +
wish.skin.height;
            _right = _right - wish.skin.width;
            _bottom = _bottom - wish.skin.height;
            var methods = {
                rans : function(v1,v2){
                    var ran = parseInt(Math.random() * (v2 - v1) + v1);
                    return ran;
                },
                pos : function(){
                    return {left:methods.rans(_left, _right), top:methods.
rans(_top, _bottom)}
                },
                css : function(){
                    return methods.rans(1,5);
                }
            }
            _wish.each(function(i){
                var _p = methods.pos();
                var _s = methods.css();
                var _self = $(this);
                _self.prepend('<a href="javascript:;" class="wish-close"></a>');
                _self.addClass('wish').addClass('s'+_s).css({'position':
'absolute', 'left':_p.left + 'px', 'top':_p.top + 'px'});
                _self.hover(function(){
                _self.css({'z-index':'9999','border':'none'}).children('.wish-
close').show().bind ('click',function(){_self.effect('scale',{percent: 0},200,
function(){_self.remove()})});
                },function(){
        _self.css({'z-index':'','border':'none'}).children('.wish-close').hide();
                });
```

```
            });
        };
    })(jQuery);
```

（4）使用 VS Code 打开 index.html 文件，在该文件中首先引用 jquery-3.3.1.min.js、jquery-ui.min.js 和 wish.js 这 3 个脚本文件，并使用$('#wish').wish()加载 wish.js 脚本文件，即随机显示字条。然后使用 jQuery UI 中的 draggable()方法实现字条的拖动特效。代码如下：

```
    <!doctype html>
    <html lang="en">
    <head>
        <meta charset="UTF-8"/>
        <title>许愿墙</title>
        <script src="jquery-3.3.1.min.js"></script>
        <script src="jquery-ui.min.js"></script>
        <script src="wish.js"></script>
        <style>
        li{ font-size:11px; font-family:楷体;}
        #wish{height:650px;margin:20px;position:relative;width:960px;}
        .wish{background:url(wish.png) no-repeat 0 0;color:#000;height:166px;
padding:10px 20px 30px 20px;width:185px;}
         .wish-close{background:url(close.png) no-repeat 0 0;display:none;position:
absolute;right: 5px;top:-5px; width:17px;height:17px;}
        </style>
      <script>
       $(function(){
             $('#wish').wish();
             $('.wish').draggable({containment:'#wish',scroll:false});
       });
       </script>
    </head>
    <body background="bg.jpg">
        <ul id="wish">
             <li>  ASP.NET 是 Microsoft 公司推出的新一代建立动态 Web 应用程序的
开发平台，可以把程序开发人员的工作效率提升到其他技术无法比拟的程度，与 Java、PHP、ASP 3.0、Perl
等相比，ASP.NET 具有方便性、灵活性、性能优、生产效率高、安全性高、完整性强及面向对象等特点，是目
前主流的网站编程技术之一。</li>
             <li>  PHP 是全球最普及、应用最广泛的互联网开发语言之一。PHP 语言具有
简单、易学、源码开放、可操纵多种主流与非主流的数据库、支持面向对象的编程、支持跨平台的操作以及完
全免费等特点，越来越受到广大程序员的青睐和认同。</li>
             <li>  Java 是 Sun 公司推出的能够跨越多平台的、可移植性最强的一种面向
对象的编程语言。也是目前最先进、特征最丰富、功能最强大的计算机语言之一。利用 Java 可以编写桌面应
用程序、Web 应用程序、分布式系统、嵌入式系统应用程序等，从而使其成为应用范围最广的开发语言，特别
是在 Web 程序开发方面。</li>
             <li>  Android 是专为移动设备开发的平台。从 2007 年 11 月 5 日推出以来，
在短短的几年时间里就超越了诺基亚 Symbian 系统和苹果 iOS 系统，成为全球最受欢迎的智能手机平台。应
用 Android 不仅可以开发在手机或平板电脑等移动设备上运行的工具软件，而且可以开发 2D 甚至 3D 游戏。
</li>
             <li>  Visual C++是微软公司推出的一个基于 Windows 环境的可视化编程
工具。它是微软 Visual Studio 家族的一个重量级产品。</li>
        </ul>
    </body>
    </html>
```

8.5 小结

（1）jQuery UI 是以 jQuery 为基础的开源 JavaScript 网页用户界面代码库，它包含底层用户交互、动画、特效和可更换主题的可视控件。

（2）折叠面板用来在一个有限的空间内显示用于呈现信息的可折叠的内容面板。

（3）自动完成插件用来根据用户输入的值对数据进行搜索和过滤，让用户从预设值列表中快速找到并选择。

（4）按钮用来使用带有适当悬停（hover）和激活（active）样式的可主题化按钮来优化标准表单元素（例如按钮、输入框等）。

（5）日期选择器主要用来从弹出框或在线日历中选择一个日期。

（6）对话框是一个悬浮窗口，包含一个标题栏和一个内容区域。

（7）菜单可以用任何有效的标记创建。

（8）进度条被设计用来显示进度，即当前完成百分比。

（9）滑块被设计用来拖动手柄选择一个数值，基本的滑块是水平的。

（10）旋转器的主要作用是通过向上或者向下的按钮和箭头键，为输入值增强文本输入功能。

（11）标签页是一种多面板的单内容区，每个面板与列表中的标题相关，单击标签页可以切换显示不同逻辑内容的显示/隐藏状态。

（12）在 jQuery UI 中，工具提示框（Tooltip）替代了原生的工具提示框。jQuery UI 允许工具提示框主题化，也允许对它们进行各种自定义。

（13）jQuery UI 提供了很多实用的特效，包括拖动特效、放置特效、缩放特效、选择特效、排序特效、显示特效、隐藏特效、切换特效等。

8.6 习题

1. 选择题

（1）下列（　　）不是 jQuery UI 的特点。

A. 简单易用　　B. 开源免费　　C. 广泛兼容　　D. 代码复杂

（2）下列（　　）不是 jQuery UI 的常用插件。

A. 折叠面板（Accordion）　　B. 日期选择器（Datepicker）

C. 进度条（Progressbar）　　D. 滑块视图容器（Swiper）

（3）下列（　　）不是 jQuery UI 的常用特效。

A. 拖动特效（Draggable）　　B. 擦除特效（Droppable）

C. 选择特效（Selectable）　　D. 排序特效（Sortable）

2. 填空题

（1）在 Download Builder 页面中可供下载的有________、________、________、________、________。

（2）jQuery UI 最新版本________，要求 jQuery 版本________。

（3）jQuery UI 的常用插件包括________、________、________、________、________。

3. 简答题

（1）如何在程序中使用 jQuery UI?

（2）请简单描述 jQuery UI 插件的工作原理。

（3）请列举 jQuery UI 包含的 5 种插件名称。

（4）如果要在网页中显示一个日期选择器，需要使用 jQuery UI 的哪种插件?

（5）要实现一个类似百度搜索框的文本框，需要使用哪种插件?

（6）jQuery UI 的工具提示框相对于传统的工具提示框有哪些优点?

第9单元 常用的第三方jQuery插件

09

情景引入

为方便快速开发，第三方会封装通用的功能，就像组装一辆小汽车一样，组装人员会提前把轮胎、发动机、座椅、车身等封装成小汽车的各个部分，这样通过组合这些小汽车封装好的各个部分，就可以快速组装一辆小汽车。以轮胎为例，组装小汽车时就不用经过密炼工序、胶部件准备、轮胎成型工序、硫化工序、检验工序、轮胎测试这些步骤，直接使用轮胎即可。jQuery第三方插件也是一样，已经封装好通用的功能，开发者直接使用插件即可，而不用从头开发这些功能。本单元介绍通过使用常用的第三方jQuery插件，来快速实现文件上传、树菜单、图片切换、数据分页、图片放大镜功能。

学习目标

知识目标

1. 了解什么是第三方jQuery插件。
2. 了解常用的第三方jQuery插件。
3. 了解如何调用第三方jQuery插件。
4. 掌握常用第三方jQuery插件的使用。

能力目标

1. 能够使用第三方jQuery插件。
2. 能够了解第三方jQuery插件如何被调用。

素质目标

掌握多样化技术工具的选择与应用，培养工具整合和问题解决能力，提升开发效率，为实际项目实践奠定基础。

思维导图

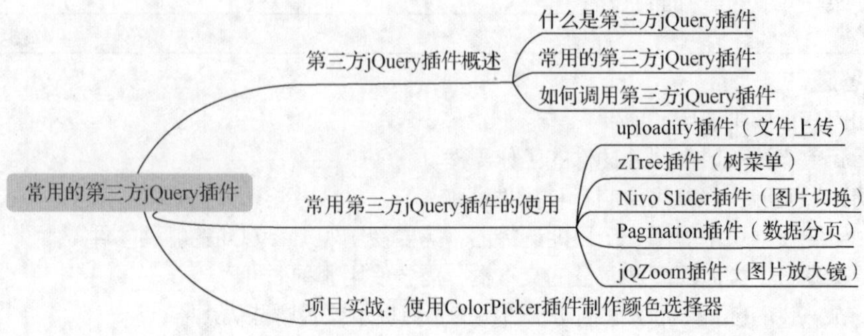

9.1 第三方 jQuery 插件概述

第三方 jQuery 插件概述

第三方 jQuery 插件是一种建立在 jQuery 库上的 JavaScript 脚本库，开发人员可以使用它创建高度交互的 Web 应用程序。本节将对第三方 jQuery 插件进行介绍。

9.1.1 什么是第三方 jQuery 插件

第三方 jQuery 插件是一种用来提高 Web 网站开发效率、已经封装好的 JavaScript 脚本库，由于 jQuery 的开源特性，现在有很多第三方 jQuery 插件可供开发人员直接使用。第三方 jQuery 插件的主要特点如下。

- 提高 Web 网站的开发效率。
- 高度集成、方便使用。
- 根据自身需求进行修改，增强可扩展性。
- 界面美观。

9.1.2 常用的第三方 jQuery 插件

现在市面上的第三方 jQuery 插件有很多，我们可能在逛论坛或者技术网站时经常看到“××个最值得收藏的 jQuery 插件”“强力推荐××个 jQuery 插件”“最实用的 jQuery 插件下载”等帖子。这些帖子中不仅包含了很多第三方 jQuery 插件，还会提供简单的使用示例。表 9-1 中列出了一些笔者常用的第三方 jQuery 插件。

表 9-1 常用的 jQuery 插件

插件	说明
uploadify	带进度条的文件上传插件
zTree	树菜单插件
Nivo Slider	网页中的图片切换插件
Pagination	对网页中的数据进行分页显示插件
Bootstrap Star Rating	星星评分插件
EasyZoom	图片缩放插件
lazyload	图片延迟加载插件
NotesForLightBox	图片灯箱插件
jCarousel	图片幻灯片显示插件
Password-Strength	密码强度检测插件
ColorPicker	颜色拾取器插件
jQZoom	图片放大镜插件

说明 表 9-1 中列出的是一些笔者常用的第三方 jQuery 插件，当然还有很多其他提高 Web 网站开发效率的第三方 jQuery 插件，读者可以在各大论坛或者技术网站上搜索。

9.1.3 如何调用第三方 jQuery 插件

调用第三方 jQuery 插件的步骤如下。

（1）第三方 jQuery 插件是基于 jQuery 开发的，因此在调用时，首先需要添加相应版本的

jQuery 库。例如，添加版本 3.6.4 的 jQuery 库，首先将版本 3.6.4 的 jQuery 库 jquery-3.6.4.min.js 复制到网页文件夹中，然后在 HTML 网页中编写如下代码：

```
<script type="text/javascript" src="jquery-3.6.4.min.js"></script>
```

（2）最后添加要使用的第三方 jQuery 插件的 JavaScript 脚本文件及 CSS 样式文件。例如，添加 uploadify 插件的 JavaScript 脚本文件及 CSS 样式文件，首先将 uploadify 插件的 JavaScript 脚本文件及 CSS 样式文件复制到网页文件夹中，然后在 HTML 网页中编写如下代码：

```
<link href="css/default.css" rel="stylesheet" type="text/css" />
<link href="css/uploadify.css" rel="stylesheet" type="text/css" />
<script type="text/javascript" src="scripts/swfobject.js"></script>
<script type="text/javascript" src="scripts/jquery.uploadify.v2.0.2.min.js">
</script>
```

（3）完成以上步骤后，即可通过定义 JavaScript 函数使用第三方 jQuery 插件。例如，在网页中初始化 uploadify 插件，并设置其属性，代码如下：

```
<script type="text/javascript">
    $(document).ready(function() {
        $("#uploadify").uploadify({
            'uploader': 'scripts/uploadify.swf', // 上传所需的 Flash 文件
            'script': 'scripts/upload.ashx',     // 后台处理文件
            'folder': '/uploads',                // 上传文件夹
            'queueSizeLimit': 4,                 // 限制每次选择上传文件的个数
            'sizeLimit': 6291456,                // 上传文件大小限制的最大值
            'fileDesc': '图片文件',               // 文件类型的描述信息
            'fileExt': '*.jpg;*.png;*.bmp;*.gif' , // 设置文件类型
        });
    });
```

9.2 常用第三方 jQuery 插件的使用

常用第三方 jQuery
插件的使用

本节将对一些常用第三方 jQuery 插件及其使用进行详细讲解。

9.2.1 uploadify 插件（文件上传）

uploadify 插件是一款来自国外的优秀第三方 jQuery 插件。它是基于 JavaScript 内的 jQuery 库编写的，结合了 AJAX 和 Flash，实现了多线程上传文件的功能。

uploadify 插件提供的功能主要包括：能够一次性选择多个文件上传、查看文件上传进度、控制文件上传类型和大小、为每一步操作添加回调函数等；此外 uploadify 插件还自带一个 PHP 文件，用于服务器端处理上传文件。下面简单介绍 uploadify 插件的属性、方法和事件。

1．属性

uploadify 插件的常用属性及说明如表 9-2 所示。

表 9-2 uploadify 插件的常用属性及说明

属性	说明
auto	是否自动上传
buttonClass	上传按钮样式
buttonText	上传按钮文本
checkScript	检查目标文件夹中是否存在与上传文件同名的文件
dnd	是否允许拖放
dropTarget	投放目标选择器

续表

属性	说明
fileObjName	定义服务器接收参数名称
fileSizeLimit	上传文件的大小限制，该属性值为 0 则表示无限制
fileType	允许上传的文件类型。要允许所有文件类型，则设置该属性值为 false；允许特定文件类型，则设置该属性值为['image/jpeg','video/*']
formData	提交给服务器端的参数
width	上传按钮宽度
height	上传按钮高度
itemTemplate	队列中项目的 HTML 标记
method	上传文件的提交方法，取值 post 或 get
multi	是否允许多文件上传
overrideEvents	指定多个插件默认事件中的事件，被指定的事件将不会执行
queueID	指定用于显示上传队列的父级元素 id 属性值
queueSizeLimit	限制每次选择上件文件的个数
removeCompleted	文件上传完毕后，是否从上传队列中移除
simUploadLimit	一次可上传的文件数量
truncateLength	指定文件名称的截取长度，设置该属性值后，文件名称超过指定长度将会被截取
uploadLimit	指定允许上传的最大文件数量
uploadScript	上传处理脚本

可以根据表 9-2 中列出的属性对常用 uploadify 对插件进行相应的设置，代码如下：

```
$(document).ready(function() {
    $("#uploadify").uploadify({
        'uploadScript': 'uploadifive.php',//上传处理脚本
        'fileObjName': 'fileData',//定义服务器接收参数名称
        'method': 'post',//上传文件的提交方法，取值 post 或 get
        'formData': { "imgType": "normal" }, //提交给服务器端的参数
        'checkScript': '/Home/Check',//检查目标文件夹中是否存在与上传文件同名的文件
        'auto': false,//是否自动上传
        'multi': true,//是否允许多文件上传
        'width': 200,//上传按钮宽度（单位：px）
        'height': 50,//上传按钮高度（单位：px）
        'buttonText': '请选择文件',//上传按钮文本
        'buttonClass': false,//上传按钮样式
        'dnd': true, //是否允许拖放
        'removeCompleted': false,//文件上传完毕后，是否从上传队列中移除
        'queueID': false,//指定用于显示上传队列的父级元素 id 属性值
        'fileType': 'image/jpeg', //允许上传的文件类型。要允许所有文件类型，则设置该属性值为 false；允许特定文件类型，则设置该属性值为['image/jpeg','video/*']
        'truncateLength': 0,//指定文件名称的截取长度，设置该属性值后，文件名称超过指定长度将会被截取
        'fileSizeLimit': "200MB",//上传文件的大小限制，该属性值为 0 则表示无限制
        'uploadLimit': 20,//指定允许上传的最大文件数量
        'simUploadLimit': 0, //一次可上传的文件数量
        'queueSizeLimit': 20// 指定上传文件的个数
    });
});
```

2. 方法

uploadify 插件的常用方法及说明如表 9-3 所示。

表 9-3 uploadify 插件的常用方法及说明

方法	说明
clearQueue()	清除文件队列
cancel()	取消文件上传
upload()	上传文件
destroy()	销毁上传实例
debug()	输出 debug 日志

3. 事件

uploadify 插件的常用事件及说明如表 9-4 所示。

表 9-4 uploadify 插件的常用事件及说明

事件	说明
onInit	在 uploadify 插件初始化结束时触发该事件
onFallback	验证客户端浏览器是否兼容
onCheck	验证客户端文件是否存在
onError	验证客户端设定的约束
onSelect	在每添加一个文件至上传队列时触发该事件
onDrop	在文件被添加到该队列文件时触发该事件
onProgress	在上传进度更新时触发该事件
onAddQueueItem	在文件被添加到上传队列时触发该事件
onUpload	在执行上传操作时触发该事件
onUploadFile	在上传每一个文件时触发该事件
onUploadComplete	在文件上传完成后触发该事件
onQueueComplete	在队列中的所有文件上传完成时触发该事件
onCancel	在上传被取消时触发该事件
onClearQueue	在清空队列时触发该事件
onDestroy	在 uploadify 插件被销毁时触发该事件

【例 9-1】使用 uploadify 插件实现批量上传文件的功能(实例位置:源码\第 9 单元\9-1)。程序开发步骤如下。

说明 **由于使用 uploadify 插件上传文件时,需要一个服务器端文件来接收上传的文件,因此需要使用网页编程语言编写一个服务器端文件,本实例中使用 PHP 作为编写服务器端文件的网页编程语言。**

(1)在文件夹 9 下创建新项目,命名为 9-1,默认主页为 index.php。

(2)在 index.php 的 HTML 代码中引入 jQuery 框架和 uploadify 插件所需的 JavaScript 脚本文件及 CSS 样式文件,代码如下:

```
<script type="text/javascript" src="js/jquery-3.6.4.min.js"></script>
<script type="text/javascript" src="js/jquery.uploadify-3.1.min.js"></script>
<link rel="stylesheet" type="text/css" href="uploadify.css"/>
```

(3)在 index.php 页面中添加一个 file 控件,id 属性值设置为 file_upload,用于选择文件,再添加一个上传按钮,代码如下:

```
<h1>Uploadify HTML5 上传</h1>
<form>
```

```
        <div id="queue"></div>
        <input id="file_upload" name="file_upload" type="file" multiple="true">
        <a style="position: relative; top: 8px;" href="javascript:$
('#file_upload').uploadifive('upload')">上传</a>
    </form>
```

（4）在<head></head>中编写代码，实现在页面加载后初始化 uploadify 插件，并设置插件的相关属性，其中包括上传文件类型、上传文件大小、是否可以选择多个文件上传以及是否自动上传等，通过设置这些属性可以非常灵活地控制文件上传。代码如下：

```
    $(function() {
        $('#file_upload').uploadifive({
                    'buttonText'       :       '选择文件',       // 设置上传按钮文本
                    'auto'             : false,
                    'checkScript'      : 'check-exists.php',
                    'fileType'         : '.jpg,.jpeg,.gif,.png',
                    'formData'         : {
                    'timestamp' : '<?php echo $timestamp;?>',
                    'token'     : '<?php echo md5('unique_salt' . $timestamp);?>' },
                    'queueID'          : 'queue',
                    'uploadScript'     : 'uploadifive.php',
                    'onUploadComplete' : function(file, data) { console.log(data); }
        });
    });
```

（5）处理文件上传的 uploadify 插件的 PHP 文件代码如下：

```
    <?php
    /*
    UploadiFive
    Copyright (c) 2012 Reactive Apps, Ronnie Garcia
    */

    // Set the uplaod directory
    $uploadDir = '/uploads/';

    // Set the allowed file extensions
    $fileTypes = array('jpg', 'jpeg', 'gif', 'png'); // Allowed file extensions

    $verifyToken = md5('unique_salt' . $_POST['timestamp']);

    if (!empty($_FILES) && $_POST['token'] == $verifyToken) {
          $tempFile   = $_FILES['Filedata']['tmp_name'];
          $uploadDir  = $_SERVER['DOCUMENT_ROOT'] . $uploadDir;
          $targetFile = $uploadDir . $_FILES['Filedata']['name'];

          // Validate the filetype
          $fileParts = pathinfo($_FILES['Filedata']['name']);
          if (in_array(strtolower($fileParts['extension']), $fileTypes)) {

                    // Save the file
                    move_uploaded_file($tempFile, $targetFile);
                    echo 1;

         } else {

                   // The file type wasn't allowed
                   echo 'Invalid file type.';

         }
    }
    ?>
```

本实例运行效果如图 9-1 所示。

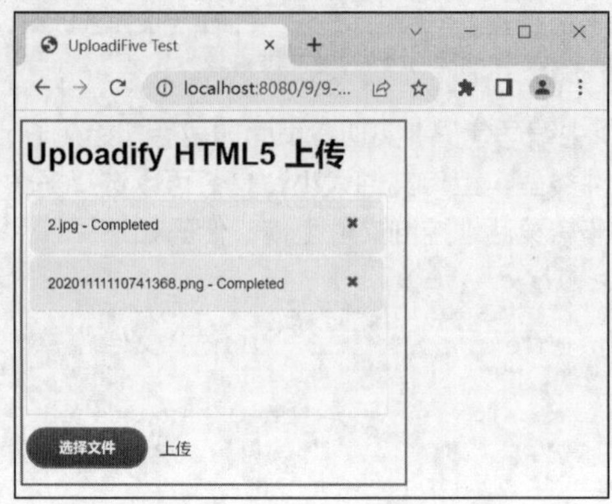

图 9-1　uploadify 插件的使用

9.2.2　zTree 插件（树菜单）

zTree 插件是一款基于 jQuery 实现的多功能“树插件”，优异的性能、灵活的配置、多种功能的组合是 zTree 插件最大的优点。

说 明　zTree 插件专门适用于项目开发，尤其是开发树菜单、树数据的 Web 显示及权限管理等。

zTree 插件的主要特点如下。

- 将核心代码按照功能进行了分割，不需要的代码可以不用加载。
- 采用了延迟加载技术，上万节点轻松加载，即使在 IE 6 下也能基本做到“秒杀”。
- 兼容 IE、FireFox、Chrome、Opera、Safari 等浏览器。
- 支持 JSON 数据。
- 支持静态和 AJAX 异步加载节点数据。
- 支持任意更换皮肤、自定义图标。
- 支持极其灵活的复选框或单选按钮选择功能。
- 提供多种事件响应回调。

1. 属性

zTree 插件的常用属性及说明如表 9-5 所示。

表 9-5　zTree 插件的常用属性及说明

属性	说明
setting.treeId	zTree 插件的唯一标识。初始化 zTree 插件后，该属性值等于用户定义的 zTree 容器的 id 属性值
async.autoParam	异步加载时需要自动提交父节点属性的参数
async.dataFilter	用于对 AJAX 返回数据进行预处理的函数
async.dataType	AJAX 获取的数据类型
async.enable	设置 zTree 插件是否开启异步加载模式
async.type	AJAX 的 HTTP 请求模式
async.url	AJAX 获取数据的 URL
check.enable	设置 zTree 插件的节点上是否显示复选框/单选按钮

续表

属性	说明
data.key.title	zTree 插件的节点数据保存节点提示信息的属性名称
data.key.url	zTree 插件的节点数据保存节点链接的目标 URL 的属性名称
data.simpleData.enable	确定 zTree 插件初始化时的节点数据、异步加载时的节点数据或 addNodes()方法中输入的 newNodes 数据是否采用简单数据模式（Array）
data.simpleData.idKey	节点数据中保存唯一标识的属性名称
data.simpleData.pIdKey	节点数据中保存其父节点唯一标识的属性名称
view.expandSpeed	zTree 插件的节点展开、折叠时的动画速度，设置方法同 jQuery 动画效果中 speed 参数的设置方法
view.selectedMulti	设置是否允许同时选中多个节点
view.showIcon	设置 zTree 插件是否显示节点的图标

2. 方法

zTree 插件的常用方法及说明如表 9-6 所示。

表 9-6　zTree 插件的常用方法及说明

方法	说明
$.fn.zTree.init()	zTree 插件初始化方法
$.fn.zTree.destroy()	从 zTree v3.4 开始提供销毁 zTree 插件的方法
$.fn.zTree.getZTreeObj()	zTree v3.x 专门提供的获取 zTree 对象的方法
callback.beforeAsync()	用于捕获异步加载之前的事件回调函数，zTree 插件根据返回值确定是否允许进行异步加载
callback.beforeExpand()	用于捕获父节点展开之前的事件回调函数，zTree 插件根据返回值确定是否允许展开操作
callback.beforeDblClick()	用于捕获 zTree 插件上鼠标双击之前的事件回调函数，zTree 插件根据返回值确定是否触发 onDblClick 事件回调函数
callback.onAsyncError	用于捕获异步加载出现异常错误时的事件回调函数
callback.onAsyncSuccess()	用于捕获异步加载正常结束时的事件回调函数
callback.onClick()	用于捕获节点被单击时的事件回调函数
callback.onDblClick()	用于捕获 zTree 插件上鼠标双击之后的事件回调函数
zTreeObj.getNodes()	获取 zTree 插件的全部节点数据
zTreeObj.refresh()	刷新 zTree 插件
treeNode.getNextNode()	获取与 treeNode 相邻的后一个节点
treeNode.getPreNode()	获取与 treeNode 相邻的前一个节点

【例 9-2】本实例使用 zTree 插件异步加载大数据（实例位置：源码\第 9 单元\9-2）。程序开发步骤如下。

（1）将 zTree 插件中的 css 文件夹复制到实例文件夹 9-2 中。创建一个名为 js 的文件夹，将 jquery-3.6.4.min.js 文件以及 jquery.ztree.core-3.5.js 文件复制到 js 文件夹中。

（2）创建一个名为 index.html 的文件，在该文件的<head>标记中引入 jQuery 文件、zTree 插件的核心脚本文件以及 zTree 插件的 CSS 样式文件。代码如下：

```
<link rel="stylesheet" href="css/demo.css" type="text/css">
    <link rel="stylesheet" href="css/zTreeStyle/zTreeStyle.css" type="text/css">
    <script type="text/javascript" src="js/jquery-3.6.4.min.js"></script>
    <script type="text/javascript" src="js/jquery.ztree.core-3.5.js"></script>
```

（3）在页面的<body>标记中创建两个<ul>元素，一个用来显示树菜单，另一个用来显示操作日志。代码如下：

```
<div class="content_wrap">
    <div class="zTreeDemoBackground left">
        <ul id="treeDemo" class="ztree"></ul>
    </div>
    <ul id="log"></ul>
</div>
```

（4）编写 jQuery 代码，开启异步加载模式，显示节点上的复选框，使用简单数据模式并设置父节点展开之前、异步加载正常结束时、异步加载出现异常错误时的事件回调函数。具体代码如下：

```
var setting = {
        async: {

            enable: true,               // 开启异步加载模式
            url: getUrl                 // 获取数据的 URL
        },
        check: {
            enable: true                // 设置在 zTree 插件的节点上显示复选框
        },
        data: {
            simpleData: {
                enable: true            // 使用简单数据模式
            }
        },
        view: {
            expandSpeed: ""             // 设置 zTree 插件的节点展开、折叠时的动画
速度，""表示不显示动画效果
        },
        callback: {
            beforeExpand: beforeExpand,  // 设置父节点展开之前的事件回调函数
            onAsyncSuccess: onAsyncSuccess, // 设置异步加载正常结束时的事件回
调函数
            onAsyncError: onAsyncError   // 设置异步加载出现异常错误时的事件
回调函数
        }
    };
```

（5）设置父节点对象。代码如下：

```
var zNodes =[
            {name:"10 个节点", id:"1", count:10, times:1, isParent:true},
            {name:"100 个节点", id:"2", count:100, times:1, isParent:true},
            {name:"1000 个节点", id:"3", count:1000, times:1, isParent:true}
        ];
var log, className = "dark",
        startTime = 0, endTime = 0, perCount = 100, perTime = 100;
```

（6）编写函数 getUrl()用来获取接收页面请求的 URL。代码如下：

```
function getUrl(treeId, treeNode) {
            var curCount = (treeNode.children) ? treeNode.children.length : 0;
            var getCount = (curCount + perCount) > treeNode.count ?
(treeNode.count - curCount) : perCount;
            var param = "id="+treeNode.id+"_"+(treeNode.times++) +"&count=
"+getCount;
        return "getBigData.php?" + param;
}
```

（7）编写父节点展开之前、异步加载正常结束时、异步加载出现异常结果时的事件回调函数以及显示日志函数。具体代码如下：

```
// 在父节点展开之前执行
        function beforeExpand(treeId, treeNode) {
```

```
            if (!treeNode.isAjaxing) {
                  startTime = new Date();
                  treeNode.times = 1;
                  ajaxGetNodes(treeNode, "refresh");
                  return true;
            } else {
                  alert("zTree 正在下载数据中，请稍后展开节点……");
                  return false;
            }
      }
      // 在异步加载正常结束时执行
      function onAsyncSuccess(event, treeId, treeNode, msg) {
            if (!msg || msg.length == 0) {
                  return;
            }
            var zTree = $.fn.zTree.getZTreeObj("treeDemo"), // 获取 zTree 对象
            totalCount = treeNode.count;                    // 节点数
            if (treeNode.children.length < totalCount) {  // 子节点数未达到最
大值时
                  setTimeout(function() {ajaxGetNodes(treeNode);}, perTime);
                  // 继续执行 ajaxGetNodes
            } else {                                    // 子节点数达到最大值时
                  treeNode.icon = "";
                  zTree.updateNode(treeNode);           // 更新节点数据
                  zTree.selectNode(treeNode.children[0]); // 选中第 1 个节点
                  endTime = new Date();                   // 结束时间
                  var usedTime = (endTime.getTime() - startTime.
getTime())/1000;
                  // 加载完毕消耗的时间
                  className = (className === "dark" ? "":"dark");
                  showLog("[ "+getTime()+" ]  treeNode:" +
treeNode.name );
              showLog("加载完毕，共进行 "+(treeNode.times-1)+" 次异步加载, 耗
时: "+ usedTime + " s");
              }
      }
      // 在异步加载出现异常结果时执行
      function onAsyncError(event, treeId, treeNode, XMLHttpRequest,
textStatus, error Thrown) {
            var zTree = $.fn.zTree.getZTreeObj("treeDemo");    // 根据 id 属
性值获取 zTree 对象
            alert("异步获取数据出现异常。");                  // 弹出消息提示
            treeNode.icon = "";                               // 清空图标
            zTree.updateNode(treeNode);                       // 更新节点数据
      }
      function ajaxGetNodes(treeNode, reloadType) {
            var zTree = $.fn.zTree.getZTreeObj("treeDemo");    // 根据 id 属
性值获取 zTree 对象
            if (reloadType == "refresh") {                    // 如果加载类型为刷新
                  treeNode.icon = "css/zTreeStyle/img/loading.gif"; // 加
载时对应的图片
                  zTree.updateNode(treeNode);                 // 更新节点数据
            }
            zTree.reAsyncChildNodes(treeNode, reloadType, true);
            // 强行异步加载父节点的子节点
      }
      // 显示日志
      function showLog(str) {
            if (!log) log = $("#log");                        // 获取 log 对象
            log.append("<li class='"+className+"'>"+str+"</li>"); // 添加 log 内容
            if(log.children("li").length > 4) {       // 如果子节点大于 4
```

```
                    log.get(0).removeChild(log.children("li")[0]);   // 移除
第1个节点
                }
            }
            // 获取当前时间的时、分、秒、毫秒
            function getTime() {
                var now= new Date(),                    // 当前时间
                h=now.getHours(),                       // 当前时间的小时数
                m=now.getMinutes(),                     // 当前时间的分钟数
                s=now.getSeconds(),                     // 当前时间的秒数
                ms=now.getMilliseconds();               // 当前时间的毫秒数
                return (h+":"+m+":"+s+ " " +ms);        // 返回时、分、秒、毫秒值
            }
```

（8）初始化 zTree 插件。代码如下：

```
$(document).ready(function(){
    $.fn.zTree.init($("#treeDemo"), setting, zNodes);

});
```

（9）编写 getBigData.php 文件，用来返回存放子节点的 JSON 对象。具体代码如下：

```
[<?php
$pId = "-1";
if(array_key_exists( 'id',$_REQUEST)) {          // 如果提交的数据中存在参数 id
    $pId=$_REQUEST['id'];
}
$pCount = "10";
if(array_key_exists( 'count',$_REQUEST)) {       // 如果提交的数据中存在参数 count
    $pCount=$_REQUEST['count'];
}
if ($pId==null || $pId=="") $pId = "0";
if ($pCount==null || $pCount=="") $pCount = "10";  // 如果参数 count 不存在，则默认
pCount 的值为 10

$max = (int)$pCount;                    // 设置最大值为 pCount
for ($i=1; $i<=$max; $i++) {            // 进行 max 次循环
    $nId = $pId."_".$i;                 // 设置节点的 id 值
    $nName = "tree".$nId;
    echo "{ id:'".$nId."', name:'".$nName."'}";   // 一个节点的 JSON 数据
    if ($i<$max) {      // 如果 i 的值小于 max 的值，则输出逗号目的是组合成多组 JSON 数据
        echo ",";
    }
}
?>]
```

运行本实例可以看到，页面左侧显示树状菜单，页面右侧显示日志操作，效果如图 9-2 所示。

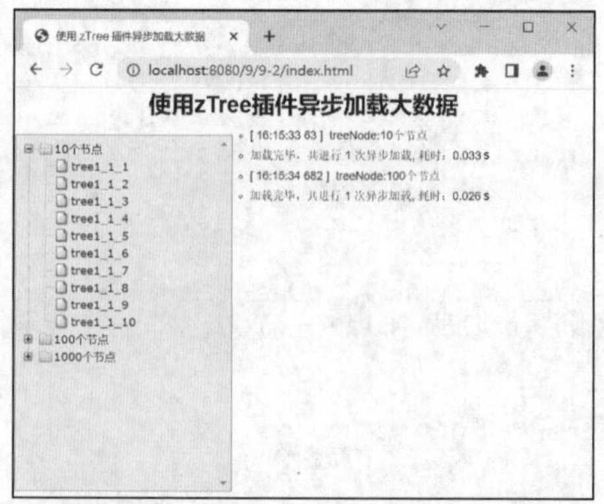

图 9-2　使用 zTree 插件异步加载大数据

9.2.3 Nivo Slider 插件（图片切换）

Nivo Slider 插件是一款基于 jQuery 的多图片切换插件。它不仅支持多种图片切换时的动画效果，而且支持键盘导航和连接影像功能。

1. 属性

Nivo Slider 插件的常用属性及说明如表 9-7 所示。

表 9-7 Nivo Slider 插件的常用属性及说明

属性	说明
effect	过渡效果
slices	effect 属性为切片效果时的数量
boxCols	effect 属性为格子效果时的列
boxRows	effect 属性为格子效果时的行
animSpeed	动画速度
pauseTime	图片切换速度
startSlide	从第几张开始
directionNav	是否显示图片切换按钮（上/下页）
directionNavHide	是否鼠标指针经过才显示按钮
controlNav	显示序列导航
controlNavThumbs	显示图片导航
controlNavThumbsFromRel	使用<img>元素的 rel 属性作为缩略图地址
controlNavThumbsSearch	查找指定字符串（controlNavThumbs 属性值必须为 true）
controlNavThumbsReplace	替换成指定字符（controlNavThumbs 属性值必须为 true）
keyboardNav	键盘控制（左/右箭头）
pauseOnHover	鼠标指针经过时暂停播放幻灯片
manualAdvance	是否手动播放幻灯片（设置属性值为 false，则自动播放幻灯片）
captionOpacity	字幕透明度
prevText	上一张图片
nextText	下一张图片
randomStart	是否从随机图片开始

2. 方法

Nivo Slider 插件的常用方法及说明如表 9-8 所示。

表 9-8 Nivo Slider 插件的常用方法及说明

方法	说明
beforeChange()	动画开始前触发
afterChange()	动画结束后触发
slideshowEnd()	本轮循环结束时触发
lastSlide()	最后一张图片播放结束时触发
afterLoad()	图片加载完毕时触发

【例 9-3】本实例使用 Nivo Slider 插件实现仿淘宝首页的广告图片切换效果（实例位置：源码\第 9 单元\9-3）。程序开发步骤如下。

（1）新建一个 index.html 文件，将其放到 9-3 文件夹中。

（2）将 Nivo Slider 插件的 themes 文件夹、jquery.nivo.slider.js 脚本文件、nivo-slider.css 样式文件以及 jQuery 的脚本文件复制到 9-3 文件夹中；此外新建一个名为 images 的文件夹，将要进行切换的图片文件复制到该文件夹中。

（3）使用 VS Code 打开 index.html 文件，在该文件中使用 Nivo Slider 插件实现仿淘宝首页的广告图片切换效果，进行图片切换时，可以通过单击网页下方的缩略图导航进行切换。代码如下：

```
    <!DOCTYPE html PUBLIC "-//W3C//DTD XHTML 1.0 Transitional//EN"
"http://www.w3.org/ TR/xhtml1/ DTD/xhtml1-transitional.dtd">
    <html xmlns="http://www.w3.org/1999/xhtml">
    <head>
    <meta http-equiv="Content-Type" content="text/html; charset=utf-8" />
    <title>使用 Nivo Slider 插件实现图片的切换</title>
         <link rel="stylesheet" href="nivo-slider/themes/default/default.css"
type="text/css" media= "screen" />
         <link rel="stylesheet" href="nivo-slider/themes/light/light.css" type=
"text/css" media="screen" />
         <link rel="stylesheet" href="nivo-slider/themes/dark/dark.css"
type="text/css" media="screen" />
         <link rel="stylesheet" href="nivo-slider/themes/bar/bar.css" type="text/
css" media="screen" />
         <link rel="stylesheet" href="nivo-slider/nivo-slider.css" type="text/css"
media="screen" />
         <link rel="stylesheet" href="style.css" type="text/css" media="screen" />
         <script type="text/javascript" src="scripts/jquery-1.11.1.min.js"></script>
         <script type="text/javascript" src="nivo-slider/jquery.nivo.slider.js">
</script>
         <script type="text/javascript">
          $(document).ready(function () {
              $('#slider').nivoSlider({
                     controlNavThumbs: true,//图片导航
                     manualAdvance: false//自动播放
              });
          });
     </script>
    </head>
    <body>
        <div id="wrapper">
            <div class="slider-wrapper theme-default">
                <div id="slider" class="nivoSlider" style="width:600px;height:
500px" >
                    <img src="images/01.jpg" data-thumb="images/01.jpg"  alt=""
title="微信小程序开发图解案例教程"/>
                    <img src="images/02.jpg" data-thumb="images/02.jpg" alt=""
title="Axure RP 网站与 App 设计"/>
                    <img src="images/03.jpg" data-thumb="images/03.jpg" alt=""
title="Axure RP8 原型设计"/>
                    <img src="images/04.jpg" data-thumb="images/04.jpg" alt=""
title="微信小程序开发全案精讲"/>
                </div>
          </div>
        </div>
    </body>
    </html>
```

使用 Chrome 浏览器运行 index.html 文件，效果如图 9-3 所示。程序可以自动实现图片切换，此外用户可以将鼠标指针移动到图片上，单击图片上的左/右箭头实现图片切换，也可以单击网页下方的缩略图导航实现图片切换。

图 9-3　Nivo Slider 插件的使用

9.2.4　Pagination 插件（数据分页）

Pagination 插件是一款可以加载数据和进行数据分页的第三方 jQuery 插件。在使用它时，一般需要先将要显示的数据加载到页面中，然后根据当前页面的索引号，获取指定页面需要显示的数据，并将这部分数据显示到相应的容器中，从而实现分页显示数据的功能。

注意　**Pagination 插件由于需要一次性加载数据，因此在分页切换时无刷新与延迟，但是如果数据量较大，不建议使用该插件，因为加载会比较慢。**

与一般的 jQuery 插件一样，Pagination 插件的使用也很简单。例如，要使用 Pagination 插件，即使用方法 pagination()，可以用如下的代码：

```
$("#page").pagination(100);
```

这里的 100 参数是必须的，表示显示条目数，得到的显示效果如图 9-4 所示。

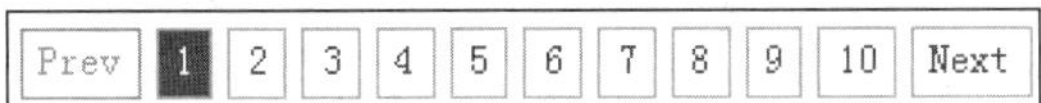

图 9-4　使用 Pagination 插件实现分页列表

说 明　**分页列表需要放在 class 属性值为 pagination 的标记内，可以使用 text-align 属性控制分页列表居中显示还是居右显示。**

Pagination 插件的常用属性及说明如表 9-9 所示。

表 9-9　Pagination 插件的常用属性及说明

属性	说明
maxentries	总条目数
items_per_page	每页显示的条目数
num_display_entries	在连续分页主体部分显示分页条目数
current_page	当前选中的页面
num_edge_entries	显示的首尾分页的条目数

续表

属性	说明
link_to	分页的链接
prev_text	“上一页”分页按钮上显示的文字
next_text	“下一页”分页按钮上显示的文字
ellipse_text	省略的页数用什么文字表示
prev_show_always	是否显示“上一页”分页按钮
next_show_always	是否显示“下一页”分页按钮
callback	回调函数，一般用来装载对应分页显示的内容

【例 9-4】本实例使用 Pagination 插件制作一个分页显示数据的网页，其中要分页显示的数据需要通过 AJAX 异步获取（实例位置：源码\第 9 单元\9-4）。程序开发步骤如下。

（1）新建一个 index.html 文件，将其放到 9-4 文件夹中。

（2）将 Pagination 插件所用的 jquery.min.js 脚本文件、jquery.pagination.js 脚本和 pagination.css 样式文件复制到 9-4 文件夹中。

（3）新建一个 load.html 文件，存放在 9-4 文件夹中，该文件主要用来定义要异步获取的数据。代码如下：

```
    <!DOCTYPE html PUBLIC "-//W3C//DTD XHTML 1.0 Transitional//EN"
"http://www.w3.org/ TR/xhtml1/ DTD/xhtml1-transitional.dtd">
    <html xmlns="http://www.w3.org/1999/xhtml">
    <head>
    <meta http-equiv="Content-Type" content="text/html; charset=utf-8" />
    </head>
    <body>
    <div class="result">异步获取的内容：ASP.NET</div>
    <div class="result">异步获取的内容：PHP</div>
    <div class="result">异步获取的内容：Java Web</div>
    <div class="result">异步获取的内容：jQuery</div>
    <div class="result">异步获取的内容：JavaScript</div>
    <div class="result">异步获取的内容：AJAX</div>
    <div class="result">异步获取的内容：Java</div>
    <div class="result">异步获取的内容：C#</div>
    <div class="result">异步获取的内容：Android</div>
    <div class="result">异步获取的内容：Visual C++</div>
    </body>
    </html>
```

（4）使用 VS Code 打开 index.html 文件，在该文件中使用 AJAX 技术从 load.html 文件中异步获取要分页显示的数据，然后通过设置 Pagination 插件的属性对异步获取的数据进行分页显示。代码如下：

```
    <!DOCTYPE html PUBLIC "-//W3C//DTD XHTML 1.0 Transitional//EN"
"http://www.w3.org/ TR/xhtml1/DTD/xhtml1-transitional.dtd">
    <html xmlns="http://www.w3.org/1999/xhtml">
    <head>
    <meta http-equiv="Content-Type" content="text/html; charset=utf-8" />
    <title>使用 Pagination 插件实现数据分页显示</title>
    <link rel="stylesheet" href="pagination/pagination.css"/>
    <script type="text/javascript" src="pagination/jquery-3.6.4.min.js"></script>
    <script type="text/javascript" src="pagination/jquery.pagination.js"></script>
    <script type="text/javascript">
    $(function(){
        // 通过 AJAX 加载分页元素
        var initPagination = function() {
            var num_entries = $("#hiddenresult div.result").length;
```

```
            // 创建分页
            $("#Pagination").pagination(num_entries, {
                num_edge_entries: 1,              // 边缘页数
                num_display_entries: 4,           // 连续分页主体部分显示的分页条目数
                callback: pageselectCallback,
                items_per_page: 1,                // 每页显示 1 条
                prev_text: "Prev",
                next_text: "Next"
            });
        };
        function pageselectCallback(page_index, jq){
            var new_content = $("#hiddenresult div.result:eq("+page_index+")").
clone();
            $("#Searchresult").empty().append(new_content); // 加载对应分页的数据
            return false;
        }
        // AJAX 异步获取要分页显示的数据
        $("#hiddenresult").load("load.html", null, initPagination);
    });
    </script>
    </head>

    <body style="font-size:84%; color:#00F; line-height:1.4;">
    <h1>使用 Pagination 插件实现数据分页显示</h1>
    <div id="Pagination" class="pagination"></div>
    <div id="Searchresult" style="width:300px; height:100px; padding:20px;
background:#9CF"> </div>
    <div id="hiddenresult" style="display:none;">
    </div>
    </body>
    </html>
```

使用浏览器运行 index.html 文件，效果如图 9-5 所示。

图 9-5　Pagination 插件的使用

9.2.5　jQZoom 插件（图片放大镜）

jQZoom 是一个基于 jQuery 的图片放大镜插件，它功能强大，使用简便，支持标准模式、反转模式、无镜头、无标题地放大图片，还支持自定义 jQZoom 插件的窗口位置和渐显、渐隐效果。

jQZoom 插件的常用属性及说明如表 9-10 所示。

表 9-10　jQZoom 插件的常用属性及说明

属性	说明
zoomType	默认值：standard。另一个值为 reverse，选择是否将原图用半透明图层遮盖
zoomWidth	默认值：200。放大窗口的宽度

续表

属性	说明
zoomHeight	默认值：200。放大窗口的高度
xOffset	默认值：10。放大窗口相对于原图的 x 轴偏移值，可以为负
yOffset	默认值：0。放大窗口相对于原图的 y 轴偏移值，可以为负
position	默认值：right。放大窗口的位置，值还可以为 right、left、top、bottom
lens	默认值：true。若值为 false，则不在原图上显示镜头
imageOpacity	默认值：0.2。当 zoomType 属性值为 reverse 时，这个属性用于指定遮罩的透明度
title	默认值：true。在放大窗口中显示标题，值可以为<a>标记的 title 属性值；若无<a>标记，则为原图的 title 属性值
showEffect	默认值："show"。显示放大窗口时的效果，值可以为 show、fadein
hideEffect	默认值："hide"。隐藏放大窗口时的效果，值可以为 hide、fadeout
fadeinSpeed	默认值："fast"。放大窗口的渐显速度（值可以为 fast、slow、medium）
fadeoutSpeed	默认值："slow"。放大窗口的渐隐速度（值可以为 fast、slow、medium）
showPreload	默认值：true。是否显示加载提示 Loading zoom（值可以为 true、false）
preloadText	默认值：Loading zoom。自定义加载提示文本
preloadPosition	默认值："center"。加载提示的位置，值也可以为 bycss，以通过 CSS 指定位置

【例 9-5】本实例使用 jQZoom 插件制作一个图片放大镜，运行程序后当鼠标指针在图片上移动时，图片的局部会以放大效果显示在网页的右侧空白区域（实例位置：源码\第 9 单元\9-5）。程序开发步骤如下。

（1）新建一个 index.html 文件，将其放到 9-5 文件夹中。

（2）将 jQZoom 插件的 css 文件夹、js 文件夹复制到 9-5 文件夹中。

（3）使用 VS Code 打开 index.html 文件，在该文件中首先引入 jQuery 文件、jQZoom 插件及其 CSS 样式文件；然后定义一个 JavaScript 函数，使用 jQZoom 插件显示图片放大效果；最后在<body>标记和</body>标记区域中加入一个<div>标记，在该<div>标记中分别使用<img>标记和<a>标记设置要显示的原图和局部放大效果图。代码如下：

```
<!DOCTYPE html PUBLIC "-//W3C//DTD XHTML 1.0 Transitional//EN"
"http://www.w3.org/ TR/xhtml1/DTD/xhtml1-transitional.dtd">
<html xmlns="http://www.w3.org/1999/xhtml">
<head>
<meta http-equiv="Content-Type" content="text/html; charset=utf-8" />
<title>jQZoom 插件的使用</title>
<script src="js/jquery-1.6.js" type="text/javascript"></script>
<script src="js/jquery.jqzoom-core.js" type="text/javascript"></script>
<link rel="stylesheet" href="css/jquery.jqzoom.css" type="text/css"/>
<script type="text/javascript">
$(function() {
     $(".jqzoom").jqzoom(
     {
          zoomWidth:200,
          zoomHeight:200
     });
});
</script>
</head>
<body>
<div>
    <a href="test.JPG" class="jqzoom" title="放大效果">
        <img src="test.JPG" style="border: 1px solid #666;"/>
```

```
    </a>
</div>
</body>
</html>
```

使用 Chrome 浏览器运行 index.html 文件，效果如图 9-6 所示。

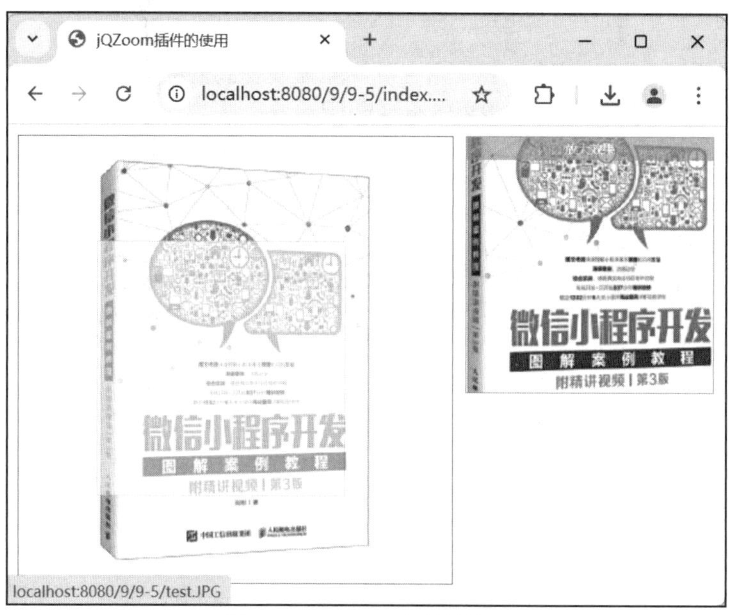

图 9-6 jQZoom 插件的使用

9.3 项目实战：使用 ColorPicker 插件制作颜色选择器

我们在使用 QQ 聊天时，如果想设置字体颜色，可以打开 QQ 聊天窗口中的设置字体颜色对话框，在这个对话框中设置颜色的界面就是颜色选择器。本项目使用第三方的 ColorPicker 插件制作了一个简单的颜色选择器，运行效果如图 9-7 所示。

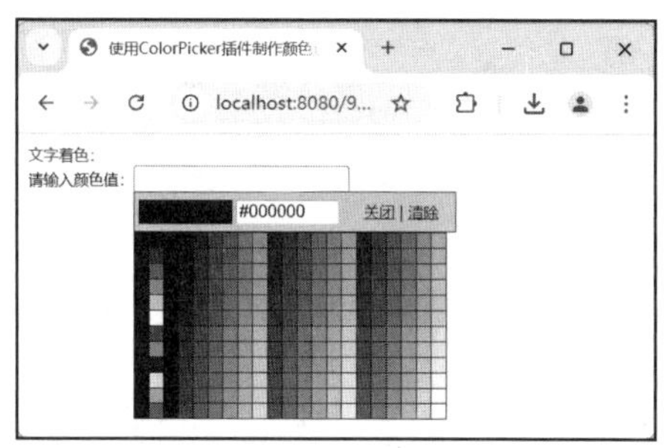

图 9-7 使用 ColorPicker 插件制作颜色选择器

项目实战：使用 ColorPicker 插件制作颜色选择器

说明 **ColorPicker 是一款简单、实用的取色插件，它能准确显示颜色的 HEX（Hexadecimal，十六进制）数值。ColorPicker 插件是以一个小窗口的形式出现的。**

程序开发步骤如下。（实例位置：源码\第 9 单元\项目实战）

（1）新建一个 index.html 文件，将其放到“项目实战”文件夹中。

（2）将下载的 Colorpicker 插件的文件夹（包括 jquery.colorpicker.js 文件和 jquery.js 文件）

复制到“项目实战”文件夹中。

（3）使用 VS Code 打开 index.html 文件，在该文件中首先引入 jQuery 框架、ColorPicker 插件，自定义 body 样式，并自定义 JavaScript 函数来使用 ColorPicker 插件显示颜色选择器；然后在<body></body>区域中加入一个<div>标记，在该<div>标记中放置一个 type 属性值为 text 的<input>标记，用来在单击时显示颜色选择器。代码如下：

```
    <!DOCTYPE html PUBLIC "-//W3C//DTD XHTML 1.0 Transitional//EN"
"http://www.w3.org/ TR/xhtml1/DTD/xhtml1-transitional.dtd">
    <html xmlns="http://www.w3.org/1999/xhtml">
    <head>
    <meta http-equiv="Content-Type" content="text/html; charset=utf-8" />
    <title>使用 ColorPicker 插件制作颜色选择器</title>
    <style>
      body{margin:10;padding:10;font-size:12px;font-family:"微软雅黑",Verdana,
Arial}
    </style>
    <script type="text/javascript" src="colorpicker/jquery.js"></script>
    <script type="text/javascript" src="colorpicker/jquery.colorpicker.js"></script>
    <script type="text/javascript">
    $(function(){
             $("#colorpicker").colorpicker({
                 fillcolor:true,
                 success:function(o,color){
                     $(o).css("color",color);
                 }
             });
        });
    </script>
    </head>
    <body>
    <div id="container">
        <font color="blue">文字着色：</font><br />
         请输入颜色值：<input type="text" id="colorpicker" />
    </div>
    </body>
    </html>
```

9.4 小结

（1）第三方 jQuery 插件是一种用来提高 Web 网站开发效率、已经封装好的 JavaScript 脚本库。

（2）uploadify 插件是一款来自国外的优秀第三方 jQuery 插件。它是基于 JavaScrip 下的 jQuery 库编写的，结合了 AJAX 和 Flash，实现了多线程上传文件的功能。

（3）zTree 插件是一款基于 jQuery 实现的多功能“树插件”。

（4）Nivo Slider 插件是一款基于 jQuery 的多图片切换插件。它不仅支持多种图片切换时的动画效果，而且支持键盘导航和连接影像功能。

（5）Pagination 插件是一款可以加载数据和进行数据分页的第三方 jQuery 插件。

（6）jQZoom 插件是一个基于 jQuery 的图片放大镜插件，它功能强大，使用简便，支持标准模式、反转模式、无镜头、无标题地放大图片，还支持自定义 jQZoom 插件的窗口位置和渐显、渐隐效果。

（7）ColorPicker 插件是一款简单、实用的取色插件，它能准确显示颜色的 HEX 数值。

9.5 习题

1. 选择题

（1）下列（　　）不是 uploadify 插件的属性。

A. auto　　B. buttonText　　C. method　　D. position

（2）下列关于 zTree 插件的主要特点说法有误的是（　　）。

A. 采用了延迟加载技术　　B. 支持 JSON 数据

C. 支持 XML 数据　　D. 支持静态和 AJAX 异步加载节点数据

（3）下列（　　）不是 Nivo Slider 插件的属性。

A. effect　　B. slices　　C. animSpeed　　D. autoplay

2. 填空题

（1）第三方 jQuery 插件是一种用来提高 Web 网站开发效率、已经封装好的________，由于 jQuery 的开源特性，现在有很多第三方 jQuery 插件可供开发人员直接使用。

（2）第三方 jQuery 插件的主要特点包括________、________、________、________。

（3）常用的第三方 jQuery 插件包括________、________、________、________、________、________。

3. 简答题

（1）简述使用第三方 jQuery 插件的优点。

（2）简述使用第三方 jQuery 插件的主要步骤。

（3）列举 5 种常用的第三方 jQuery 插件。

（4）在使用 uploadify 插件时，如何限制同时上传的文件个数?

（5）在使用 Nivo Slider 插件时，如何设置缩略图导航?

（6）如何将 Pagination 插件的“Prev”按钮和“Next”按钮设置为中文显示?

第10单元 jQuery性能优化与技巧

10

情景引入

在开发一个动态交互的在线学习平台时，确保用户界面的流畅性至关重要。当学生在浏览课程目录、观看教学视频或参与在线测试时，如果页面卡顿或加载缓慢，会严重影响学习体验。此时，采用jQuery进行性能优化显得尤为重要。通过遵循最佳优化方法，如使用$前缀明确jQuery变量标识、扩展jQuery选择器以满足特定需求，以及减少直接DOM操作而采用构建后再更新的策略，可以显著提升平台的性能，给学生带来更加流畅和高效的学习体验。

学习目标

知识目标

1. 掌握jQuery性能优化的方法。
2. 掌握jQuery常用技巧的使用。

能力目标

1. 能够熟练进行jQuery性能优化。
2. 能够熟练应用jQuery常用技巧。

素质目标

培养系统化思维能力，从整体出发优化性能，掌握简化流程的技巧，提高资源配置与管理能力，形成效率与质量并重的开发习惯。

思维导图

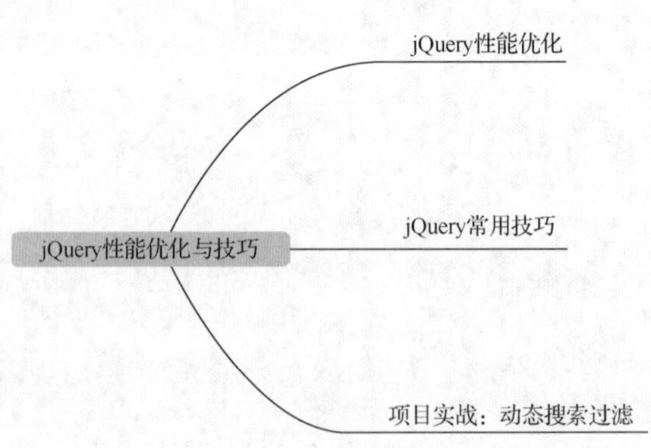

10.1 jQuery 性能优化

jQuery 性能优化

本节我们将对使用 jQuery 过程中常用的性能优化方法进行讲解。

1. 使用一个 var 关键字来定义变量

如果需要使用多个变量，建议使用 var 关键字对其进行定义。代码如下：

```
var page = 0,
  $loading = $('#loading'),
  $body = $('body');
```

说明 不需要给每一个变量都添加一个 var 关键字。

2. 定义 jQuery 变量时添加$符号

在声明或者定义变量的时候，如果定义的是 jQuery 变量，则添加一个$符号在变量前。代码如下：

```
var $loading = $('#loading');
```

这样定义 jQuery 变量的好处在于，可以有效地提示自己或者其他阅读代码的人，这是一个 jQuery 变量。

3. 使用 HTML5

新的 HTML5 标准带来的是更轻巧的 DOM 结构，更轻巧的 DOM 结构意味着使用 jQuery 时需要更少的遍历以及获得更优良的载入性能，所以如果可以，请使用 HTML5。

4. 在需要的时候使用原生的 JavaScript

使用 jQuery 是一件很棒的事情，但是它也是 JavaScript 的一个框架，所以可以在需要的时候在 jQuery 代码中使用原生的 JavaScript，这样能获得更好的性能。

5. 精简 jQuery 代码

尽量把一些 jQuery 代码都整合到一起，例如下面的代码：

```
$button.click(function(){
    $target.css('width','50%');
    $target.css('border','1px solid #202020');
    $target.css('color','#fff');
});
```

可以精简为下面的写法：

```
$button.click(function(){
   $target.css({'width':'50%','border':'1px solid #202020','color':'#fff'});
});
```

6. 尽量使用.on()方法

如果使用版本比较新的 jQuery 类库，可使用.on()方法，其他任何方法都是最终使用.on()来实现的。

7. 总是从 ID 选择器来继承

在 jQuery 中执行速度最快的选择器是 ID 选择器，因为它直接来自 JavaScript 的 getElementById() 方法。例如，下面的 HTML 代码：

```
<div id="content">
    <form method="post" action="/">
        <ul id="traffic_light">
            <li><input type="radio" class="on" name="light" value="red" />
Red</li>
            <li><input type="radio" class="off" name="light" value="yellow" />
Yellow</li>
```

```
                <li><input type="radio" class="off" name="light" value="green" />
Green</li>
            </ul>
            <input class="button" id="traffic_button" type="submit" value="Go" />
        </form>
    </div>
```

如果像这样选择按钮是低效的，代码如下：

```
var traffic_button = $("#content .button");
```

用 ID 选择器直接选择按钮效率更高，代码如下：

```
var traffic_button = $("#traffic_button");
```

8. 在 class 前面使用 tag

jQuery 中执行速度第二快的选择器是 tag 选择器[例如$('head')]，因为它直接来自原生的 JavaScript 方法 getElementsByTagName()，所以最好使用 tag 来修饰 class（并且不要忘记就近的 id）。代码如下：

```
var receiveNewsletter = $('#nslForm input.on');
```

注意  **jQuery 中类名选择器是执行速度最慢的，因为在 IE 下它会遍历所有的 DOM 节点，所以应尽量避免使用类名选择器。**

此外，不要用 tag 来修饰 id。例如，下面的示例将会遍历所有的<div>元素来查找 id 属性值为 content 的节点，代码如下：

```
var content = $('div#content');   // 非常慢，不要使用
```

9. 使用 jQuery 的内部函数 data()来存储信息

在 jQuery 中，使用内部函数 data()存储信息性能更好。代码如下：

```
$('#head').data('name', 'value');
// 之后在应用中调用
$('#head').data('name');
```

10. 推迟到$(window).load

对于开发人员来说，jQuery 有一个很诱人的功能，即可以把任何东西挂到$(document).ready()下冒充事件，在大多数实例中都会发现这样的情况。

$(document).ready()确实很有用，它在页面渲染时，其他元素还没载入完成即可执行。如果发现页面一直是载入中的状态，很有可能是$(document).ready()函数引起的。

可以通过将 jQuery 函数绑定到$(window).load 事件的方法来降低页面载入时的 CPU（Central Processing Unit，中央处理器）使用率，该函数会在所有的 HTML（包括 IFrame）载入完成后执行。代码如下：

```
$(window).load(function(){
// 页面完全载入后才初始化的 jQuery 函数
});
```

多余的功能，例如拖放、视觉特效和动画、预载入隐藏图像等，都适合使用这种性能优化方法。

11. 缓存 jQuery 对象

养成将 jQuery 对象缓存到变量中的习惯，永远不要使用下面的代码：

```
$('#traffic_light input.on).bind('click', function(){…});
$('#traffic_light input.on).css('border', '3px dashed yellow');
$('#traffic_light input.on).css('background-color', 'orange');
$('#traffic_light input.on).fadeIn('slow');
```

最好先将 jQuery 对象缓存到一个变量中再操作。上面的代码可以优化如下：

```
var $active_light = $('#traffic_light input.on');
$active_light.bind('click', function(){…});
```

```
$active_light.css('border', '3px dashed yellow');
$active_light.css('background-color', 'orange');
$active_light.fadeIn('slow');
```

此外，如果打算将 jQuery 结果对象用在程序的其他部分，或者函数会多次执行，那么可以将它们缓存到一个全局变量中。例如，定义一个全局容器来缓存 jQuery 结果对象，接下来就可以在其他函数中引用该对象。代码如下：

```
// 在全局范围定义一个变量（例如，window 变量）
window.$my =
{
    // 初始化所有可能会不止一次执行的查询函数
    head : $('head'),
    traffic_light : $('#traffic_light'),
    traffic_button : $('#traffic_button')
};
function do_something()
{
    // 现在可以引用缓存的查询结果并操作它们
    var script = document.createElement('script');
    $my.head.append(script);
    // 当在函数内部操作时，可以继续将查询结果缓存到全局对象中
    $my.cool_results = $('#some_ul li');
    $my.other_results = $('#some_table td');
    // 将全局函数作为一个普通的 jQuery 对象去使用
    $my.other_results.css('border-color', 'red');
    $my.traffic_light.css('border-color', 'green');
}
```

12. 使用子查询

jQuery 允许开发人员对一个已包装的对象使用附加的选择器操作，因为已经在变量中保存了一个父元素，这样可以大大提高对其子元素进行操作的效率。例如，有下面的 HTML 代码：

```
<div id="content">
    <form method="post" action="/">
        <ul id="traffic_light">
            <li><input type="radio" class="on" name="light" value="red" />
Red</li>
            <li><input type="radio" class="off" name="light" value="yellow" />
Yellow</li>
            <li><input type="radio" class="off" name="light" value="green" />
Green</li>
        </ul>
        <input class="button" id="traffic_button" type="submit" value="Go" />
    </form>
</div>
```

接下来可以使用子查询来获取亮或不亮的灯，并将其缓存以备后续操作。代码如下：

```
var $traffic_light = $('#traffic_light'),
$active_light = $traffic_light.find('input.on'),
$inactive_lights = $traffic_light.find('input.off');
```

说 明　可以用逗号分隔的方法一次声明多个局部变量，以节省字节数。

13. 对直接的 DOM 操作进行限制

在 jQuery 中应该对直接的 DOM 操作进行限制，遇到这种情况时，可以首先在内存中创建需要的内容，然后更新 DOM，因为直接的 DOM 操作速度很慢。

例如，如果需要动态地创建一组列表元素，一定不要使用下面的代码：

```
var top_100_list = [...], //假设有 100 个独一无二的字符串
     $mylist = $('#mylist'); //选择 <ul> 元素 t
for (var i=0, l=top_100_list.length; i<l; i++)
{
     $mylist.append('<li>' + top_100_list[i] + '</li>');
}
```

而应该首先将一组列表元素在插入 DOM 之前全部创建好，代码如下：

```
var top_100_list = [...],
     $mylist = $('#mylist'),
     top_100_li = ""; //存储列表元素
for (var i=0, l=top_100_list.length; i<l; i++)
{
     top_100_li += '<li>' + top_100_list[i] + '</li>';
}
$mylist.html(top_100_li);
```

然后在插入 DOM 之前，将多个元素包裹在一个单独的父级节点中，这样执行速度更快，代码如下：

```
var top_100_list = [...],
     $mylist = $('#mylist'),
     top_100_ul = '<ul id="#mylist">';
for (var i=0, l=top_100_list.length; i<l; i++)
{
     top_100_ul += '<li>' + top_100_list[i] + '</li>';
}
top_100_ul += '</ul>';
$mylist.replaceWith(top_100_ul);
```

如果在执行完上述步骤后，还是担心性能有问题，那么可以尝试下面的方法。

- 使用 jQuery 的 clone()方法，它会创建一个节点树的副本，它允许以“离线”的方式进行 DOM 操作，当操作完成后再返回节点树。
- DOM DocumentFragments 的性能要明显优于直接的 DOM 操作的性能。

14．DOM 操作请务必记住缓存

在 jQuery 代码开发中，常常需要操作 DOM。DOM 操作是非常消耗资源的一个过程，而很多人往往都喜欢这样使用 jQuery：

```
$('#loading').html('完毕');
$('#loading').fadeOut();
```

以上代码没有任何问题，但是这里需要注意，每次定义并且调用$('#loading')时，实际都创建了一个新的变量，这样会很浪费资源。因此，如果需要重用$('#loading')，一定要将其定义在一个变量中，这样可以有效地缓存变量内容。代码如下：

```
var $loading = $('#loading');
$loading.html('完毕');$loading.fadeOut();
```

15．直接给 DOM 元素添加<style>标记

要给少数 DOM 元素添加样式，最好的方法就是使用 jQuery 的 css()函数；然而，如果要给很多 DOM 元素添加样式，直接给 DOM 元素添加<style>标记会更有效，这样可以避免在代码中使用硬编码。代码如下：

```
$('<style type="text/css"> div.class { color: red; } </style>')
.appendTo('head');
```

16．使用 Event Delegation

当在一个容器中有许多节点，且想为所有的节点都绑定一个事件时，很适合使用 Event Delegation。使用 Event Delegation，仅需要在父级节点上绑定事件，然后查看哪个子节点（目标节点）触发了事件。例如，当有一个具有很多数据的表格，并且要为<td>节点绑定事件时，使用 Event Delegation 就显得很方便。具体实现时，可以首先获得表格，然后为所有的<td>节点绑定 delegation 事件，代码如下：

```
$("table").delegate("td", "hover", function(){
$(this).toggleClass("hover");
});
```

17. 压缩成一个主 JavaScript 文件

如果已经确定了哪些文件是应该被下载的，那么应该将它们压缩成一个主 JavaScript 文件。使用一些开源的工具可以自动完成这个任务，如使用 Minify（和后端代码集成）或者使用 JSCompressor、YUI Compressor、Dean Edwards JS packer 等在线工具。

10.2 jQuery 常用技巧

jQuery 常用技巧

jQuery 的使用越来越广泛，这里我们来介绍一些 jQuery 常用技巧。

1. 验证元素是否在 jQuery 对象集合中

```
$(document).ready(function() {
    if ($('#id').length) {
  }
});
```

2. 获取 jQuery 集合的某一项

```
$("div").eq(2).html();          //调用 jQuery 对象的方法
$("div").get(2).innerHTML;      //调用 DOM 的方法属性
```

3. 禁止右键单击

```
$(document).ready(function(){
     $(document).bind("contextmenu",function(e){
          return false;
     });
});
```

4. 隐藏搜索文本框文字

```
$(document).ready(function() {
$("input.text1").val("Enter your search text here");
     textFill($('input.text1'));
});
      function textFill(input){
      var originalvalue = input.val();
      input.focus( function(){
           if( $.trim(input.val()) == originalvalue ){ input.val(''); }
      });
      input.blur( function(){
           if( $.trim(input.val()) == '' ){ input.val(originalvalue); }
      });
}
```

5. 在新窗口中打开链接

```
$(document).ready(function() {
   // 所有的链接都要在一个新窗口中打开
   $('a[href^="http://"]').attr("target", "_blank");
   // 在新窗口中打开 rel 属性值为 external 的链接
   $('a[@rel$='external']').click(function(){
       this.target = "_blank";
   });
});
// 使用方法
<A href="http://www.opensourcehunter.com" rel=external>open link</A>
```

6. 检测浏览器类型

在 jQuery 1.9 之前，检测浏览器类型使用如下方法：

```
$(document).ready(function() {
//检测 Firefox 浏览器
if ($.browser.mozilla && $.browser.version >= "1.8" ){
}
// 检测 Safari 浏览器
if( $.browser.safari ){
}
// 检测 Chrome 浏览器
if( $.browser.chrome){
}
// 检测 Opera 浏览器
if( $.browser.opera){
}
// 检测 IE 6 及以下版本浏览器
if ($.browser.msie && $.browser.version <= 6 ){
}
// 检测 IE 6 以上版本浏览器
if ($.browser.msie && $.browser.version > 6){
}
});
```

但是，在 jQuery1.9 之后，$.browser 已被剔除，因此需要使用其他方式来检测浏览器类型。具体代码如下：

```
$.browser.mozilla = /firefox/.test(navigator.userAgent.toLowerCase());
$.browser.webkit = /webkit/.test(navigator.userAgent.toLowerCase());
$.browser.opera = /opera/.test(navigator.userAgent.toLowerCase());
$.browser.msie = /msie/.test(navigator.userAgent.toLowerCase());
```

上述代码中等号后面的表达式返回的是 true 或 false，可以直接用来替换原来的$.browser 等。

检测浏览器类型是否为 IE 6：

```
if("undefined" == typeof(document.body.style.maxHeight)){}
```

检测浏览器类型是否为 IE 6～IE 8：

```
if(!$.support.leadingWhitespace){}
```

7. jQuery 延时加载功能

```
$(document).ready(function() {
    window.setTimeout(function() {
    }, 1000);
});
```

8. 预加载图片

```
$(document).ready(function() {
jQuery.preloadImages = function()
{
   for(var i = 0; i<ARGUMENTS.LENGTH; jQuery(?<img { i++)>").attr("src",
arguments[i]);
   }
}
// 使用方法
$.preloadImages("image1.jpg");
});
```

9. 动态控制页面字号大小

```
$(document).ready(function() {
  // 重新设置页面字号大小
  var originalFontSize = $('html').css('font-size');
   $(".resetFont").click(function(){
   $('html').css('font-size', originalFontSize);
  });
  // 逐级递增页面字号大小
```

```
  $(".increaseFont").click(function(){
    var currentFontSize = $('html').css('font-size');
    var currentFontSizeNum = parseFloat(currentFontSize, 10);
    var newFontSize = currentFontSizeNum*1.2;
    $('html').css('font-size', newFontSize);
    return false;
  });
  // 逐级递减页面字号大小
  $(".decreaseFont").click(function(){
    var currentFontSize = $('html').css('font-size');
    var currentFontSizeNum = parseFloat(currentFontSize, 10);
    var newFontSize = currentFontSizeNum*0.8;
    $('html').css('font-size', newFontSize);
    return false;
  });
});
```

10. 操作元素的样式

```
$("#msg").css("background");                                  // 返回元素的背景颜色
$("#msg").css("background","#ccc")                            // 设定元素的背景颜色为灰色
$("#msg").height(300); $("#msg").width("200");                // 设定元素的宽和高
$("#msg").css({ color:"red", background: "blue" });           // 以键值对的形式设定样式
$("#msg").addClass("select");                          // 为元素增加名称为 select 的样式
$("#msg").removeClass("select");                       // 为元素删除名称为 select 的样式
// 如果存在（不存在）就删除（添加）名称为 select 的样式
$("#msg").toggleClass("select");
```

11. 页面样式切换

```
$(document).ready(function() {
    $("a.Styleswitcher").click(function() {
        $('link[rel=stylesheet]').attr('href' , $(this).attr('rel'));
    });
});
// 使用方法
// 这行代码放在 HTML 的<head>区域中
<LINK rel=stylesheet type=text/css href="default.css">
// 下面是超链接代码
<A class=Styleswitcher href="#" rel=default.css>Default Theme</A>
<A class=Styleswitcher href="#" rel=red.css>Red Theme</A>
<A class=Styleswitcher href="#" rel=blue.css>Blue Theme</A>
```

12. 获得鼠标指针坐标值

```
$(document).ready(function() {
   $().mousemove(function(e){
     $('#XY').html("X Axis : " + e.pageX + " | Y Axis " + e.pageY);
  });
});
// 使用方法
<DIV id=XY></DIV>
```

13. 验证元素是否为空

```
$(document).ready(function() {
   if ($('#id').html()) {
     }
});
```

14. 统计元素个数

```
$(document).ready(function() {
    $("p").size();
});
```

15. 替换指定的元素

```
$(document).ready(function() {
    $('#id').replaceWith('
<DIV>I have been replaced</DIV>
');
});
```

16. 移除单词功能

```
$(document).ready(function() {
    var el = $('#id');
    el.html(el.html().replace(/word/ig, ""));
});
```

17. 使整个<div>元素可单击

```
$(document).ready(function() {
     $("div").click(function(){
        window.location=$(this).find("a").attr("href"); return false;
     });
});
// 使用方法
<DIV><A href="index.html">home</A></DIV>
```

18. 复制对象

```
$(document).ready(function() {
    var cloned = $('#id').clone();
});
// 使用方法
<DIV id=id></DIV>
```

19. 使元素居屏幕中间位置

```
Center an element in the center of your screen.
$(document).ready(function() {
   jQuery.fn.center = function () {
          this.css("position","absolute");
          this.css("top", ( $(window).height() - this.height() ) / 2+$(window).
scrollTop() + "px");
          this.css("left", ( $(window).width() - this.width() ) / 2+$(window).
scrollLeft() + "px");
          return this;
   }
   $("#id").center();
});
```

20. 方法的连写

```
$("p").click(function(){alert($(this).html())})
.mouseover(function(){alert('mouse over event')})
.each(function(i){this.style.color=['#f00','#0f0','#00f'][ i ]});
```

21. 集合处理功能

```
// 为索引值分别为 0、1、2 的<p>元素设定不同的字体颜色
$("p").each(function(i){this.style.color=['#f00','#0f0','#00f'][ i]})
// 为每个<p>元素添加 click 事件，单击某个<p>元素则弹出其内容
$("p").click(function(){alert($(this).html())})
```

22. 同一函数实现 set 和 get

```
$("#msg").html();           // 返回 id 属性值为 msg 的元素节点的 HTML 内容
// 将"<b>新内容</b>"作为 HTML 串写入 id 属性值为 msg 的元素节点内容中，页面显示粗体的新内容
$("#msg").html("<b>新内容</b>");

$("#msg").text();           // 返回 id 属性值为 msg 的元素节点的文本内容
// 将"<b>新内容</b>"作为普通文本串写入 id 属性值为 msg 的元素节点内容中，页面显示“<b>新内
容</b>”
```

```
$("#msg").text("<b>新内容</b>");

$("#msg").height();         // 返回 id 属性值为 msg 的元素的高度
$("#msg").height("300");  // 将 id 属性值为 msg 的元素的高度设为 300px

$("#msg").width();          // 返回 id 属性值为 msg 的元素的宽度
$("#msg").width("300");    // 将 id 属性值为 msg 的元素的宽度设为 300px

$("input").val(");          // 返回表单输入框的 value 值
$("input").val("test");    // 将表单输入框的 value 值设为 test

$("#msg").click();          // 触发 id 属性值为 msg 的元素的 click 事件
$("#msg").click(fn);       // 为 id 属性值为 msg 的元素的 click 事件添加函数
```

23. 禁用 jQuery（动画）效果

```
$(document).ready(function() {
    jQuery.fx.off = true;
});
```

24. 与其他 JavaScript 类库冲突的解决方案

```
$(document).ready(function() {
   var $jq = jQuery.noConflict();
   $jq('#id').show();
});
```

10.3 项目实战：动态搜索过滤

实现一个简单的动态搜索过滤项目，使用 jQuery 实现根据用户输入动态过滤列表项的功能。

项目实战：动态搜索过滤

程序开发步骤如下（实例位置：源码\第 10 单元\2-6）。

（1）创建一个名为 index.html 的文件，在该文件的<head>标记中应使用下面的语句引入 jQuery 库。

```
<script type="text/javascript" src="../js/jquery-3.6.4.min.js"></script>
```

（2）在 index.html 文件中添加一个输入框和下拉列表。关键代码如下：

```
<input type="text" id="searchInput" placeholder="搜索……">
<ul id="itemList">
   <li>苹果</li>
   <li>香蕉</li>
   <li>橙子</li>
   <li>西瓜</li>
   <li>葡萄</li>
</ul>
```

（3）在引入 jQuery 库的代码下方编写 jQuery 代码，使用 jQuery 选择器和事件处理函数实现下拉列表效果。具体代码如下：

```
<script type="text/javascript">
$(document).ready(function() {
   var searchInput = $("#searchInput");
   var itemList = $("#itemList");

   searchInput.on("input", function() {
      var searchText = $(this).val().toLowerCase();

      itemList.find("li").each(function() {
         var itemText = $(this).text().toLowerCase();
```

```
            if (itemText.includes(searchText)) {
                $(this).show();
            } else {
                $(this).hide();
            }
        });
    });
});
</script>
```

在上述代码中，通过 JQuery 选择器选取输入框和列表项，并使用输入事件处理函数绑定动态搜索过滤的逻辑。当输入框的值发生变化时，获取输入框中的文本，并将其转换为小写字母，然后遍历列表中的每个列表项，将列表项的文本也转换为小写字母。使用.includes()方法判断列表项的文本是否包含输入框中的文本，如果包含则显示该列表项，否则隐藏该列表项。

10.4 小结

（1）在定义 jQuery 变量时，应添加一个$符号在变量前。

（2）有需要的时候可以在 jQuery 代码中使用原生的 JavaScript，这样能获得更好的性能。

（3）经常标准化 jQuery 代码，可以查询哪些部分执行得比较慢，然后替换它。可以使用 Firebug 控制台，也可以使用 jQuery 的快捷函数使测试变得更容易。

（4）如果使用版本比较新的 jQuery 类库，可使用.on()方法，其他任何方法都是最终使用.on()来实现的。

（5）在 jQuery 中执行速度最快的选择器是 ID 选择器，因为它直接来自 JavaScript 的 getElementById()方法。

（6）在 jQuery 中执行速度第二快的选择器是 tag 选择器[例如$('head')]，因为它直接来自原生的 JavaScript 方法 getElementsByTagName()。

（7）可以扩展 jQuery 的$.expr[':']对象，编写适合自己的选择器。

（8）在 jQuery 中，使用内部函数 data()存储信息性能更好。

（9）通过为 HTML 块添加名为“JS”的 class，可以启用 JavaScript，而只有当 JavaScript 启用时，才可以将整个 HTML 内容隐藏，用 jQuery 来实现指定的功能（例如，收起某些面板或当用户单击它们时展开）。

（10）通过将 jQuery 函数绑定到$(window).load 事件的方法，可以降低页面载入时的 CPU 使用率，它会在所有的 HTML（包括 IFrame）载入完成后执行。

（11）养成将 jQuery 对象缓存到变量中的习惯。

（12）在 jQuery 中应该对直接的 DOM 操作进行限制，遇到这种情况时，可以首先在内存中创建需要的内容，然后更新 DOM，因为直接的 DOM 操作速度很慢。

10.5 习题

简答题

（1）如何实现 jQuery 延时加载功能？

（2）如何实现移除单词功能？

（3）如何验证元素是否在 jQuery 对象集合中？

（4）jQuery 中执行速度最快的选择器是哪种？

（5）简述$(document).ready 和$(window).load 的区别。

（6）如何缓存 jQuery 对象？
（7）列举 3 种常用的 JavaScript 压缩工具。
（8）如何使用 jQuery 实现图片的预加载？
（9）如何检测浏览器是否为 IE 10？
（10）如何切换 id 属性与 class 属性？
（11）描述 jQuery 版本冲突的解决方案。

第11单元 jQuery在HTML5中的应用

11

情景引入

HTML5是现在主流的网页开发语言，可用来快速开发网站功能，比如在京东App里可以嵌入HTML5页面来实现一些秒杀活动或者限时优惠活动。HTML5既方便开发，又方便快速修改、快速上线。在HTML5页面中设计一些交互效果，可以通过jQuery来实现，比如显示文件上传的进度条、绘图、图片旋转、播放音频等。本单元将介绍HTML5基础以及jQuery在HTML5中的应用，方便读者以后进行HTML5快速开发。

学习目标

知识目标

1. 了解HTML5的新特性。
2. 了解浏览器对HTML5的支持。
3. 掌握jQuery与HTML5编程的常用功能。

能力目标

1. 能够熟练使用HTML5。
2. 能够熟练使用jQuery与HTML5进行编程。

素质目标

增强对现代技术趋势的敏感性与适应力，掌握HTML5与jQuery的协同应用，综合运用所学设计现代化网页，培养创新能力与团队项目合作精神。

思维导图

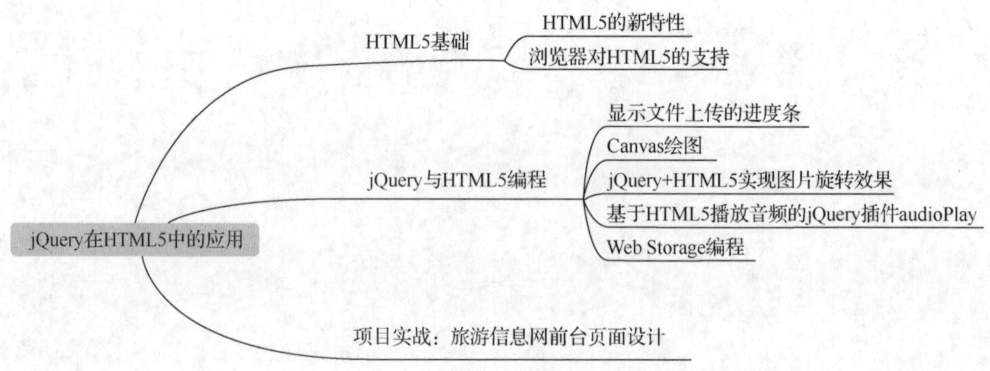

11.1 HTML5 基础

HTML5 基础

HTML 的历史可以追溯到很久以前，1993 年 HTML 首次以因特网草案的形式发布。20 世纪 90 年代的人们见证了 HTML 的快速发展，从 2.0 版本到 3.2 版本和 4.0 版本，再到 1999 年的 4.01 版本，一直到现在正逐步普及的 HTML5。随着 HTML 的发展，W3C 掌握了对 HTML 规范的控制权。

在快速发布了 HTML 的前 4 个版本之后，业界普遍认为 HTML 已经“无路可走”了。关于 Web 标准的焦点也开始转移到 XML 和 XHTML，HTML 被放在次要位置。不过在此期间，HTML 体现出了顽强的生命力，主要的网站内容还是基于 HTML 的，但为了能支持新的 Web 应用，同时克服现有的缺点，HTML 迫切需要添加新特性、制定新规范。

致力于将 Web 平台提升到一个新的高度，相关人士在 2004 年成立了 WHATWG（Web Hypertext Application Technology Working Group，Web 超文本应用技术工作组），他们创立了 HTML5，同时开始专门针对 Web 应用开发新特性——这被 WHATWG 认为是 HTML 中最薄弱的环节。Web 2.0 这个新词也是在那个时候被创造的。Web 2.0 名副其实，开创了 Web 的第 2 个时代，旧的静态网站逐渐让位于需要更多特性的动态网站和社交网站——这其中的新特性数不胜数。

2006 年，W3C 重新介入 HTML，并于 2008 年发布了 HTML5 的工作草案。2009 年，XHTML2 工作组停止工作。又过了一年，因为 HTML5 能解决非常实际的问题，所以在 HTML5 规范还没有具体确定的情况下，各大浏览器厂家就已经按捺不住了，开始对旗下产品进行升级以支持 HTML5 的新特性。得益于浏览器的实验性反馈，HTML5 规范也得到了持续的完善，HTML5 以这种方式迅速融入了对 Web 平台的实质性改进中。

11.1.1 HTML5 的新特性

HTML5 是基于各种各样的理念进行设计的，这些设计理念体现了人们对可能性和可行性的新认识。下面我们就对 HTML5 的新特性进行介绍。

1. 兼容性

虽然到了“HTML5 时代”，但是并不代表现在用 HTML4 创建出来的网站必须要全部重建。HTML5 并不是颠覆性的革新。实际上，HTML5 的一个核心理念就是保持一切新特性的平滑过渡。

尽管 HTML5 的一些新特性非常具有革命性，但是 HTML5 旨在进化而非革命。这一点正是通过兼容性体现出来的。正是因为 HTML5 保障了兼容性，人们才能毫不犹豫地选择它开发网站。

2. 用户优先和实用性

HTML5 是基于用户优先准则编写的，其主要宗旨是“用户即上帝”，这意味着在遇到无法解决的冲突时，HTML5 会把用户放在第一位，其次是页面的作者，再次是实现者（或浏览器），之后是 HTML5 制定者，最后才考虑理论的纯粹实现。因此，HTML5 的绝大部分特性是实用的，只是有些情况下还不够完美。实用性要求能够解决实际问题。HTML5 内只封装了切实有用的功能，不封装复杂而没有实际意义的功能。

3. 化繁为简

HTML5 要的就是简单、避免不必要的复杂性。HTML5 的口号是“简单至上，尽可能简化”。因此，HTML5 做了以下改进。

- 以浏览器原生能力替代复杂的 JavaScript 代码。
- 新的简化的 DOCTYPE。
- 新的简化的字符集声明。

- 简单而强大的HTML5 API。

4. 语义化标记

HTML5引入了一些新的语义化标记，如<header>、<footer>、<nav>、<section>、<article>等，使页面的结构更加清晰明了，更有利于SEO（Search Engine Optimization，搜索引擎优化）。这些语义化标记不仅提高了代码的可读性，也使搜索引擎更容易理解网页内容，并为用户提供更好的访问体验。

5. 视频和音频

HTML5 支持在网页中直接播放视频和音频，而不需要使用 Flash 等第三方插件。通过使用<video>和<audio>标记，开发人员可以轻松地添加视频和音频元素到网页中。同时，HTML5还提供了一些 API，如 Media Source Extensions（媒体源扩展，MSE）和 Encrypted Media Extensions（加密媒体扩展，EME），使开发人员能够更加灵活地控制视频和音频的播放和加密。

6. Canvas 绘图

HTML5的<canvas>元素可以用来绘制各种图形，包括动画、游戏、数据可视化等。通过使用JavaScript，开发人员可以利用<canvas>元素绘制图形、文本和图片等，实现各种复杂的效果。同时，HTML5还提供了一些API，如WebGL和Web Audio API，使开发人员能够更加灵活地控制图形和音效。

7. 表单控件

HTML5 为表单控件带来了很多新特性，如日期选择器、搜索框、数字输入框、范围选择器、颜色选择器等，使表单更加易用。这些新控件提高了用户输入的效率和精度，同时为开发人员提供了更多的表单设计选项。

8. 本地存储

HTML5引入了localStorage和sessionStorage两种本地存储方式，可以让网页在浏览器本地存储数据，避免了传统 Cookie 存储方式的一些限制。这些新的本地存储方式提供了更多的存储空间和更高的安全性，同时使网页可以在用户离线的情况下继续工作。

9. Web Workers

HTML5的Web Workers可以让JavaScript代码在后台运行，避免了页面卡顿的问题。通过使用 Web Workers，开发人员可以将一些耗时的任务（如计算、数据处理和网络请求）交给后台线程处理，从而提高了网页的响应速度、优化了用户体验。

10. 地理位置 API

HTML5 的地理位置 API 可以获取用户的地理位置信息，可以用于 LBS（Location-Based Service，基于位置的服务）应用等。通过使用Geolocation API，开发人员可以获取用户的经纬度信息，从而实现各种与位置相关的应用，如地图、定位导航、社交网络等。这些应用可以为用户提供更加个性化和便捷的服务。

11. Web Storage

HTML5 的 Web Storage 可以让开发人员在客户端存储数据，比如在用户本地存储一些临时数据，而无须发送网络请求。Web Storage可以通过localStorage和sessionStorage两种本地存储方式实现，提高了网页的响应速度、优化了用户体验。

12. WebSocket

HTML5的WebSocket可以实现双向实时通信。与传统的AJAX方式相比，WebSocket具有更高的效率和更低的延迟。WebSocket 可以让开发人员在网页中创建 WebSocket 对象，从而实现客户端和服务器之间的实时通信，适用于在线聊天、游戏等需要实时数据交互的应用。

13. 多任务处理

HTML5 的多任务处理能力得到了大幅提升，可以在后台处理多个任务，而无须影响主线程的性能。多任务处理可以通过 Web Workers 实现，开发人员可以在后台线程处理一些复杂的计算、数据处理和网络请求等任务，从而提高网页的响应速度、优化用户体验。

14. 响应式设计

HTML5 支持响应式设计，可以根据用户的设备和屏幕大小，自动适应不同的布局和样式。响应式设计可以使网页在不同的设备和屏幕上都能够良好地显示和使用，优化了用户的访问体验和可用性。

总的来说，HTML5 的新特性和改进使开发人员可以更加灵活、高效地开发各种网页应用，同时为用户提供了更加优质的访问体验。

11.1.2 浏览器对 HTML5 的支持

目前绝大多数的主流浏览器都支持 HTML5，只是支持程度不同。要测试浏览器对 HTML5 的支持程度，只需要访问 html5test 网站即可。例如，使用 Google Chrome 68.0.3440.106 测试其对 HTML5 的支持程度，得分为 515 分（满分为 550 分），如图 11-1 所示。

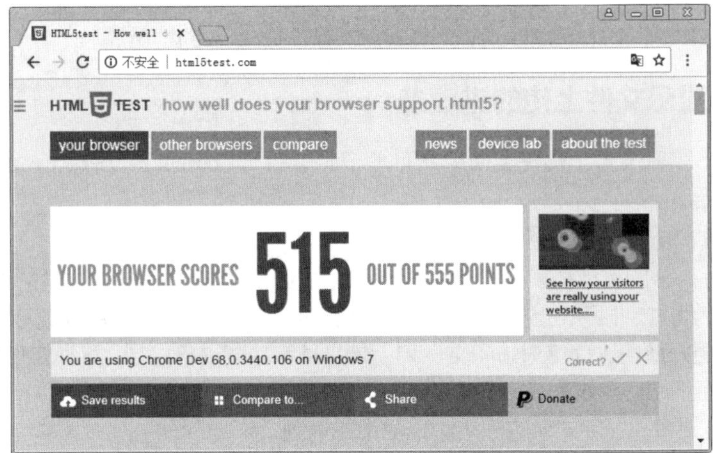

图 11-1 使用 Chrome 68.0.3440.106 测试其对 HTML5 的支持程度

使用国外厂商的主流浏览器进行测试的结果如表 11-1 所示。

表 11-1 国外厂商的主流浏览器对 HTML5 的支持程度

浏览器	版本	得分
Chrome	68	528
Opera（欧朋浏览器）	45	518
Firefox	59	491
Internet Explorer（IE 浏览器）	11	369
Internet Explorer（Edge 浏览器）	18	496
Safari（苹果浏览器）	11.2	477

从表 11-1 中可以看到，目前对 HTML5 支持程度最高的国外厂商主流浏览器是 Google 公司的 Chrome 浏览器。

使用国内厂商的主流浏览器进行测试的结果如表 11-2 所示。

表 11-2　国内厂商的主流浏览器对 HTML5 的支持程度

浏览器	版本	得分
傲游浏览器	5.2	518
猎豹安全浏览器	6.5	519
360 安全浏览器	9.1	507
百度浏览器	8.7	483
QQ 浏览器	10.2	302
搜狗高速浏览器	8.0	516

说明　**表 11-1 和表 11-2 中的测试结果是笔者使用各浏览器的当前最新版本测试出来的，该测试结果可能会随时变化；另外，随着 HTML5 的普及，相信各浏览器厂商会越来越重视浏览器对 HTML5 的支持。**

11.2 jQuery 与 HTML5 编程

jQuery 与 HTML5 编程

本节介绍在 jQuery 程序中调用 HTML5 的 API 来完成一些常见功能，在学习 jQuery 编程技术的同时，读者也可以直观地感受到 HTML5 的特色。

11.2.1 显示文件上传的进度条

使用 HTML5 实现文件上传需要使用 HTML File API 以及 XMLHttpRequest 对象，下面我们就来进行详细介绍。

1. HTML5 File API

HTML5 File API 的设计初衷是改善基于浏览器的 Web 应用程序处理文件的上传方式，使文件直接拖放上传成为可能。HTML5 File API 用于对文件进行操作，使程序员可以对选择文件的表单控件进行操作，更好地通过程序对访问文件和上传文件等功能进行控制。HTML5 File API 中定义了一组对象，包括 FileList 对象、File 对象等。

（1）FileList 对象：File 对象的一个类似数组的序列。

（2）File 对象：表示 FileList 数组中的一个单独的文件。File 对象的主要属性如下。

- name：返回文件名，不包含路径信息。
- lastModifiedDate：返回文件的最后修改日期。
- size：返回 File 对象的大小，单位是字节。
- type：返回 File 对象媒体类型的字符串。

在 JavaScript 中，获取 file 类型的<input>元素的 FileList 数组的方法如下：

```
document.getElementById("file 类型的<input>元素 id").files;
```

获取 FileList 数组中的 File 对象的方法如下：

```
document.getElementById("file 类型的<input>元素 id").files[index];
```

2. 向服务器端发送 FormData 对象

XMLHttpRequest 对象的 send()方法可以使用 FormData 对象模拟表单向服务器发送数据，语法如下：

```
xmlhttp.send(formData);
```

其中，创建 FormData 对象有如下两种方法。

（1）使用 new 关键字：

```
var formData = new FormData();
```

（2）调用表单对象的 getFormData()方法获取表单对象中的数据：

```
FormData = formElement.getFormData(document.getElementById("form_id"));
```

向 FormData 对象中添加数据可以使用 append()方法，语法如下：

```
formData.append(key,value);
```

例如：

```
formData.append("username","轻鸿");
formData.append("address","长春市");
```

在发送 FormData 对象之前也需要调用 open()方法设置发送数据的方式以及接收和处理数据的服务器端脚本，例如：

```
xmlhttp.open("POST","upfile.php");
```

【例 11-1】显示文件上传的进度条（实例位置：源码\第 11 单元\11-1）。

（1）创建 index.html 文件，构建上传文件的表单以及进度条。主要代码如下：

```
<h3>上传文件</h3>
<form enctype="multipart/form-data" id="form1" name="form1">
<p>请选择您要上传的文件</p>
<input type="file" name="upload_file" id="upload_file"/><br/>
<input type="button" name="btn" id="btn" value="上传" />
</form>
<progress id="progress" value="0" max="100"></progress>
<div id="pro_div"></div>
```

（2）给按钮添加 click 事件，创建 FormData 对象并将文件数据添加至其中，创建 XMLHttpRequest 对象向服务器端发送 FormData 对象，实现无刷新上传，并在<progress>元素中显示上传进度。代码如下：

```
    $(document).ready(function(){
            $("#btn").on("click",function(){
                    var formdata = new FormData();       // 创建 FormData 对象
    // 向 FormData 对象中添加数据
        formdata.append("upload_file",document.getElementById("upload_file").
files[0]);
                var xmlhttp;
                if(window.XMLHttpRequest){
                    xmlhttp = new XMLHttpRequest();
                }else{
                    xmlhttp = new ActiveXObject("Microsoft.XMLHTTP");
                }
                // 为<progress>元素添加监听事件
                xmlhttp.upload.addEventListener("progress",function(event){
                    if(event.lengthComputable){
                        var percentComplete = Math.round(event.loaded * 100 /
event.total);
                        document.getElementById("pro_div").innerHTML =
percentComplete. toString()+"%";
                                        // 显示上传进度
                        document.getElementById("progress").value =
percentComplete;
                    }
                },false);
                xmlhttp.addEventListener("load",function(event){
                    document.write(event.target.responseText);
                },false);
                xmlhttp.addEventListener("error",function(event){
                    alert("上传出现错误！");
                },false);
                xmlhttp.addEventListener("abort",function(event){
                    alert("取消上传！");
                },false);
                xmlhttp.open("POST","upfile.php");
```

```
                xmlhttp.send(formdata);
            })
        })
```

（3）编写处理上传文件的服务器端脚本 upfile.php 文件，首先定义上传文件路径，然后进行判断，如果指定上传目录存在，进行上传操作；如果上传文件成功，返回文件路径、文件名称、文件类型、文件大小以及临时文件组成的字符串。内容如下：

```
    <?php
        $dir = getcwd()."\\upload\\";                    // 定义上传目录
        $path = $dir.$_FILES["upload_file"]["name"];        // 定义上传文件路径
        if(!is_dir($dir)){                              // 如果指定上传目录不存在
              mkdir($dir);                              // 创建指定上传目录
        }
        if(file_exists($_FILES["upload_file"]["tmp_name"])){
                move_uploaded_file($_FILES["upload_file"]["tmp_name"],$path);
// 上传文件
                echo "文件为：".$path."<br/>";                    // 文件路径
                echo "文件名称：".$_FILES["upload_file"]["name"]."<br/>";   // 文件名称
                echo "文件类型：".$_FILES["upload_file"]["type"]."<br/>";   // 文件类型
                echo "文件大小：".$_FILES["upload_file"]["size"]."<br/>";   // 文件大小
                echo "临时文件为：".$_FILES["upload_file"]["tmp_name"]."<br/>";
// 临时文件
        }else{
                echo "上传失败！";
        }
    ?>
```

如图 11-2 所示，首先选择要上传的文件，然后单击“上传”按钮，可以看到图 11-3 所示的进度条，文件上传完毕后会出现图 11-4 所示的上传文件信息。

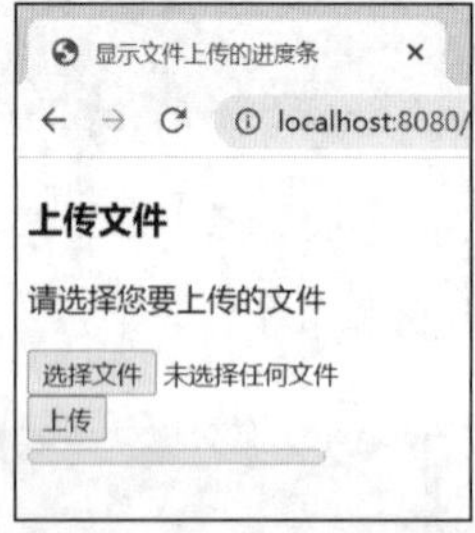

图 11-2　选择上传文件

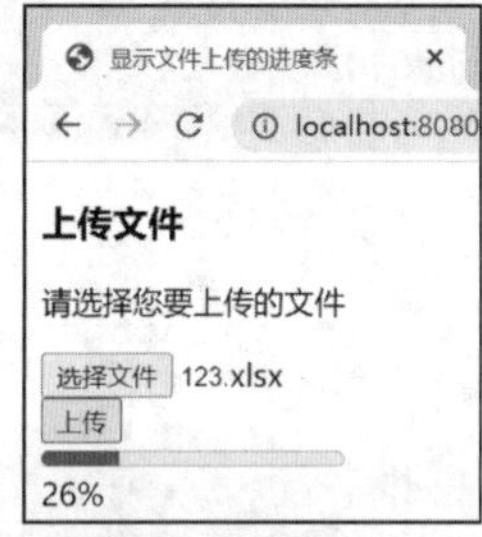

图 11-3　显示进度条

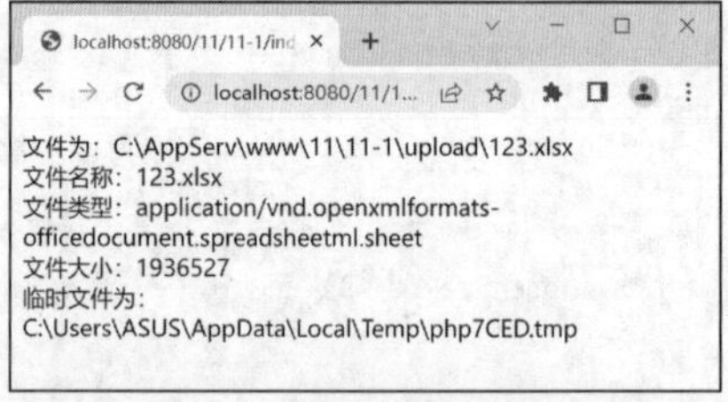

图 11-4　显示上传文件信息

注意　**（1）上传文件时一定要设置 enctype="multipart/form-data"，这是使用表单上传文件的固定编码格式，如果不设置此项，则服务器端不能获取文件信息。**

（2）如果客户端和服务器端网速很快，很难看到进度信息。因此，为了清楚地看到上传过程的进度信息，建议选择一个较大的文件上传。但是在 PHP 中，上传较大文件需要设置 PHP 的配置文件 php.ini 的 upload_max_filesize 项，将其设置得足够大，否则文件会上传失败。

11.2.2 Canvas 绘图

<canvas>元素是 HTML5 中新增的一个重要元素，专门用来绘制图形。在页面中放置一个<canvas>元素，就相当于在页面中放置了一块“画布”，可以在其上进行图形的绘制。

但是，在<canvas>元素上绘图，并不是指用鼠标来绘图。在网页中使用<canvas>元素时，它会创建一块矩形区域。默认情况下该矩形区域宽为 300px，高为 150px，用户可以自定义具体的大小或者设置<canvas>元素的其他特性。在页面中加入了<canvas>元素后，便可以通过 JavaScript 来自由地控制它，可以在其中添加图片、线条以及文字，也可以在其中进行绘图设置，还可以加入高级动画。可放在 HTML 页面中最基本的<canvas>元素代码如下所示：

```
<canvas id="xxx" height="xx" width="xx"></canvas>
```

<canvas>元素的常用属性如下。

- id：<canvas>元素的标识。
- height：Canvas 画布的高度，单位为 px。
- width：Canvas 画布的宽度，单位为 px。

<canvas></canvas>之间的字符串指定当前浏览器不支持<canvas>元素时显示的字符。

说明 **IE 9 以后的版本、Firefox、Opera、Chrome 和 Safari 支持<canvas>元素。IE 8 及以前的版本不支持<canvas>元素。**

下面我们来介绍 jCanvas 插件的应用。jCanvas 插件封装了 Canvas API，使 Canvas 绘图变得更加简单。jCanvas 插件的脚本文件为 jcanvas.min.js。jCanvas 插件中的主要绘图方法如表 11-3 所示。

表 11-3 jCanvas 插件中的主要绘图方法

绘图方法	说明
drawArc({ strokeStyle:边框颜色,strokeWidth:边框宽度,x:圆弧圆心的横坐标,y:圆弧圆心的纵坐标,radius:圆弧半径,start:圆弧的起始角度,end:圆弧的结束角度 })	绘制圆弧
drawEllipse({ fillStyle:填充颜色,x:圆心的横坐标,y:圆心的纵坐标,width:宽度,height:高度 })	绘制椭圆
drawRect({ fillStyle:填充颜色,x:矩形左上角的横坐标,y:矩形左上角的纵坐标,width:宽度,height:高度，fromCenter:是否从中心绘制 })	绘制矩形
drawLine({ fillStyle:填充颜色,x1:端点 1 的横坐标,y1:端点 1 的纵坐标,x2:端点 2 的横坐标,y2:端点 2 的纵坐标,x3:端点 3 的横坐标,y3:端点 3 的纵坐标,x4:端点 4 的横坐标,y4:端点 4 的纵坐标,strokeWidth:边框宽度 })	绘制直线
drawText({ fillStyle:填充颜色,strokeStyle:边框颜色,strokeWidth:边框宽度,x:横坐标,y:纵坐标,font:字体,text:文本字符串 })	绘制文本

续表

绘图方法	说明
drawImage({ source:图片文件名,x:横坐标,y:纵坐标,width:宽度,height:高度,scale:缩放比例,fromCenter:是否从中心绘制 })	绘制图片

Canvas 绘图采用 HTML 颜色表示法，可以使用如下 4 种方式表示颜色。

1. 颜色关键字

可以使用颜色关键字表示颜色，例如 red 表示红色、blue 表示蓝色、green 表示绿色等。

2. 十六进制字符串

可以使用十六进制字符串表示颜色，格式为#RGB。其中，R 表示红色集合，G 表示绿色集合，B 表示蓝色集合。例如，#FFF 表示白色，#000 表示黑色。

3. RGB 颜色值

也可以使用 RGB 颜色值即 rgb(r,g,b)格式表示颜色。其中，r 表示红色集合，g 表示绿色集合，b 表示蓝色集合。r、g、b 都是十进制数，取值范围为 0～255。常用颜色的 RGB 表示如表 11-4 所示。

表 11-4　常用颜色的 RGB 表示

颜色	红色值	绿色值	蓝色值	RGB 表示
黑色	0	0	0	rgb(0,0,0)
蓝色	0	0	255	rgb(0,0,255)
红色	255	0	0	rgb(255,0,0)
绿色	0	255	0	rgb(0,255,0)
黄色	255	255	0	rgb(255,255,0)
白色	255	255	255	rgb(255,255,255)

4. RGBA 颜色值

也可以使用 RGBA 颜色值即 rgba()方法表示透明颜色，格式如下：

```
rgba(r,g,b,a,alpha)
```

其中 r 表示红色集合，g 表示绿色集合，b 表示蓝色集合。r、g、b 都是十进制数，取值范围为 0～255。alpha 的取值范围为 0～1，用来设置透明度，0 表示完全透明，1 表示不透明。

【例 11-2】使用 jCanvas 插件绘制一个浅蓝色的正方形（实例位置：源码\第 11 单元\11-2）。

（1）创建 index.html 文件，引入 jQuery 文件和 jCanvas 插件文件。代码如下：

```
<script type="text/javascript" src="../js/jquery-3.6.4.min.js"></script>
<script type="text/javascript" src="../js/jcanvas.min.js"></script>
```

（2）在页面中添加<canvas>元素，具体代码如下：

```
<canvas width="300" height="200"></canvas>
```

（3）编写 jQuery 代码，使用 jCanvas 插件的 drawRect()方法实现绘制一个浅蓝色的正方形。具体代码如下：

```
$(function(){
    $("canvas").drawRect({
        fillStyle:"lightblue",
        x:150,y:80,
        width:100,
```

```
            height:100
        })
    })
```

运行本实例，效果如图 11-5 所示。

图 11-5　绘制一个浅蓝色的正方形

11.2.3　jQuery+HTML5 实现图片旋转效果

在 HTML4 中要实现图片旋转效果需要编写大量的代码；而在 HTML5 中，只需要在页面中创建新增的<canvas>元素，通过导入 jQuery 库调用该元素加载图片的方法就可以轻松实现图片旋转效果。本小节我们将详细讲解这一功能。

【例 11-3】实现图片旋转效果（实例位置：源码\第 11 单元\11-3）。

（1）创建 index.html 文件，引入 jQuery 文件和 jquery.rotate.js 文件。代码如下：

```
<script type="text/javascript" src="../js/jquery-3.6.4.min.js"></script>
<script type="text/javascript" src="../js/jquery.rotate.js"></script>
```

（2）在页面中添加待旋转图片的<img>元素，并添加一个<ul>元素，通过单击<ul>元素下的<li>元素实现各种形式的图片旋转。具体代码如下：

```
<div id="imgdiv">
<div id="rimg">
    <img src="images/1_02.jpg" id="bimg"/>
</div>
<ul>
    <li>顺时针旋转 90 度</li>
    <li>逆时针旋转 90 度</li>
    <li>旋转 180 度</li>
    <li>旋转 270 度</li>
</ul>
</div>
```

（3）编写 CSS 样式，详细请参见源码。

（4）编写 jQuery 代码，分别实现让图片顺时针旋转 90°、逆时针旋转 90°、旋转 180° 和旋转 270°。具体代码如下：

```
$(document).ready(function(){
        $("#imgdiv ul li").each(function(i){      // 遍历<ul>元素下的<li>元素
            $(this).on("click",function(){      // 绑定 click 事件
                switch(i){
                    case 0:                     // 第 1 个<li>元素
                    $("#bimg").rotate(90);// 将 id 属性值为 bimg 的元素顺时
针旋转 90°
                    break;
                    case 1:                         // 第 2 个<li>元素
                    $("#bimg").rotate(-90);     // 将 id 属性值为 bimg 的元
```

```
素逆时针旋转 90°
                                        break;
                                        case 2:                          // 第 3 个<li>元素
                                        $("#bimg").rotate(180);          // 将 id 属性值为 bimg 的元
素旋转 180°
                                        break;
                                        case 3:                          // 第 4 个<li>元素
                                        $("#bimg").rotate(270);          // 将 id 属性值为 bimg 的元
素旋转 270°
                                        break;
                                        }
                        })
                })
        })
```

（5）其中第（4）步中使用的 rotate()方法来源于 jquery.rotate.js 文件，它通过接收用户传入的旋转角度值，在页面中动态创建一个<canvas>元素，并将页面中的图片旋转指定角度，加载至<canvas>元素中。该文件的具体内容请参见源码。

如图 11-6 所示，首先单击“逆时针旋转 90°”，效果如图 11-7 所示；然后单击“旋转 270°”，效果如图 11-8 所示。

图 11-6　原始图片

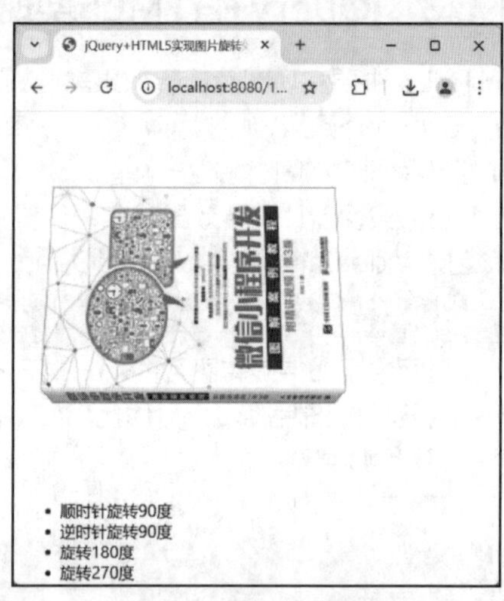

图 11-7　逆时针旋转 90°

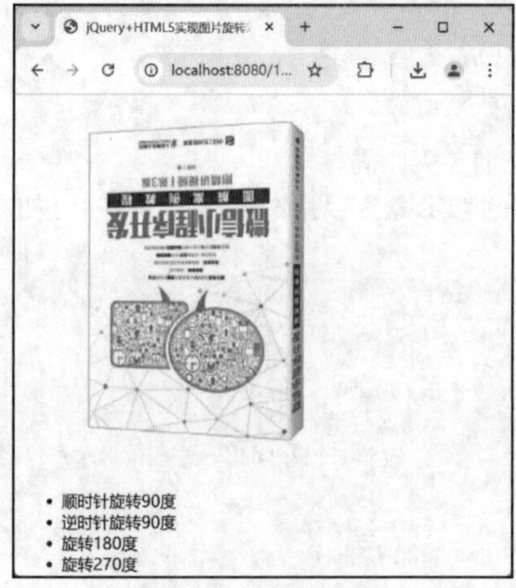

图 11-8　旋转 270°

11.2.4 基于 HTML5 播放音频的 jQuery 插件 audioPlay

在 HTML5 出现以前，要在网页中播放多媒体是需要借助 Flash 插件的，因此浏览器需要安装 Flash 插件。HTML5 提供了新的标记<audio>，可以很方便地在网页中播放音频，而不需要安装 Flash 插件。本小节介绍一个基于 HTML5 播放音频的 jQuery 插件 audioPlay，使用它可以非常方便地在网页中播放音频。

可以使用 audioPlay 插件的 audioPlay()方法实现在鼠标指针经过一个 HTML 元素时自动播放指定的音频，该音频文件可以是.mp3 文件或者.ogg 文件。audioPlay()方法的具体参数以及相关说明参见表 11-5。

表 11-5 audioPlay()方法的具体参数以及相关说明

参数	默认值	说明
name	"audioPlay"	字符串，用来分组，用于在页面中同时播放多组元素时
urlMp3	""	字符串，必选参数，MP3 格式的音频文件地址
urlOgg	""	字符串，必选参数，OGG 格式的音频文件地址
Clone	""	布尔型，设置同一组元素是否播放同一个声源

【例 11-4】使用 audioPlay 插件播放菜单的背景音乐（实例位置：源码\第 11 单元\11-4）。

（1）创建 index.html 文件，引入 jQuery 文件和 jquery-audioPlay.js 文件。代码如下：

```
<script type="text/javascript" src="../js/jquery-3.6.4.min.js"></script>
<script type="text/javascript" src="../js/jquery-audioPlay.js"></script>
```

（2）在页面中制作导航菜单，具体代码如下：

```
<div id="top"></div>
<dl>
      <dt>员工管理</dt>
      <dd>
          <div class="item">添加员工信息</div>
          <div class="item">管理员工信息</div>
      </dd>
      <dt>招聘管理</dt>
      <dd>
          <div class="item">浏览应聘信息</div>
          <div class="item">添加应聘信息</div>
          <div class="item">浏览人才库</div>
      </dd>
      <dt class="title"><a href="#">退出系统</a></dt>
</dl>
<div id="bottom"></div>
```

（3）编写 CSS 样式，详细请参见源码。

（4）编写 jQuery 代码，使鼠标指针经过子菜单时播放指定的音频文件。具体代码如下：

```
$(document).ready(function(){
    $("dd").audioPlay({
           name:"playOnce",
           urlMp3:"media/test.mp3",
           urlOgg:"media/test.ogg",
           clone:true
    })
})
```

运行本实例，当鼠标指针经过子菜单时，可以听到播放的背景音乐。页面运行效果如图 11-9 所示。

图 11-9　使用 audioPlay 插件播放菜单的背景音乐

11.2.5 Web Storage 编程

随着 Web 应用的发展，客户端存储的使用也越来越广泛，而实现客户端存储的方式是多种多样的。最简单且兼容性最佳的方式是 Cookies，但是作为真正的客户端存储，Cookies 还是有以下不足。

- 大小：Cookies 的大小被限制在 4KB。
- 带宽：Cookies 是随 HTTP 事务一起发送的，因此会浪费一部分发送 Cookies 时使用的带宽。
- 复杂性：Cookies 操作起来比较麻烦，所有的信息要被整合到一个长字符串里面。
- 对于 Cookies 来说，在相同的站点与多事务处理保持联系并不容易。

在这种情况下，HTML5 提供了一种在客户端本地存储数据的功能，它就是 Web Storage 功能。

Web Storage 功能，顾名思义就是在 Web 上存储数据的功能，而这里的存储是针对客户端本地而言的。它包含两种不同的存储方式：sessionStorage 和 localStorage。不管是 sessionStorage 还是 localStorage，它们都支持在同域下存储 5MB 数据，这相比 Cookies 有着明显的优势。

1. sessionStorage

将数据存储在 session 对象中。所谓 session 是指用户在浏览某个网站时，从进入网站到浏览器关闭所经过的这段时间，也就是用户浏览这个网站所花费的时间。session 对象可以用来存储在这段时间内所要求存储的任何数据。

2. localStorage

将数据存储在客户端本地的硬件设备中，即使浏览器被关闭了，该数据仍然存在，下次打开浏览器访问网站时仍然可以继续使用。

这两种不同的存储方式的区别在于，sessionStorage 为临时存储，而 localStorage 为永久存储。

下面讲解如何使用 Web Storage 的 API。目前 Web Storage 的 API 如下。

- length：获得当前 Web Storage 中的数据长度。
- key(n)：返回 Web Storage 中的第 n 个存储条目。
- getItem(key)：返回指定 key 的存储内容，如果不存在则返回 null。注意，返回的类型是字符串类型。

- setItem(key, value)：设置指定 key 的存储内容的值为 value。
- removeItem(key)：根据指定的 key，删除键名为 key 的存储内容。
- clear：清空 Web Storage 的内容。

可以看到，Web Storage API 的操作实际上是对键值对（key/value）进行的操作。下面是一些相关的应用。

- 数据的存储与获取。

在 localStorage 中设置键值对数据可以使用 setItem()，代码如下所示：

```
localStorage.setItem("key", "value);
```

获取数据可以使用 getItem()，代码如下所示：

```
var val = localStorage.getItem("key");
```

当然也可以直接使用 localStorage 的 key 方法，而不使用 setItem()和 getItem()方法，代码如下：

```
localStorage.key = "value";
var val = localStorage.key;
```

HTML5 存储是基于键值对的形式存储的，每个键值对称为一个项（Item）。

通过指定的键名来存储和检索数据，键名的类型是字符串类型。值可以是字符串、布尔型、整型，或者浮点型在内的任意 JavaScript 支持的类型。但是最终数据是以字符串类型存储的。

调用结果是将字符串 value 存储到 sessionStorage 中，这些数据随后可以通过 key 获取。调用 setItem()时，如果指定的 key 已经存在，那么新传入的数据会覆盖原先的数据。调用 getItem()时，如果传入的 key 不存在，那么会返回 null，而不会抛出异常。

- 数据的删除与清空。

removeItem()用于从 Storage 列表中删除数据，代码如下：

```
var val = localStorage.removeItem(key);
```

也可以通过传入指定项的 key 删除对应的存储数据，代码如下：

```
var val = localStorage.removeItem(1);
```

说 明　数字 1 会被转换为字符串类型，因为 key 的类型就是字符串。

clear()方法用于清空整个列表的所有数据，代码如下：

```
localStorage.clear();
```

注意　removeItem()可以删除给定的 key 所对应的项，如果 key 不存在则“什么都不做”；clear()会清除所有的项，如果列表本来就是空的就“什么都不做”。

【例 11-5】使用 localStorage 存储留言内容（实例位置：源码\第 11 单元\11-5）。

（1）创建 index.html 文件，引入 jQuery 文件。代码如下：

```
<script type="text/javascript" src="../js/jquery-3.6.4.min.js"></script>
```

（2）使用<table>元素制作留言页面，使表单中包含两个 type="text"的<input>元素和一个<textarea>元素，分别用于录入用户名、标题和内容。具体代码如下：

```
<h2 align="center"> HTML5 本地存储示例</h2>
table width="761" border="0" align="center" cellpadding="0" cellspacing="0"
bordercolor= "#FEFEFE" bgcolor="#FFFFFF">
  <form action=""  method="post" name="form1" id="form1">
    <tr>
      <td width="761" align="center" bgcolor="#F9F8EF"><table width="749"
border="0" align="center" cellpadding="0" cellspacing="0" style="BORDER-COLLAPSE:
collapse">
        <tr>
```

```
            <td width="749" height="57" background="images/a_03.jpg"> 
 </td>
          </tr>
          <tr>
            <td height="36" colspan="3" align="left" background="images/a_05.jpg"
bgcolor= "#F9F8EF" scope="col">        用户名:
              <input  name="username" id="username" value="" maxlength="64"
type="text" />
                  </td>
          </tr>
          <tr>
            <td height="36" colspan="3" align="left" background="images/a_05.jpg"
bgcolor= "#F9F8EF">        标  题:
              <input maxlength="64" size="30" name="title" id="title" type="text"/>
                   </td>
          </tr>
          <tr>
            <td height="126" colspan="3" align="left" background="images/a_05.jpg"
bgcolor="#F9F8EF">          内  容:
              <textarea name="content" cols="60" rows="8" id="content"
style="background: url(./images/ mrbccd.gif)"></textarea>

                      <table width="734" border="0" align="center" cellpadding="0"
cellspacing ="0">
              <tr>
                <td  width="703"  height="40"  align="center"><input  name="button"
type= "button" id="button" value="填写留言"/>
              </tr>
          </table>
                       </td>
          </tr>
          <tr>
            <td height="35" background="images/a_07.jpg">  </td>
          </tr>
        </table>
        </td>
      </tr>
      </form>
   </table>
```

（3）编写CSS样式。

（4）编写jQuery代码，当文本框和文本域的内容变化时触发change事件，将文本框和文本域的值写入localStorage中，加载页面时判断localStorage是否存在，如果存在，则读取localStorage中的数据并显示在文本框和文本域中。具体代码如下：

```
   $(document).ready(function(){
       $("input[type=text],textarea").change(function(){   // 当文本框和文本域内容
变化时
   // 将当前元素的值写入 key 为当前元素 name 值的 localStorage 中
           localStorage[$(this).attr("name")] = $(this).val();
       })
       if(localStorage){                        // 如果存在 localStorage
               if(localStorage.username){ // 如果 localStorage 中存在 username 的值
   // 将用户名的值设置为 localStorage 中 username 的值
                   $("#username").val(localStorage.username);
   }
               if(localStorage.title){   // 如果 localStorage 中存在 title 的值
   // 将标题的值设置为 localStorage 中 title 的值
                   $("#title").val(localStorage.title);
               }
               if(localStorage.content){ // 如果 localStorage 中存在 content 的值
```

```
// 将内容的值设置为 localStorage 中 content 的值
                $("#content").val(localStorage.content);
            }
        }
})
```

运行本实例，填写用户名、标题和内容，重新加载页面，可以看到之前填写的内容都被保存起来，页面运行效果如图 11-10 所示。

图 11-10　localStorage 存储

11.3　项目实战：旅游信息网前台页面设计

项目实战：旅游信息网前台页面设计

旅游信息网是介绍关于长春旅游信息的网站，该网站主要包括主页、自然风光页面、人文气息页面、美食页面、旅游景点页面、名校简介页面及留下足迹页面等。

11.3.1　网站预览

旅游信息网由多个页面构成，下面我们来看旅游信息网中主要页面的运行效果。

> **说 明**　**由于每个子页面中的 header 部分和 footer 部分都是相同的，所以在演示各个子页面时，主要演示其主体部分的运行效果。**

主页主要显示旅游信息网的介绍及相关图片，其运行效果如图 11-11 所示。

图 11-11　旅游信息网首页

自然风光页面主要介绍长春的一些自然风光，例如地理位置、气候等。

人文气息页面主要介绍长春的体育事业和科学教育事业。

美食页面主要介绍长春的一些特色美食。

旅游景点页面主要介绍长春的一些旅游景点。

名校简介页面主要介绍长春的知名高等院校。

留下足迹页面主要是添加了一张 GIF 格式的图片，并在其下方载入一个音频文件，当打开本页面时，音频会自动播放；另外，在该页面的右侧栏添加了一张留言的表单，访客可以在此留言。

11.3.2 网站主体结构设计

旅游信息网网站的主体结构如图 11-12 所示。

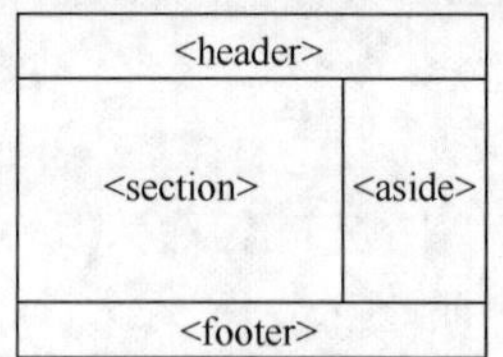

图 11-12 旅游信息网所有页面主体结构

这些网页中有几个主要的 HTML5 结构，分别是<header>元素、<aside>元素、<section>元素及<footer>元素。

11.3.3 HTML5 结构元素的使用

在设计旅游信息网前台页面时，主要用到了 HTML5 的一些主体结构元素，分别是<header>结构元素、<aside>结构元素、<section>结构元素和<footer>结构元素。在大型的网站中，一个网页通常都由这 4 个结构元素组成，下面我们分别进行介绍。

- <header>结构元素：通常用来显示网站的标题、企业或公司的 logo 图片、广告条（Flash 等形式）、网站导航条等。
- <aside>结构元素：通常用来显示与当前网页或整个网站相关的一些辅助信息。例如，在博客网站中，该结构元素可以用来显示博主的文章列表和浏览者的评论信息等；在购物网站中，可以用来显示商品清单、用户信息、用户购买历史等；在企业网站中，可以用来显示产品信息、企业联系方式、友情链接等。<aside>结构元素可以有很多种形式，其中最常见的形式是侧边栏。
- <section>结构元素：一个网页中要显示的主体内容通常被放置在<section>结构元素中，每个<section>结构元素都应该有一个标题来显示当前显示的主体内容的标题信息。每个<section>结构元素中通常还应该包括一个或多个<section>元素或<article>元素，用来显示网页主体内容中每一个相对独立的部分。
- <footer>结构元素：通常每一个网页中都具有<footer>结构元素，可以放置网站的版权声明和备案信息等，也可以放置企业的联系电话和传真等联系信息。

在没有加入任何实际内容之前，旅游信息网页面代码的基本结构如下：

```
<!DOCTYPE html>
<head>
  <title>我爱长春</title>
  <meta charset="utf-8">
  <link rel="stylesheet" href="css/reset.css" type="text/css" media="all">
  <link rel="stylesheet" href="css/grid.css" type="text/css" media="all">
  <link rel="stylesheet" href="css/style.css" type="text/css" media="all">
</head>
```

```
<body>
    <header></header>
    <section id="content">
    <article></article>
    </section>
    <aside></aside>
    <footer></footer>
</body>
</html>
```

说 明 

上面的代码中，页面开头使用了 HTML5 中的“<!DOCTYPE html>”语句来声明页面中将使用 HTML5。在<head>标记中，除了<meta>标记中使用了更简洁的编码指定方式之外，其他代码均与 HTML4 中<head>标记中的代码完全一致。在此页面中使用了很多结构元素来替代 HTML4 中的<div>元素，因为<div>元素没有任何语义性，而 HTML5 中推荐使用具有语义性的结构元素，这样做的好处就是可以让整个页面结构更加清晰，浏览器、屏幕阅读器以及其他阅读此代码的人也可以直接从这些元素上分析出页面中什么位置放置了什么内容。

11.3.4 网站公共部分设计

在本网站的页面中，有两个公共部分，分别是<header>元素中的内容和<footer>元素中的内容。这两个公共部分是本网站每个页面中都包含的内容，下面具体介绍这两个公共部分的主要内容。

1. 设计网站的<header>元素

<header>元素是一个具有引导和导航作用的元素，很多企业网站中都有一个非常重要的<header>元素，一般位于网页的开头，用来显示企业名称、企业 logo 图片、整个网站的导航条以及 Flash 形式的广告条等。

在本网站中<header>元素中的内容包括网站的 logo 图片、网站的导航条以及通过 jQuery 技术来循环显示的特色图片，同时还为这些图片添加了说明性关键字。<header>元素中的内容在浏览器中的显示结果如图 11-13 所示。

图 11-13　旅游信息网的<header>元素在浏览器中的显示

网站公共部分<header>元素的结构如图 11-14 所示。

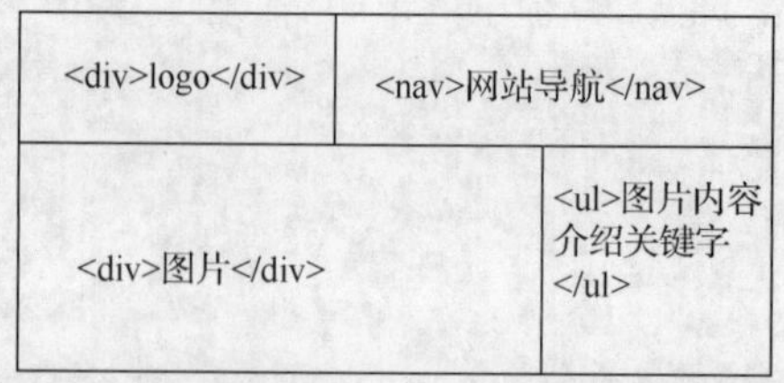

图 11-14　网站公共部分<header>元素的结构

说 明　**CSS 样式不是本单元讲解的重点，因此省略了 CSS 样式部分的代码，读者可参见源码。**

（1）<header>元素中显示网站名称及 logo 图片的代码分析。

在<div>元素中存放网站名称及 logo 图片，它们在浏览器中的页面显示如图 11-15 所示。

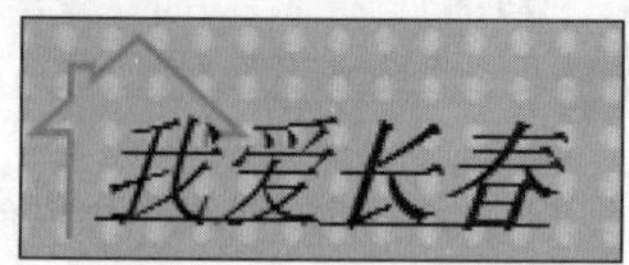

图 11-15　网站名称及 logo 图片在浏览器中的页面显示

<div>元素主要显示页面左边的 logo 图片，同时通过<h2>元素和</h2>元素显示网站名称“我爱长春”，并通过<strong>属性对“长春”两个字进行了加粗。其实现的代码如下：

```
<div class="logo">
    <h2>我爱<strong>长春</strong></h2>
</div>
```

（2）<header>元素中<nav>元素的代码分析。

<nav>元素是一个可以用作页面导航的连接组，其中的导航元素链接到其他页面或当前页面的其他部分。<nav>元素可以被放置在<header>元素中，作为整个网站的导航条来使用。<nav>元素中可以存放列表或导航地图，或其他任何可以放置一组超链接的元素。在本网站中，网站标题部分的<nav>元素中放置了一个导航地图，如图 11-16 所示。

主页　自然风光　人文气息　美食　旅游景点　名校简介　留下足迹

图 11-16　应用<nav>元素实现的网站的导航条

<header>元素中应用<nav>元素的代码如下：

```
<nav>
    <ul>
            <li><a href="index.html" class="current">主页</a></li>
            <li><a href="index-1.html">自然风光</a></li>
            <li><a href="index-2.html">人文气息</a></li>
            <li><a href="index-3.html">美食</a></li>
            <li><a href="index-4.html">旅游景点</a></li>
            <li><a href="index-5.html">名校简介</a></li>
            <li><a href="index-6.html">留下足迹</a></li>
    </ul>
</nav>
```

（3）<header>元素中显示宣传图片代码分析。

接下来我们来看在<header>元素中显示宣传图片，这些宣传图片被放置在<div>元素中，该元素中放置 3 张宣传图片，并通过 jQuery 技术循环播放这 3 张宣传图片；同时在宣传图片的右侧显示对应的说明性关键字，这些关键字在显示时是以列表形式显示的。宣传图片在浏览器中显示的结果如图 11-17 所示。

图 11-17　通过 jQuery 技术在<header>元素中实现宣传图片的循环播放

实现的主要代码如下：

```
<div class="rap">
    <a href="#"><img src="images/big-img1.jpg" alt="" width="571" height="398"></a>
    <a href="#"><img src="images/big-img2.jpg" alt="" width="571" height="398"></a>
    <a href="#"><img src="images/big-img3.jpg" alt="" width="571" height="398"></a>
</div>
<ul class="pagination">
    <li>
        <a href="#" rel="0">
            <img src="images/f_thumb1.png" alt="">
        <span class="left">
                北国风光<br />
                万里雪飘<br />
            </span>
            <span class="right">
                堆雪人<br />
                溜爬犁<br />
            </span>
            </a>
    </li>
    <li>
            <a href="#" rel="1">
                <img src="images/f_thumb2.png" alt="">
            <span class="left">
                净月潭<br />
                数千平方米<br />
                樟子松
            </span>
            <span class="right">
                夏避暑<br />
```

```
                秋赏叶<br />
                冬玩雪
            </span>
            </a>
    <li>
    <li>
        <a href="#" rel="2">
            <img src="images/f_thumb3.png" alt="">
         <span class="left">
                皇宫博物院<br />
                红色旅游<br />
                跑马场
         </span>
            <span class="right">
                中和门<br />
                同德殿<br />
                怀远楼
            </span>
            </a>
    </li>
</ul>
```

jQuery 代码如下：

```
$(function(){
    // faded slider
    $("#faded").faded({
        speed: 500,
        autoplay: 5000,
        autorestart: 3000,
        autopagination:false
    });
})
```

在本项目中实现图片切换使用的是 jQuery 的 faded 插件，其中 faded()方法中的 speed 参数用来设置从一张图片切换到另一张图片的速度；autoplay 参数用来设置自动播放，5000ms 切换一次图片，如果设置为 false 则只能手动切换图片；autopagination 参数用来设置是否自动添加分页标记。本项目中已经书写了分页样式，因此不需要该插件为本项目自动添加分页图标。faded()方法中的其他参数使用插件文件 jquery.faded.js 中的默认设置，具体设置为：

```
$.fn.faded.defaults = {
    speed: 300,
    crossfade: false,
    bigtarget: false,
    loading: false,
    autoheight: false,
    pagination: "pagination",
    autopagination: true,
    nextbtn: "next",
    prevbtn: "prev",
    loadingimg: false,
    autoplay: false,
    autorestart: false,
    random: false
};
```

2. 设计网站的<footer>元素

<footer>元素专门用来显示网站、网页或内容区块的脚注信息，在企业网站中的<footer>结构元素通常用来显示版权声明、备案信息、企业电话及网站制作单位等内容。

在本项目中，网站页面的<footer>元素在浏览器中的显示结果如图 11-18 所示。

图 11-18　通过<footer>元素实现显示版权声明、企业地址和企业电话

<footer>元素中的内容相对来说比较简单，它存放了两个<div>元素，其中第 1 个<div>元素仅用来将<footer>元素样式的类名设置为 container_16，第 2 个<div>元素中存放版权声明、企业地址、企业电话等。其实现的主要代码如下：

```
<footer>
    <div class="container_16">
    <div id="main">
            版权所有：<strong>深圳莫凡魔方有限公司</strong>   
        地址：深圳市马泰广场   
        电话：400-000-0000
        </div>
    </div>
</footer>
```

11.3.5　网站主页设计

在 11.3.4 小节中我们介绍了旅游信息网的公共部分，本小节我们将对如何使用 HTML5 结构元素设计网站主页进行详细讲解。

在 HTML5 网站中，每个网页所展示的主体内容通常都存放在<section>结构元素中，而且通常带有一个标题元素<header>。

在主页中，页面主体<section>元素中显示了长春的简介以及一些精美的图片，其结构相对来说比较简单，主要是通过<article>元素组成的。主页中<section>元素内容的代码如下：

```
<section id="mainContent" class="grid_10">
    <article>
        <h2>长春欢迎你</h2>
        <h3>长春，吉林省省会……中国特大城市之一。</h3>
        <h4>长春地处东北平原中央，是东北地区天然地理中心、东北亚几何中心、东北亚十字经
济走廊核心，总面积 20 604 平方千米。</h4>
        <p>新的长春……都注定了长春必定辉煌！</p>
        <a href="#" class="button">更多</a>
    </article>
    <article class="last">
         <h2>魅力长春</h2>
        <h5>     长春素有“汽车城”“电影城”“光电之城”“科技文化城”“大学之城”“森林城”
“雕塑城”的美誉，是中国汽车、电影、光学、生物制药、轨道客车等行业的发源地。</h5>
        <ul class="img-list clearfix">
            <li><a href="#"><img src="images/thumb1.jpg" alt=""></a></li>
                <li><a href="#"><img src="images/thumb2.jpg" alt=""></a></li>
                <li><a href="#"><img src="images/thumb3.jpg" alt=""></a></li>
                <li><a href="#"><img src="images/thumb4.jpg" alt=""></a></li>
                <li><a href="#"><img src="images/thumb5.jpg" alt=""></a></li>
                <li><a href="#"><img src="images/thumb6.jpg" alt=""></a></li>
                <li><a href="#"><img src="images/thumb7.jpg" alt=""></a></li>
                <li><a href="#"><img src="images/thumb8.jpg" alt=""></a></li>
                <li><a href="#"><img src="images/thumb9.jpg" alt=""></a></li>
       </ul>
       <a href="#" class="button">更多</a>
    </article>
</section>
```

第 1 个<article>元素显示了关于长春的介绍性文字，主要通过标题文字标记的使用，来达到文

字的层次效果。第 2 个<article>元素显示了关于长春的美誉，并通过列表的形式来显示图片，使页面显示效果更加美观。

11.3.6 留下足迹页面设计

在留下足迹页面中，除了添加了公共部分的<header>元素和<footer>元素外，还借助<section>元素和<aside>元素实现了播放音乐和添加留言的功能。下面我们就对如何设计并实现留下足迹页面进行详细讲解。

1. 播放音乐功能

留下足迹页面的主体内容相对来说比较简单，主要添加了一张 GIF 格式的图片。选择添加 GIF 格式的图片，是因为它可以“闪动”，从而为整个页面增加一些生机。在该图片的下方，通过<audio>标记加载了一段音频，并将其设置为自动播放。这样当进入这个页面的时候，不但可以看到美丽的画面，还可以听到一首好听的歌曲。当然，读者也可以通过设置背景音乐的形式达到以上效果。但是为了显示 HTML5 的强大功能，这里使用了<audio>标记来加载音频。当然更好的方法是直接通过<video>标记加载一段视频，这样整个页面的效果会更加绚丽。留下足迹页面中的播放音乐功能的效果如图 11-19 所示。

图 11-19　留下足迹页面中的播放音乐功能

播放音乐功能的实现代码如下：

```
<section id="mainContent" class="grid_10">
    <article>
        <h2>雪景</h2>
        <img src="images/7page-img1.gif" alt="" width= "600">
        <h2>听一首关于雪的歌曲</h2>
        <audio src="music/xr.mp3" controls="controls" autoplay="autoplay" ></audio>
      </article>
</section>
```

2. 添加留言功能

在留下足迹页面中，使用<aside>元素实现了添加留言功能，其运行效果如图 11-20 所示。

使用<aside>元素实现添加留言功能的主要代码如下：

```
<form action="" id="contacts-form">
    <label><span>姓名：</span><input type="text" /></ label>
    <label><span>E-mail：</span><input type="text" /></ label>
    <span>留言：</span><textarea></textarea></div>
    <a  href="#"  onclick="document.getElementById('contacts-form').submit()" 
class="button">提交</a>
    <a  href="#"  onclick="document.getElementById('contacts-form').submit()" 
class="button">重置</a></div>
</form>
```

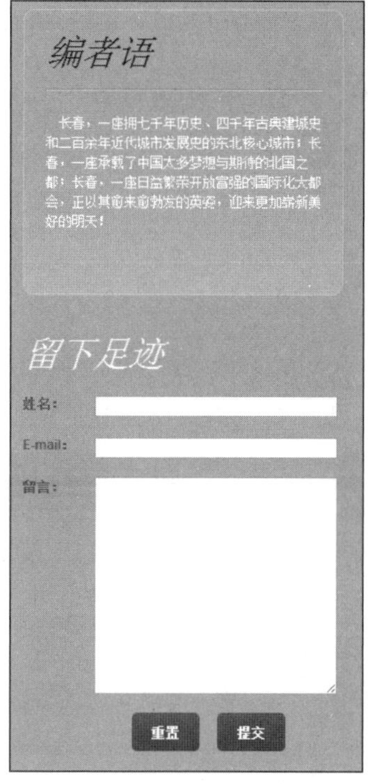

图 11-20　添加留言功能

说明　**本网站只包括前台展示页面，故所有链接都为空链接。读者可以自行开发本网站的后台程序，最终实现一个前台与后台交互的完整网站。**

11.4　小结

（1）HTML5 的新特性有兼容性、用户优先、实用性、化繁为简、语义化标记、视频和音频、Canvas 绘图、表单控件、本地存储、Web Workers、地理位置 API、Web Storage、WebSocket、多任务处理、响应式设计。

（2）可以使用 FormData 对象模拟表单向服务器发送数据。创建一个 FormData 对象的语法如下：

```
formData = new FormData();
```

（3）<canvas>元素专门用来绘制图形。在页面中放置一个<canvas>元素，就相当于在页面中放置一块“画布”，可以在其上进行图形的绘制。

（4）HTML5 提供的标记<audio>，可以很方便地在网页中播放音频，而不需要安装插件。

（5）Web Storage 可以在 Web 上存储数据，而这里的存储是针对客户端本地而言的。它包含两种不同的存储形式：sessionStorage 和 localStorage。

11.5　习题

1. 选择题

（1）下列（　　）不是 HTML5 File 对象的主要属性。

A. name　　B. type　　C. path　　D. size

（2）下列关于基于 HTML5 播放音频的 jQuery 插件 audioPlay 的方法参数说法有误的是（　　）。

A．name 用在页面中同时播放多组元素时　　B．urlMp3 Mp3 格式的音频文件地址

C．Clone 是否复制一个声源　　D．urlOgg ogg 格式的音频文件地址

（3）下列（　　）不是 localStorage 本地存储的 API。

A．key(n)　　B．keys()

C．getItem(key)　　D．removeItem(key)

2．填空题

（1）HTML5 的新特性包括________________________________。

（2）使用 HTML5 实现文件上传需要使用________________________________。

（3）Web Storage 功能，是针对客户端本地而言的。它包含两种不同的存储形式__________。

3．简答题

（1）简述 HTML5 的新特性。

（2）如何使用 jQuery+HTML5 实现显示上传文件的进度条?

（3）简述 HTML5 中<canvas>元素的主要作用。

（4）如何使用 localStorage 保留数据内容?

（5）如何使用 jQuery 实现图片的循环播放功能?